大思维

集体智慧如何改变我们的世界

［英］周若刚（Geoff Mulgan）◎ 著　郭莉 尹玮琦 徐强 ◎ 译

BIG MIND

HOW COLLECTIVE INTELLIGENCE CAN CHANGE OUR WORLD

中信出版集团 · 北京

图书在版编目（CIP）数据

大思维：集体智慧如何改变我们的世界/（英）周
若刚著；郭莉，尹玮琦，徐强译 . —— 北京：中信出版
社，2018.8

书名原文：BIG MIND: How Collective
Intelligence Can Change Our World

ISBN 978-7-5086-9001-8

Ⅰ.①大… Ⅱ.①周… ②郭… ③尹… ④徐… Ⅲ.
①智能技术 Ⅳ.① TP18

中国版本图书馆 CIP 数据核字 (2018) 第 113657 号

大思维：集体智慧如何改变我们的世界

著　　者：[英] 周若刚
译　　者：郭　莉 尹玮琦 徐　强
出版发行：中信出版集团股份有限公司
　　　　　（北京市朝阳区惠新东街甲 4 号富盛大厦 2 座 邮编 100029）
承 印 者：北京楠萍印刷有限公司

开　　本：787mm×1092mm 1/16　　印　　张：22.75　　字　　数：229 千字
版　　次：2018 年 8 月第 1 版　　　 印　　次：2018 年 8 月第 1 次印刷
京权图字：01-2018-3775　　　　　　 广告经营许可证：京朝工商广字第 8087 号
书　　号：ISBN 978-7-5086-9001-8
定　　价：65.00 元

前 言

　　这本书已经酝酿数十年了，它来源于我的经验和研究。这些经验是实践性的工作，试图帮助企业、政府和非政府组织（NGO）使用技术和采取更明智的行动进行实际工作。与此同时，我的大部分研究和写作都是关于大规模思考是如何发生的。《沟通和控制：网络和新通信经济》（ *Communication and Control: Networks and the New Economies of Communication* ）（布莱克威尔出版社，1990 年）讲述了数字技术带来的新网络的本质，以及同时带来的各种控制。它显示了网络如何既能赋予权力，又能剥夺权力（而且这本书的本意是纠正那种寄希望于网络，希望网络会自动开创一个更民主、更平等、更自由的时代的愿望）。《连接性：如何生活在一个相互连接的世界中》（ *Connexity: How to Live in a Connected World* ）（哈佛商业出版社，1997 年）是一本更具哲学性的著作，讲述了相连世界的道德，以及在网络环境中所需的各种类型的人物与性格。《好权力与坏权力：政府的理想与背叛》（ *Good and Bad Power: The Ideals and Betrayals of Government* ）（企鹅出版社，2005 年）和《公共策略的艺术：为了公共利益动员权力和知识》（ *The Art of Public Strategy: Mobilizing Power and Knowledge for the Common Good*）（牛津大学出版社，2009 年）讲述了国家如何利用其独特的权力做出最大的贡献，其中包括动员公民的智慧并与这种智慧合作。《蝗虫与蜜蜂：资本主义未来的掠夺者与创造者》（*The Locust and the Bee: Predators and Creators in Capitalism's Future*）（普林斯顿大学出版社，2013 年）提出了一个新的经济学议程，说明了经济体如何在控制掠夺性倾向的同时，增强集体智慧和创造潜力。

这本书的内容建立在我先前作品的基础上，结合了先前作品的内容，我希望它既是令人信服的理论，又是有用的指南。

尽管书中的一些想法借鉴了部分我以前的作品，但是我仍然能从这本书的对话、阅读和思辨中得到新的启迪。我非常感谢我在英国国家科技艺术基金会（NESTA）的同事，尤其是斯特凡纳·布罗德本特（Stefana Broadbent）、汤姆·桑德斯（Tom Saunders）、约翰·洛德尔（John Loder）、弗朗西斯卡·布里亚（Francesca Bria）、斯蒂安·韦斯特莱克（Stian Westlake）和佐莎·波尔特（Zosia Poulter）（负责图表制作）。我在哈佛大学艾什中心（Ash Center）的同事也慷慨地为此书付出了时间和精力，尤其是马克·摩尔（Mark Moore），为本书提供了广泛而有用的意见，还有乔里特·德·容（Jorrit de Jong）。我特别感谢艾什中心，让我有机会在 2015 年到 2018 年做了 3 年资深访问学者，从而让我能试验在本书中探讨过的一些想法。同样也是在哈佛大学时，罗伯托·曼加贝拉·昂格尔（Roberto Mangabeira Unger）和霍华德·加德纳（Howard Gardner）再一次给了我宝贵的激励。

此外，我想对纽约大学政府实验室（GovLab）内外的知识合作者表示感谢，特别是贝丝·诺维克（Beth Noveck）和斯蒂芬·费尔赫斯特（Stefan Verhuist）。来自华沙的玛尔塔·斯特拉敏斯卡（Marta Struminska）提供了非常有用的早期意见，同样提供了早期意见的还有拉莎娜拉·阿里（Rushanara Ali）、琳妮·帕森斯（Lynne Parsons）、罗宾·默里（Robin Murray）、宋永禄（Soh Yeong Roh）、加文·史塔克（Gavin Starks）、萨拉·萨文特（Sarah Savant）、沃恩·塔恩（Vaughn Tan）和弗朗索瓦·塔迪（Francois Taddei）。科林·布莱克摩尔（Colin Blakemore）和马蒂亚·加洛蒂（Mattia Gallotti）于 2015 年在英国国家科技艺术基金会组织了一场引人入胜的关于集体智慧的会议，马蒂亚还为本书的草稿提供了有帮助的详细意见，对此我非常感激。哈佛大学的卡里姆·拉克哈尼（Karim Lakhani）、麻省理工学院的汤姆·马龙（Tom Malone）、约书亚·拉莫（Joshua Ramo），以及这个领域的其他人的支持帮助和深入见解也让我受益匪浅。我还要感谢朱莉娅·霍布斯鲍姆（Julia Hobsbawm），她让我有机会在一个团体中测试了一些论点，这个团队中有历史学家西蒙·沙玛（Simon Schama）和记者大卫·阿罗诺维奇（David Aaronovich）。我也要感谢卢西亚诺·弗洛里迪（Luciano Floridi），谢谢他让我在《哲学与技术》（*Philosophy and Technology*）期刊上发表了一些观点。还有联合国开发计划署的延斯·汪戴尔（Jens Wandel）和吉娜·卢卡雷利（Gina Lucarelli），他们让我的这些观点有机会在发展领域内付诸实践。

目 录

前　言　　　　　　　　　　　　　　　　　　　　*001*

序　言　　　　　　　　　　　　　　　　　　　　001

第一篇　什么是集体智慧

第1章　智能世界的悖论　　　　　　　　　　　　015

第2章　理论与实践中集体智慧的本质　　　　　　019

第二篇　了解可供选择的集体智慧

第3章　集体智慧的功能要素　　　　　　　　　　046

第4章　支撑集体智慧的基石　　　　　　　　　　063

第5章　集体智慧的组织原则　　　　　　　　　　079

第6章　学习循环　　　　　　　　　　　　　　　091

第7章　认知经济学和触发式层次结构　　　　　　099

第8章　智慧的自主性　　　　　　　　　　　　　117

第9章　集体智慧中的集体　　　　　　　　　　　128

第10章　自我怀疑和对抗集体智慧的敌人　　　　155

第三篇　日常生活中的集体智慧

第 11 章　强化智慧的会议和环境　　　　　　　　172

第 12 章　解决问题　　　　　　　　　　　　　　190

第 13 章　有形和无形之手　　　　　　　　　　　210

第 14 章　大学——集体智慧的典范　　　　　　　227

第 15 章　民主大会　　　　　　　　　　　　　　236

第 16 章　社会如何作为一个系统来思考和创造？　251

第 17 章　知识共享时代的兴起　　　　　　　　　260

第四篇　集体智慧扩展的可能性

第 18 章　集体智慧和意识的进步　　　　　　　　282

后　记　　　　　　　　　　　　　　　　　　　299

结　语　　　　　　　　　　　　　　　　　　　311

注　释　　　　　　　　　　　　　　　　　　　315

序 言

巨大的挑战：集体智慧

图书馆中研究个人智慧的书随处可见，这些书探究个人智慧从何而来，它的表现形式是什么，它究竟是一样事物还是多样事物。但多年以来，我一直对另一个较少有人涉足的领域很感兴趣。我在政府、慈善机构、商业领域，以及社会活动领域工作时，一直被一个问题深深吸引，那就是为什么有些组织看起来比其他组织更聪明一些——能更好地驾驭周围世界中存在的不确定性。更让我想一探究竟的是，在某些实例中，有些组织中有的是聪明的人和昂贵的技术，但是那些组织却会以愚不可及和自我毁灭的方式行事。

我四处找寻各种理论和研究，试图理解以上情况，但几乎找不到。[1]因此我在提出了假设后，进行了观察和评估。

在进行这项研究期间，我针对数字化方面进行了专项学习，取得了电信博士学位。我所受的学术训练在这项研究中给予了我很多帮助。数字技术有时会让人头脑过于简单，但这些技术有使思维过程可见的优点。有人必须通过编制程序来指令软件如何处理信息，传感器如何收集数据，或者信息如何存储。我们大家生活在一个更普遍的数字时代中，为了工作，我们当中有些人必须以数字方式思考。这些人不可避免地对如何组织智慧更加敏感，也许在另一个时代，我们可能会认为智慧的组织是一个自然、神奇，也很神秘的事实。

这引领我进入了一个领域，这个领域有时会被贴上一个标签：集体智慧。狭义地来看，它主要涉及网络上各个群体的人如何在线协作。广义地来看，它与各种智慧大规模地出现有关。从最广义的一端来看，它在人类文明和文化中无处不在，人类文明与文化构成了我们种群的集体智慧，这种智慧并非完美地通过书籍和学校，演讲和演示，或者父母向孩子们展示坐姿，怎样吃饭，早上怎么穿衣而代代相传。

我的兴趣当然不至于宽广至此。我关心的是个人与文明总体之间的空间——在生物学中相当于生物个体与整个生物圈之间的空间。就像研究某些特定的生态系统——湖泊、沙漠和森林——一样，研究在个别组织、部门或领域中，以中等水平运行的智能体系也是有意义的。

在这个范围内，我的兴趣仍然集中在一点，那就是"社会、政府或管理系统如何解决复杂的问题？"换句话说，集体问题如何找到集体解决办法？

当个体神经元连接到数十亿的其他神经元时，它才会变得有用。同样，人与机器的连接使集体智慧的跳跃性变化成为可能。当这种情况发生时，整体很可能远远大于部分的简单加总。

我们面临的挑战是如何做好连接的工作——如何避免淹没在

数据的汪洋大海中，或者由于太多无关的噪声而听不到有用的信息，如何使用技术来增强我们的思想，而不是将其限制在可预测的俗套中。

本书的内容是描述和理论的结合，旨在指导设计和行动。它的核心主张是，如果每个个人、组织或团体能合作形成一个更伟大的思想（通过借鉴他人和机器的智力而形成），那么这些个人、组织或团体都能更加成功地成长壮大。现今已有 30 亿人和超过 50 亿台机器在网络上互相连接。[2]但是，若想充分利用这些智慧，我们需要谨慎地注意方法，避免陷阱，并投入稀缺的资源。[3]如同我们大脑中的神经元之间的连接，成功的思想取决于结构和组织，而不仅仅是连接或信号的数量。

这在不久的将来可能会更加明显。在 21 世纪长大的孩子被传感器和社交媒体重重包围，而他们视其为理所当然。他们参与互有交叉的群体意识——社区、群体和社团，而这让智慧主要集中于人类头骨内空间的想法变成了一个奇怪的时代错误。一些孩子过着比父母开放和透明得多的生活，对他们而言，与其说生活是独自的事，不如说生活是人群中的一部分，他们对这样的生活是乐在其中的。

然而，这些人一生中的巨大风险在于集体智慧无法跟上人工智能的步伐。因此，他们生活的未来，可能是这样的：极度聪明的人工智能居于无能的系统之中，做出最重要的决策。

为了避免这种命运，我们需要清晰的思考。例如，大家曾经认为，群体天生是危险、易受蒙骗和残忍的。最近钟摆却摆向了一个相反的假设：群体往往是明智的，真相却更加微妙——现在无数的例子显示了动员更多人参与观察、分析和解决问题会带来一定的成果。但群体无论是在线上还是线下，他们也可能是愚蠢无脑、带有偏见或过度自信的学舌鹦鹉。在任何群体中，互不相同、互有冲突的利益会让任何一种集体智慧成为合作的工具，也会让其成为竞争、欺骗和操纵的场所。

更伟大的思想有更大的潜力，而利用这些潜力也可能会让作为个人的我们更加脆弱。我们很可能，也会经常发现我们的技能和知识很快被智能机器所取代。如果我们的数据和生活变得人人可见，我们可能会更容易被强大的掠夺者利用、剥削。

有意识的集体智慧日趋重要，这对机构来说也同样是巨大的挑战，它要求对界限和角色采取全新的视野。每个组织都需要更加了解集体智慧如何观察、分析、记忆和创造，以及它如何从行动中学习：它会纠正错误，当旧的范畴不够良好时它会创建新的范畴，有时它还会发展出全新的思维方式。每个组织必须在沉默与噪声之间——在没有人敢于挑战或警告旧体系的沉默，以及网络世界中充斥的喧闹杂音之间——找到合适的位置。只有组织以适当层级的粒度（granularity），学习如何选择和聚集时，两者间的空间才有意义。适当层级的粒度要足够简单但不过分简化，清晰明了但不过分粗略，重点集中但不过分短视。我们的主要机构中只有很少一部分能够善用这些方式思考。企业有最大的动力来让其行动更智能化，它们也在硬件和软件上投入了大量资金。但是，整个行业反复犯下大错，误判环境，结果只获得了员工和客户领域内可得到的一小部分专业知识。许多人在狭窄的参数范围内可以极其聪明，但是当涉及更全局的情况时，他们就远离智慧了。我们一次又一次地发现，没有战略思维（有时是宽阔胸怀）的大数据会放大由诊断和处置带来的错误。

在民主制度中我们共同做出我们最重要的一些决定，但事实证明，民主制度非常不擅于学习"如何学习"。相反，大多数民主制度僵化于一个或两个世纪前合理的形式和结构中，但现在这些形式和结构已经过时了。一些议会和城市试图利用其公民的集体智慧。但是，许多民主制度，包括议会、国会和党派，看起来比他们所服务的社会更愚蠢。更常见的情况是，集体智慧的敌人能够捕捉公众话语、传播错误信息，并让辩论中充满干扰而非事实。

那么人们怎样才能一起进行群体思考呢？人们怎样才能更成功地思考和行动呢？在新技术的洪流中有观察、计算、匹配、预测等技术，我们怎样才能利用这股洪流来帮助我们解决最紧迫的问题？

在这本书中，我描述了一些新兴的理论和实践，这些理论与实践指向了看待世界并采取行动的不同方式。我借鉴了许多学科的深刻见解，并分享了一些思想、观念与指标。这些思想可以帮助我们理解群体思考的方式；这些观念可能有助于预测为什么有些事物繁荣发展，而其他事物却日薄西山；这些指标涉及某企业、社会运动或政府应该如何进行较为成功的思考，将最好的技术与最好的智慧结合在一起供其使用。

我勾勒出不久以后可能成为集体智慧完整学科的内容，提供洞察力让读者可以理解经济如何运转，民主能够如何改革，以及令人振奋和沮丧的会议之间的差别。汉娜·阿伦特（Hannah Arendt）曾经评论说，如果给流浪狗一个名字，它就有更好的生存机会。类似地，如果我们使用了"集体智慧"这个名字来汇集许多不同的想法和做法，这个领域可能会更好地繁荣发展。

这个领域既是开放的领域，也是实证的领域。正如认知科学借鉴了多种来源的知识（从语言学到神经科学，从心理学到人类学）以了解人们如何思考，与大规模思考相关的新学科也需要借鉴许多学科——从社会心理学到计算机科学，从经济学到社会学，并用这些学科指导实际试验。然后，随着新学科的萌芽，它有希望取得邻近学科的帮助，而不是因为挑战边界而受到攻击。它将需要与实践紧密结合在一起，实践者以通过设计和操作来帮助系统更成功地思考与行动为己任，而新学科需要支持和引导实践群体并向他们学习。

集体智慧本身并不是全新的东西，在整本书中，我借鉴了过去的深刻见解与成功事物，包括 19 世纪《牛津英语词典》（*Oxford English Dictionary*）的设计师、智利的协同控制工程（Cybersyn）、艾萨克·牛顿（Isaac Newton）的《数学原理》（*Principia Mathematica*）、美国国家航空航天局（NASA）、中国台湾地区的社会制度、芬兰的大学、肯尼亚的网络平台，以及足球队的动力学。

在我们自己的大脑中，将观察、分析、创造、记忆、判断和智慧联系起来的能力，会让大脑这个整体远超其各部分的简单总和。类似地，我认为，如果世界要应对包括卫生、气候变化和移民在内的艰巨的挑战，将许多元素汇集的集合（assembly）将是至关重要的。这些集合的作用将是协调知识，应用更系统的方法来了解知识——包括元数据、验证工具和追踪工具，并注意如何在实践中使用知识。集合是乘法性而不是加法性的：它们的价值来自各元素是如何连接到一起的。不幸的是，这些汇集仍然很少见，而且往往很脆弱。

　　如果想要得到正确的答案，我们不能诉诸大众观念。有个大众观念是：更网络化的世界会在自然发展过程中自行组织，从而自动变得更加聪明。虽然这个观点某种程度上包含了重要的真理，但却具有极强的误导性。[4]正如表面上免费的互联网依赖于渴求能源的服务器机组一样，集体智慧也依赖于稀缺资源的贡献。集体智慧可能轻易得到，突然发生，意外获得。但在更通常的情况下，它需要由专业机构和专业人员自觉地配合和支持，并得到通用标准的帮助。在许多领域内，没有人认为让集体智慧出现是自己的责任，因此世界现在的运作方式远远达不到它本来可能达到的明智程度。

　　最大的潜在回报存在于全球范围内，我们有真正全球性的互联网和社交媒体。但是，离适合解决全球性问题的真正全球性集体智慧，我们还有很长一段路要走。这些全球性问题包括大规模流行疾病、气候威胁、暴力、贫困等等。我们并不缺乏令人关注的试行计划和项目，我们缺乏的是更为协调一致的支持和行动，利用这些支持和行动我们可以形成新的工具组合，帮助世界以与我们所面临的问题相称的速度和规模来思考和行动。相反，在太多的领域中，最重要的数据和知识存在缺陷，零零散散，缺乏必要组织使其易于访问和使用，而且没有人有方法或能力能让这些知识组合在一起。

　　也许最大的问题是竞争激烈的领域——军事、金融领域，以及竞争没那么激烈的营销或选举政治领域——占据了对大规模智慧工具投资的主要部分，它们的影响力已经塑造了技术本身。如果你主要关注的是国防或如何在金融市场找到比较优势，那么发现微小差异则是至关重要的。因此，感知、映射和匹配方面的技术大大超前于理解方面的技术。图灵机的线性处理逻辑对输入处理表现良好，而在利用输入和赋予意义来创建强大的模型方面却表现不佳。换句话说，数字技术已经发展到现在这种模样：擅长于给出答案而不擅长于提出问题；擅长于串行逻辑而不擅长于平行逻辑；擅长于大规模处理而不擅长于发现那些不明显的模式。

竞争较弱但可能为社会提供更大收益（如身心健康、环境和社区）的领域往往会错失机会，对技术变革的方向影响较小。[5]最终结果是巨大的智慧分配不当，正如脸书（Facebook）的前数据负责人杰夫·哈默巴赫（Jeff Hammerbacher）的悲叹总结那样："我这一代最优秀的人正在考虑如何让人们点击广告。"

风险已经高到极点。促进集体智慧的发展在许多方面是人类面临的最大挑战，因为如果我们在如何共同思考和行动方面没有进展，就几乎没有希望解决气候、健康、繁荣和战争等其他方面的巨大挑战。

我们难以想象未来的思想，但过去为我们提供了许多线索。进化生物学表明，从染色体到多细胞生物体，原核细胞到真核细胞，植物到动物，以及简单生殖到有性生殖，生命形式的主要转变都有一个共同模式。每次转变都带来了一种新的合作和相互依赖的形式，结果就是转变之前的生物可以独立复制，而之后只能复制为"整体的一部分"。每次转变也带来了存储和传递信息的新方法。

现在似乎不可避免的是，我们的生活将与智能机器更加紧密地交织在一起，这些机器将会常常在同一时间塑造、挑战、取代我们，并增强我们的能力。我们应该问的问题不是这些是否会发生，而是我们可以如何塑造这些工具，好让它们更好地塑造我们，让它们不折不扣地强化我们的能力，使我们更能成为自身最为满意的样子。我们可能无法避免一个有着虚拟现实色情、超级导弹和间谍的世界。但是，在此之外我们也可以创造一种更好的集体智慧。我们可以创造一个世界，在这个世界中，我们与机器互联，我们变得更聪明，更有意识，更能繁荣昌盛并且生存下去。

本书的结构

本书的内容分为四篇。

第一篇（第1章和第2章）规划了问题，并解释了什么是集体智慧。我提供了集体智慧的实例，概述了有关它的思考方式，并描述了当代一些最有趣的例子。

接下来的第二篇重点介绍了如何理解集体智慧（第3章至第10章）。它提供了一个理论框架，该框架描述了智慧的功能元素，这些元素如何汇聚，集体如何形成，以及智慧如何与敌人做斗争。

第三篇（第11章到第17章）研究了自然环境中的集体智慧，以及理论对具体领域的影响，这些具体领域有：会议与地方的组织、商业和经济、民主、大学、社会变革和新的数字公地。在每种情况下，我展示了考虑集体智慧会如何解锁新的观点和解决方案。

最后，在第四篇（第18章）中，我把这些主题放在一起，并对集体智慧的政治问题加以处理，展现了向更伟大的集体智慧迈进的可能样貌。

第一篇
什么是集体智慧

'

在本篇中我将解释集体智慧在实践中的含义以及我们如何在周围世界中识别集体智慧，这将有助于我们规划行程、诊断疾病或结识新朋友。

我们能在不那么智能的体系中发现越来越多的智能的运用，这简直是个奇怪的悖论。然而，尽管产出结果与智能机器的投入不成比例，但从网络科技到机器学习，大规模的智慧已经从一系列的计算进步中获益匪浅，还有许多有前景的创新项目也支持了大规模智慧的发展。这些项目有家喻户晓的谷歌地图（Google Maps）和维基百科 (Wikipedia)，也有晦涩难懂的数学和国际象棋中的实验。大量机器和人的相互连接，让他们能以全新的方式思考——以新方式解决复杂的问题，更快地发现问题，以及整合资源。

怎样才能顺利达成思考方式的创新？这并不容易做到。而且，人们并不会自动变明智。但是，我们开始看到一种被称为"集合"的东西正在以微妙的形式萌芽。这些"集合"将集体智慧的许多要素汇集成一个单一的系统，它们展示了世界如何真正在全球范围内进行思考，比如追踪疾病暴发或世界环境状况，并根据反馈的信息采取行动。例如，一个塞卡（Zika）病毒的全球疫情观测站可以预测该病毒如何传播，并引导公共卫生服务机构有针对性地调配资源、控制疫情。在城市范围内，结合大量数据可以更容易地发现哪些建筑物发生火灾的风险最大，哪些医院的患者最有可能病情加重，这样政府就可以更好地预测和预防，而不是治愈和修复。

　　大规模地对思维进行组织的方法仍然处在起步阶段，这些方法缺乏令人信服的指导性理论，也缺乏拥有专业知识并熟知行业诀窍的专家。在很多情况下，它们也缺乏可靠的经济基础。但这仍然预示，将来人类活动的所有领域都可以变得更擅长利用信息，更擅长快速学习。

第1章 智能世界的悖论

在我们生活的世界中,无处不在的新思维方式、理解方式和测量方式预示了人类演化的新阶段,同时也预示了人类转变为超人类的演化新阶段。

一些新的思维方式涉及数据,包括描绘图谱、匹配和搜索模式,这些远远超出了目前人类依靠所见所闻的认知范围。另一些新的思维方式涉及分析:超级计算机能够模拟天气变化、下棋或诊断疾病〔例如,使用谷歌(Google)的深度思维(Deep Mind)或 IBM(国际商业机器公司)的沃森(Watson)超级计算机技术〕,而有些思维方式甚至把我们深深地拉入了被小说家威廉·吉布森(William Gibson)描述为"共识幻觉"的网络世界中。[1]

这些思维方式都大有前景。但在我们周围世界中,工具的智能程度与结果的智能性之间存在着显著的不平衡。互联网、万维网和物联网是重要的途径,让我们进一步走入了信息和知识融合的世界。

然而,我们常常觉得这个世界并没有那么聪明。技术可以越来越聪明,也可以越来越愚笨。[2] 许多机构和体系的行为比起这些机构和体系内的人要愚笨得多，包括许多可以取得最先进技术的机构和体系。小马丁·路德·金（Martin Luther King Jr.）说过，"炮弹被导向，而人群却被误导。"拥有极多个人智慧的机构常常会表现出集体愚蠢，或以机器形式表现出"白痴专家"的扭曲的世界观。新技术带来了新的灾难，其中部分原因是新技术经常超越我们的智慧〔还没有人能找到一种方法来创建代码而不产生错误，正如法国哲学家保罗·维利里奥（Paul Virilio）所说的那样，飞机不可避免地会产生空难〕。

在20世纪80年代，经济学家罗伯特·索洛（Robert Solow）评论道："我们到处都可以看到计算机的使用，但是却无法在生产率统计数据中发现计算机的作用。"今天我们也可以再次说，除了生产率统计和一些特别重要的事情之外，数据和智能是无处不在的。21世纪初期的金融危机就是一个特别突出的例子，在信息技术方面花费巨资的金融机构却不了解当时发生在自己身上的事情，知道数据却不了解数据产生的背后原因，从而将世界推向经济灾难的边缘。[3]在20世纪六七十年代，苏联政府拥有可任意支配的聪明大脑和计算机，却找不到走出萧条的路。在同一时期，美军具备了比历史上任何其他组织都要强大的计算能力，却不能了解它在越南进行的战争的真实动态。整整一代人之后，同样的事情发生在伊拉克，战争是美英政府基于严重的情报错误而发动的，虽然这两国在能想象得到的先进智能工具方面的投资比任何其他国家都多。还有许多其他例子可以证明，拥有智能工具不会自动带来更智能的结果。

医疗卫生领域也许是智能因素和愚蠢结果的矛盾组合的最突出

例子。我们受益于从互联网上获得的更多关于疾病、诊断和治疗的信息，有记录何种治疗起了作用的全球数据库；有详细的可供医生利用的症状、诊断和处方的指导；还有用于推动癌症、手术和药物的尖端研究的巨额资金投入。

但是，这远非医疗活动和智能健康的黄金时代，通过网络获得的信息往往是误导性的（根据一些研究，比起面对面的建议，网络信息常常更具误导性）。[4] 现在有超过 15 万个健康应用程序，但有证据表明只有很小一部分能改善使用者的健康状况。主流媒体除了传播有用的真相外，也传播着半真半假的报道，有时甚至会传播谎言。数以百万计的人每天都在做出明确威胁自身健康的选择，就像我将在稍后展示的那样，世界卫生系统在许多方面都是集体智慧的先驱者，但是很多措施进展不佳。据估计，30%～50%的抗生素处方是没有必要的，25%的流通药物是假药，10%～20%的诊断是错误的；仅仅在美国，每年医疗过失就导致 25 万人死亡（这是当前美国人的第三大死因）。[5]

简而言之，全世界在改善健康方面已经取得了长足的进步，积累了丰富的知识，但要使这些知识达到最佳效果还有很长的路要走。

包括政治、商业、个人生活在内的许多领域都可以看到相似的模式：我们取得了前所未有的数据、信息和意见，但是我们在利用这些信息进行指导，以做出更好的决策方面却没有取得应有的进步。我们可以享用过去几代人都难以想象的丰盛商品，但结果却是常常盲目并超支地购买了我们并不真正需要的东西，这给别人留下了不好的印象。

在处理具体的特定任务时，我们拥有非凡的智慧，但在处理复杂和相互关联的问题方面，我们进展极为缓慢，甚至可以说毫无进展。而且荒谬的是，我们对新的感知、处理或分析能力大感兴奋，而这种兴奋可能会分散注意力，使我们不能做到全神贯注地应对更基本的挑战。[6]

在后面的章节中，我将阐述真正的集体智慧在一些重要领域中的样子。怎样才能充分利用思想、经验和公民需求创建民主政体呢？世界各地的不同实验或许给出了答案，但这些答案让在传统政治环境中长大的专业人士困惑不解。大学在创造、编排与分享各种知识方面，如何才能做得更好？虽然我们已经发现不同的方法在萌芽，但三年制学位、师资队伍、大教室和课程笔记的传统模式依然有强大的惯性。或者我们可以再次拷问，在解决交通拥挤、住房短缺、犯罪、开启民智而非愚民方面，一个城市或国家的政府该如何更成功地思考呢？

我们可以勾画出能极大改善这些机构的合理可行的选择。然而，在任何一种情况下，现实均与目标相距甚远，而且在某些情况下，能强化智慧的工具却带来相反的效果。马塞尔·普鲁斯特（Marcel Proust）写道："智慧之人所受弊病之苦中的十分之九是源自他们的智慧。"集体智慧或许也是如此。[7]

第 2 章　理论与实践中集体智慧的本质

智慧这个词有着复杂的历史。在中世纪，人们把智慧理解为我们灵魂的一个方面，每一个人的智慧都与宇宙和上帝的神圣智慧联系在一起。[1]从那以后，对智慧的理解反映了相应时代的主流技术。勒内·笛卡儿（René Descartes）使用水力学来比喻大脑，并认为带着生机的流体连接了大脑与四肢。蒸汽时代，西格蒙德·弗洛伊德（Sigmund Freud）以压力和释放的形式来看待思想。无线电和电子时代给我们带来了"交叉线"和"同一波长"的比喻。在计算机时代，比喻转向了处理和算法思维，而大脑被视为计算机。[2]

智慧有很多的定义。但是，这个词的词根所指的方向与这些比喻有很大差异，智慧（intelligence）一词来源于拉丁语 inter 与 legere 的结合，inter 的意思是"之间"，而 legere 的意思是"选择"，这意味着智慧不仅仅是指超大存储或极快的处理速度，它更是指我们的大脑知道要走哪条路、信任谁、做或者不做什么的能力。从这个意义上来说，它与我们用"自由"这个词表达的意义相当接近。[3]

集体智慧这个词把集体和一个相关的概念联系起来，集体（collective）一词来源于 colligere，而 colligere 这个词是将 col（意为"一起"）与 legere（又是这个词，意为"选择"）相结合而得到的。所以集体智慧是一个关于选择的概念：我们选择和谁在一起，以及我们选择如何行动。

近些年来，这个词主要是指网络上组合在一起的小组。但是，更符合逻辑的是，应该用它来描述任何一种涉及集体共同选择、思考和行动的大智慧。这么说来，它不仅是技术词，也是道德词，而且它还与我们的良知感紧紧联系在一起。而"良知"（conscience）这个词在通常理解中是与个人道德品质紧紧相连的，但它的词源是 con（一起）和 scire（知道）的组合。

可能性

我们的周围充满着可能性，我们一直在选择。在生活的每一方面我们都关注着未来可能发生的事件，尽管我们从来不能确定未来，但我们可以猜测或估计。我在本书中描述的许多工具，其中很大一部分能帮助我们了解未来的发展，帮助我们预测、适应和响应。我们观察、分析、建模、记忆并尝试学习，尽管错误不可避免，但重复发生的错误是不必要的。我们也认识到，在各种情况下，都存在一些仅凭数据或知识判断看不见的未来可能性，而多亏了富有想象力的智慧，我们有时能够看见它们。

团体

关于集体智慧的最初历史记录之一是修昔底德（Thucydides）的一段文字，他描述了军队如何计划攻击一个被围的城镇："他们首先把梯子做成与敌方城墙高度相等的长度，而对城墙高度的计算是借助了面向城填一侧的砖块层数（城墙某处竟然没有被涂上灰泥）。许多人立刻着手计数，虽然有些人可能会犯错，但计算的结果却正确无误，因为他们一再重复该过程，而且距离不远，他们可以清楚地看到城墙。通过这种方式，他们用砖块厚度作为计量标准，确定了梯子的长度。"[4]

了解我们如何共同工作，这是集体智慧的核心部分，几个世纪以来它一直是社会科学关注的核心。一些机制允许个人选择以对社会有用的方式汇总，而不需要任何有意识的合作或共享身份，这就是市场无形之手的逻辑，也是近期一些数字集体智慧实验（例如维基百科）的逻辑。在一些情况下（如群居团体、一起度假的朋友或工作团队），权利相对平等的人有意识地相互协调，这通常涉及很多对话和谈判。松散的网络组织，如匿名戒酒协会（Alcoholics Anonymous），在本质上也是类似的。另外一些情况下［例如，像谷歌或三星（SAMSUNG）这样的大企业、古希腊军队，或现代全球性非政府组织］则通过层级制度对合作加以组织，不同的决策层级之间存在分工。

每种模式都产生了特定种类的集体智慧，彼此之间完全不同，某种集体智慧对于某些任务而言运转良好，却并不适合其他任务。在某些情况下，有个中央蓝图、指挥中心或计划，让人可以看到各部分是怎样组合在一起，并取得最终成果的——可能会是一座新建筑，一份商业计划或一个创新性项目。但在其他情况下，智慧是完全分散的，没有人可以预先看到整幅图景。在大多数情况下，个人无须对他们的所属系统了解甚深——他们无须理解也能胜任工作。[5]

对团队如何运转的详细研究表明，我们能凝聚在一起，不仅仅依靠兴趣和习惯，还依赖于意义和故事。但是，有助于增强集体凝聚力的特性也有可能阻碍智慧的产生。这些特性包括不真实的共同假设、忽略不快事实的共同意愿、群体思维、集体感受和相互肯定而不是相互批评。共同的思想不仅包括知识，还包括妄想、错觉、幻想、对我们已经相信的东西加以确认的渴望、用歪曲事实和架构来服务权力的扭曲权力欲。当新闻正在直播柏林墙倒塌时，中央情报局却仍在告知乔治·H. W. 布什总统（President George H. W. Bush）："柏林墙是不会倒塌的"；21 世纪初期，当所有指标均显示次级抵押贷款毫无价值时，投资银行却蜂拥而入；1941 年，约瑟夫·斯大林（Joseph Stalin）和他的团队忽视了近 90 份互不相关的可靠情报，而这些情报都警告了德国即将入侵——这些都是组织机构极易受其思维模式所困的例子。

我们往往容易被乐观性偏见如一切均在控制下的错觉所迷惑。在人群中，我们可以暂时抛开我们的道德责任感，或者选择风险较大的选项（我们单独一人时，绝不会做这样的选择）。而且我们喜欢让自己的判断得到证实，这时候，我们的行为就像得克萨斯州的神枪手那样，用子弹扫射墙壁，然后将靶子画在子弹击中的地方。很多时候集体智慧更像是集体愚蠢，导致这种情况的原因众多，而上述这些只是其中几个。

这些原因说明了为什么大多数团队在团结一致性与智慧之间面临着权衡。凝聚团队的力量越强，团队眼中的世界与真实世界相比，就会显得越狭隘。然而，最成功的组织和团队学会了如何结合两者——适度摒弃自我并充分信任，从而将严谨的诚实与相互承诺结合。

一般和具体

我们的思维方式可被认为是在一个连续体内运转，连续体的一端是一般抽象智慧，而另一端是与具体地点、人物和时代相关的智慧。在其中一个极端，存在着一般物理学规律，以及一般性稍弱一点的生物学规律。也存在着抽象数据、标准化的算法和批量生产的产品。现代化的很大一部分是建立在这种与具体情境无关的智慧的爆炸性发展之上的。在连续体的另一个极端，存在着植根于具体情境的智慧。这种智慧能够理解特定的人物、文化、历史或意义的细微差别，当离开情境时，这种智慧便失去了其卓越性。

第一类智慧是抽象的、标准化的，甚至是普遍的。这种智慧非常适合于计算机、全球市场以及集体智慧的各种形式，与其说是智慧的集成，不如说它是智慧的聚合。相对而言，在另一个极端的智慧，例如知道如何改变某个人的生活或复兴某个城镇的智慧，这牵涉到多个维度，需要有对具体情境的敏感性，也需要更多的有意识的迭代和整合。

集体智慧和冲突

评价个人智慧的最简单方法就是观察其实现目标与生成新目标的能力[6]，但是大型团体很可能有许多不同的目标和经常相互冲突的利益，对于这样的大型集团来说，实现目标与生成新目标肯定会更加复杂。

在经济领域，这一点很明显，因为信息常常被私藏和交易而不是共享。然而，社会试图设计各种解决办法（包括专利和版权），用来奖励那些创造和分享有用信息的人。就像我在第17章中所展示的那样，以信息和知识为基础的经济已经崛起，这改变了私有物品和公有资源之间的平衡，并导致信息公共资源明显供不应求。即使解决了该问题，但由于相互冲突的利益，也会不可避免地存在紧张局面。

许多看起来很愚蠢的团队行为对于相关人士来说可能是很聪明的，比如一个国家发起了一场它不大可能赢的战争（以增加对地位不稳的独裁者的支持率），银行采取明显具有极高风险的行为（它给高层的少数人提供了巨大的个人收益），或者一个宗教社团面对确凿的相反证据但还是坚持信仰（这是把社团团结在一起的代价）。

许多传统的社会科学一直在应对这些问题：委托人（如公众）如何确保他们的代理人（如政府）确实在代表自己的利益行事？

通过集体智慧的视角看待上述问题，就会开启一种可能性：共同观察、推理、记忆和判断将促使我们找到共赢的解决方案。举例说来，想想一个刚刚摆脱内战和冲突的国家，那些处理得很好的解决方案强化了我们后来视为成功的集体智慧的标志：将事实和情感以与利益无关的方式显现出来；共同商议与决定待处理事务，并开放备选方案；公开讨论谁将受到惩罚，谁应得到赔偿；并通过真相与和解委员会公开表达回忆。

在更多的日常情况下，从议会到公司的公共机构的诸多作用之一，就是把各自为政、相互冲突的群体转化成更接近集体智慧的存在，让人们能够通过共同评估、相互对话、探索替代方案以及协商找到双方都满意的、合情合理的答案。即使很少能完全消灭冲突，但控制了冲突。因此，我们所有人都能想象，在理想情况下，一个拥有完美的相互理解、对方信息和同理心的社会可能会以截然不同的方式来考虑利益冲突，这或许就是这种理想经常成为乌托邦思想一部分的原因。[7]

机器智能的一些进步有着令人不悦的动机：为了更有效地杀戮，为了获取色情作品和毒品，或为了支持赌博和囤积财富。但更为常见的是，新形式的共享智慧提供了替代暴力的新选项。与人相处，理解他们的思维方式并接受对话，这是我们对开枪、刺杀和轰炸的替代方案。这些手段无需理解他人即可对其施加影响，更不用说形成协作智慧能造成的影响了。

一个由共同思考的机构、网络和机制组成的世界，应该是一个更少依赖强制手段的世界，也应该是一个放大了我们本质中最好部分的世界。它应该可以让我们重新获得一种可能感和进步感——把"现状"只视作"可能性"的一个苍白的阴影。[8]

集体智慧的现状

集体智慧与文明一样古老，但现在它有了不同的形式。在这里，我大致介绍一下集体智慧的一些引人注目的创新形式。

有些集体智慧旨在更有效地观察。鸽子卫星大约同一个鞋盒一般大，位于距地球表面 250 英里（约 402 千米）之上。在缅甸，它通过观测夜晚灯光的覆盖面积来揭示经济的繁荣程度，结果表明此区域经济增长速度低于世界银行的预期。在肯尼亚，它通过观测金属屋顶的数量来计算房屋的数量——该指标表明了人们摆脱贫困的速度。在中国，它观测工厂停车场的卡车数量，并把这项指标作为工业产出的代表。美国的星球实验室（Planet Labs）构建了历史上最大规模的卫星网络，持续不断地观测地球的生态状况。[9]

有趣的是，在这些情况下，更直接的图片正在取代复杂的经济统计的表达。随着时间的推移，这些系统还能够追踪船只、卡车或小汽车。[10]

从记忆到分析的几乎所有其他智慧领域都取得了可与观察领域相匹配的进步，从这个方面看，过去几十年的创新一直在加速。半个世纪以来，计算能力的高速发展大致遵循了摩尔定律的预测。这给我们带来了更好的感知、搜索、匹配、计算、游戏和杀戮的方法，这些方法包括各种工具，如可用于后勤管理、医疗诊断、机票预订、音乐或书籍的推荐购买、驾车或步行导航、语音识别、库存控制、信用评估、高频交易、噪声消除、导弹瞄准等的工具，还有大量其他应用。

模式识别的进步尤其快。脸书能够识别在社交网络上发布的照片中的人物。谷歌照片（Google Photos，照片管理应用程序）可以识别图片中的狗、墓碑和其他物品，推特（Twitter）的算法可以在没有任何人类直接参与的情况下识别出色情图片，Siri（苹果智能语音助手）可以解析话语。同时，对存储的编排也呈指数级增长，包括数据库、搜索引擎、关联数据，以及围绕着区块链和分布式分类账的无限可能性。[11]

为了对这些新工具进行分类，新的术语如雨后春笋般出现。这些术语有启发式搜索、逻辑回归、决策和逻辑树、贝叶斯网络、反向传播、卷积神经网络、知识库、大规模并行计算项目和循环神经网络等等。这些多样化的人工智能为我们提供了更智能的用于预测、解答和学习的机器。有些人工智能是高度专业化的，但是最有前景的那些人工智能更具有一般性，同时也更适于学习。例如，有的人工智能会反复调整变量权重并回传数据，直到计算机能够识别出模式（例如手或者动物的形状），借此来解决复杂问题。这些人工智能的算法通过多个层级来学习，这些层级用较简单的概念创建出复杂概念，并形成层次结构。每个层级向下一个层级提供输入——例如，一个层级负责找出图像的边缘。层级越多（当前技术已经从几个层级发展到数百个层级），学习的前景就越好。

最成功的人工智能依赖于巨大的数据源对机器进行训练，并且已经将对象识别和语音识别能力提升至接近人类的水平。另一些人工智能试图模仿人类的能力，对少量输入的数据进行抽象化并得出一般结论。与此同时，最有意思的发展方向之一就是试图对动物和人类大脑工作的方式进行逆向工程，希望借此可以为我们带来对思维的新洞见，并克服机器人在许多任务中出人意料的不足，例如走过不平坦的表面或者绑鞋带等。[12]

思维工具的激增鼓舞了人们，也带来了同等程度的恐惧。它承诺的未来是通用的，能轻而易举地获取思考能力，用埃隆·马斯克（Elon Musk）的话来说，这是在"召唤恶魔"，或者说是在用人类的存续冒险，而这要归功于那些愚蠢的工程师的行为，他们根本没有考虑到他们的造物所带来的影响。

动员大规模的人类智慧

在机器智能取得一阵一阵的进步的同时，一场并行运动也在进行中，它的目标是动员常常通过互联网相互连接的大规模人类智慧。一些项目是为了提取和组织知识［例如维基百科和Quora（问答网站）］，另一些项目则是追求管理劳动力［例如土耳其机器人（Mechanical Turk）人力平台］或综合判断［例如掘客（Digg）或预测市场］。21世纪最初10年末期，牛津大学（University of Oxford）的银河星系标注平台（Galaxy Zoo）动员了数十万名志愿者对银河系的星象图像进行分类。Foldit（一个实验性的蛋白质折叠电子游戏）以类似方式运行，目的是预测并绘制蛋白质的结构。在数学领域，博学者（Polymath）网站鼓励人们合作解决最难的数学问题，而且发现与数学家独自工作相比，许多人一起努力常常更有可能发现解决方案、解决方向或有用的新问题。

2009年，美国国防部高级研究计划署发起了一个比较精巧的集体智慧实验，即"红气球挑战赛"（the Red Balloon Challenge），它要求参赛者追踪在美国各地随机放置的 10 颗气象气球。获胜者在 9 小时内发现了所有气球，采用的策略是向看到气球的人提供报酬，并招募朋友来帮助自己挑战。2012 年，一场类似的比赛要求团队于 12 小时内在北美和欧洲的城市中找到特定的 5 个人并拍摄他们的照片。[13] 结果与上次实验惊人地相似，获胜者既给信息提供者也给招募而来的参与者提供报酬。与诸如"目击者"（Ushahidi）这样的灾难报警平台类似，这些实验项目激发了人们强大的内在动机——愿意帮助他人，同时使用强有力的工具在得到信息时对其进行汇总并验证真伪。其他一些项目也试图动员大群体来解决问题，这些项目既有挑战赛，也有悬赏奖（如美国国家航空航天局的软件奖、英国国家科技艺术基金会的经度奖，18 世纪的开放式创新方法在 21 世纪的革新），还有诸如卡格勒（Kaggle）、创新中心（InnoCentive）和 OpenIDEO（开放式创新平台）的众多平台。许多实验项目都在试图提高人群判断的准确性，例如，如果事后证明少数派的观点是正确的，就会奖励少数派，借此减少人们易受他人影响的倾向。

这些企图大规模动员人类智慧的努力并非都能成功，正如我稍后展示的那样，项目的成功取决于一些关键因素，例如问题的模块化、知识被验证的难易程度以及对参与的激励。当然，比起失败，现在有更多的成功例子可被借鉴。

人与机器的结合

集体智慧的绝大多数实际例子依赖于人与机器、组织和网络的结合。就像现在很难想象去除人工制品（比如阅读用放大镜或者计算器等）的个人智慧，只有将各种智慧看成混合体，以及人、事物和工具的组合，才有利于理解。我们现今生活的世界是人工智能的先驱之一 J. C. R. 利克里德（J. C. R. Licklider）预测的世界，他主张将人类和数字网络相联结，而不是用机器取代人类。据他的传记作者说，利克里德当时坚信"计算机不仅可以成为超级快速的计算机器，还可以成为带来快乐的机器——它可以作为工具充当表达的新媒体，还可以作为创造力的灵感来源和通向广大网络信息世界的入口"，而当时如此坚信的几乎只有他一人。[14] 这种思考方式鼓励了高级研究计划局网络（Advanced Research Projects Agency Network）和后来互联网的创建。它表明，我们将分布式智慧视为组合体，正如个人身体是细胞的组合体，而细胞本身就是线粒体、DNA（脱氧核糖核酸）、RNA（核糖核酸）和核糖体的组合体。这种组合体替代了终结者电影系列中的"天网"（Skynet）——我们既不能理解也不能控制的"非人类"（ahuman）系统，并且在网络的理论和实践中都找到了一个最好的表达方式。蒂姆·伯纳斯 – 李（Tim Berners-Lee）曾将它描述为由"抽象的社会机器"与"人们完成创意工作，而机器进行管理的过程"组成。[15]

我们已经用许多标签来描述这些人与机器的组合，如人机交互、人机共生，计算机支持的协同工作或社会计算。[16] 利克里德的假设是：最有效率的智能是将人类与机器的能力相结合，而不是简单地用一个替代另一个。

集体智慧的近期历史就是一个人类大脑和计算机组成的混合体

的故事。谷歌地图的传播就是一个很好的例子。它始于一个宏伟目标：以全面和可用的形式组织全球地理知识。但谷歌缺乏实现其雄心壮志的许多关键手段，因此它引入了——更精确地说，购入了——其他公司。这些公司包括：由两个丹麦兄弟成立的可提供搜索、滚动和拉近拉远地图的 Where 2 Technologies 公司；开发出地理空间可视化软件［后来成为谷歌地球（Google Earth）］的锁眼卫星影像（Keyhole）公司以及根据从匿名手机用户收集的信息，提供实时交通状况分析的齐普达什（ZipDash）公司。这些不同要素的集合为真正的全球地理知识系统提供了主架构。

接下来，谷歌必须挖掘更广泛的技能来让地图变得更好用。它是这样做的：通过谷歌地图 API（应用程序编程接口）技术开放软件，让其他网站整合谷歌地图的过程变得尽可能地容易。[17]

这种想法随后又有所延伸。塞巴斯蒂安·特伦（Sebastian Thrun）的创业公司乌托尔（Vutool）提供了谷歌街景（Google Street View），现在该公司正致力于使用车队和现成摄像头拍摄成像。为了让谷歌地图得到更广泛的使用——这将有助于它进一步吸引新的创意——谷歌不得不削减交易，包括与苹果公司达成的为 iPhone 手机预装谷歌地图作为默认地图应用的交易。最终，这个项目动员了公众力量，通过谷歌地图制作工具（Google Map Maker），为人们提供了编辑和添加他们所知区域的地图的方法。

换句话说，谷歌地图与其说是产品或服务，不如说它是众多元素的组合，这些元素集合在一起给世界带来了全新的思考方式。谷歌地图依赖于万维网并以万维网为基础，而万维网本身就是这样一

个混合性集合。[18] 网络已经孵化出它自己的新工具生态系统：推特浏览新闻，维基百科了解知识，Kickstarter（创意项目融资平台）进行投资，易趣（eBay）处理商业，Wolfram|Alpha（知识计算引擎）回答问题。有一些工具可以用来查找那些不可见的东西［这些工具包括"宝贝回家网"——百度创建的使用面部识别软件寻找失踪孩子的网站，也包括盲区（BlindSquare）——一个可为盲人在城市中导航的应用程序］，还有一些组织知识的方式［包括谷歌的架构（Constitute）项目——全世界宪法的可搜索数据库，也包括古巴的引人注目的医用和公共卫生网站 Informed］、研究项目［如星系动物园（Zooniverse）］或集体记忆［如历史别针（Historypin）］，更有一些利用众多大脑进行预测的方法，例如试图预测选举的爱荷华电子市场（Iowa Electronic Markets），或者好莱坞证券交易所（Hollywood Stock Exchange）——它预测哪些电影将赚钱或赢得奥斯卡，而且预测得相当成功。

我们可以在语言教学中找到由不同元素组合的人机混合物的最佳范例之一。以前的评估认为，如果要大致掌握一门外语，需要约 130 个小时或大学一个学期的学习时间，而由专家制作的教学程序罗塞塔石（Rosetta Stone）将所需的学习时间减少到了 54 个小时。最近，语言学习应用程序多邻国（Duolingo）动员了 15 万名受试者来测试数千种各式各样的基于互联网自动化的语言课程，借此将机器智能和人类智能结合起来。结果就是它将学习外语所需的时间减少到了 34 个小时左右——这种学习方法在 2015 年前已赢得了超过 1 亿的学习者，而且它通过允许任何人为新语言的发展做出贡献从而进一步发展进化。

许多实验研究了大型团队如何在智能机器的帮助下解决复杂问题。开放源代码运动表明，大规模的协作可以是实用、高效和动态的，这种协作提供了大部分的互联网软件。它蕴含的精神是简约而不简单：用先驱之一的林纳斯·托瓦兹（Linus Torvalds）的话来说，要用"懒如狐狸"的方式进行编程。还有一些实验使用计算机来管理人员，将任务分解为模块并管理排序，借此让计算机管理的"瞬时团队"来解决问题。[19]

一些有趣的混合性集合使用平台来实现聚合和编排，以期形成规模越来越大的智慧。Marketbot Thingiverse（全球最大的 3D 打印社区）是一个为创客运动（The Maker Movement）提供超过 65 万件设计素材的平台；维基之家（WikiHouse）分享设计要素给任何准备设计自己房屋的人，并鼓励用户将自己的改造和创意回馈到公共资源中。[20] 在健康领域，新的一系列平台允许患有急性病症的人成为集体研究人员，它利用数字和人类思维的混合，让不同的患者群体变成更像是集体智慧。目前的案例中已经招募了帕金森病患者，并为他们提供了带有加速计的可穿戴式设备，以便他们可以汇集关于自己身体状况与进展的相关数据，老年痴呆症也已应用了类似的方法。更多的传统工具则使用算法更好地识别和预测疾病，如诊断乳腺癌的计算病理学家 C-Path 系统。[21]

在商业领域，各种混合已经出现。一家香港风险投资公司在 2014 年委任了一个名为 VITAL 的投资算法加入董事会，和 5 名人类董事会成员一起投票。美国贝克豪斯（Baker Hostetler）律师事务所聘请了人工智能算法——IBM 的沃森超级计算机的一个衍生物，来处理破产案件，它与人类律师一起复核这些案件，以确保处理无误。而另一家公司利用人工智能成功地应对了 16 万张违章停车罚单的挑战。

政府部门的混合主要用于预测和预防，预测算法预测了囚犯再次犯法或病人重回医院的可能性。纽约市开创了一个著名的例子，它汇集了五个市政部门的数据，以了解城市里 36 万座建筑物的火灾风险。这些数据使约 60 个影响因素得到了确定，一些因素相当明显，而另一些因素则不那么显眼（如砖堆的存在），这些因素以一种可以预测哪些建筑物最有可能遭受火灾的算法汇集在一起。然后，消防部门将工作更多地转向预防而不是救火。

所有的算法都面临着误报的挑战，还存在重视一些因素而忽略其他因素的风险。[22] 它们非常容易抱有内置偏见——就像美国刑事司法中所使用的算法一样，标记黑人罪犯的频率远高于白人。许多领域正在把机器智能与人工监督完美地结合起来，以避免这类错误。一个算法的价值取决于它的准确性（它会做出正确决策的可能性），以及正确决策的回报和错误决策的损失之间的平衡。在亚马逊（Amazon）上推荐错误的优兔（YouTube）视频或书籍，错误成本很低。但若是自动驾驶汽车或医疗诊断出现错误，则代价要高得多，这意味着对人工监督有着更大的需求。[23] 算法激增带来了一个未曾料想的后果，那就是监督算法的人类职责激增。与此相反，无论是法官还是司机，都需要机器对人类的决策进行监督。这再次证明了利克里德的观点，最好的解决方案往往是将人与机器结合在一起，而不是将他们视为互相替代的东西。[24]

在国际象棋中也可以看到类似的模式，自从 1996 年 IBM 的"深蓝"（Deep Blue）击败了加里·卡斯帕罗夫（Gary Kasparov）以来，许多国际象棋比赛会让象棋大师们与计算机对弈。事实证明"深蓝"和卡斯帕罗夫势均力敌，最终 IBM 让"深蓝"退休了。但接下来的发展很有趣，就是使用机器来帮助自己（在所谓的"自由式"象棋中）的棋手迅速增加。而在其他情况下，有成千上万的观众在线观看比赛并建议棋手如何着棋。[25] 这些既是混合模式也是集体智慧的实例，似乎比单纯的机器智能或独自下棋更有效。

或许最想让人深入探索的实例是结合了人类、机器和动物的那些混合。在公民意识运动和能让公众追踪秃鹰的开放技术支持下，秘鲁利用装上了运动相机（GoPro）和全球定位系统（GPS）的秃鹰来寻找非法垃圾场。而乍得利用装上了传感器的狗去跟踪疾病，英国则利用鸽子来监测空气污染。

这些都是算法和传感器放大人类有用的能力的例子。但是，人类与算法决策一体化的环境也有可能会放大我们丑恶的一面。算法快速地从大量的人类行为数据中学习——跟踪人们的点击内容、购买行为和眼球运动，结果就是它越来越擅长调动人类潜意识中的欲望和偏见，也越来越擅长加强并利用人类想获得即时满足和色情刺激的性情。虚假消息的传播就是一个例子，其他例子还有对赌徒的乐观主义，或是对消费者对于闪亮和新鲜的事物的渴望的操纵。随之而来的风险就是人性会像讽刺漫画表现的那样，人们会被鼓励强化一些他们原本希望加以控制的习惯。

大智慧的权衡

最好的实例都预示了这样的未来，人类智慧与机器智慧（偶尔还有其他的物种）合并，形成了全面增强的思考能力。[26] 但是近年来，大多数成功的实例只能解决相互之间关联度较低的任务，大家对这些任务的性质几乎没有分歧，而且有非常懂行的团体。

不幸的是，我们许多最紧迫的任务并非如此。它们定义模糊、涉及相互冲突的利益，而且较难弄清答案是否正确（只有时间能证明对错）。对问题加以分配也并不容易，因为一些掌握最佳技能的组织不愿意提供帮助，或者觉得自身会受到可能的解决方案带来的威胁。

最近，我们了解到许多现实生活中的集体智慧的微妙之处，而这些常常并不符合先驱者的预期。第一代众包机制就经常误解问题的解决方式。比起用离散答案解决离散问题，通常会有更多的迭代过程来定义问题和解决方案（在第 12 章我会更详细地讨论这个问题）。在解决方案出现之前，我们继续围绕问题进行探索。

另一个重要的教训就是网络的负面效应可以和正面效应一样强大：群体产生的噪声可能比信号还多，更不用提智慧了，而且若让太多的人参与解决问题，可能只会阻碍而不是有助于进展。类似地，社交网络虽然有助于快速传播信息或找到某些类型问题的答案，但它们不会增强社会学习能力——即更有效地回应未来问题的能力。[27] 当需要更多的数据和信息，或者参数被明确指定时，扩大群体可以带来好处。在前一种情况下，较大的群体能提出新的选项；后一种情况包括选举投票或解决明确定义的问题。但是，如果选择标准模糊，并且需要大量细微的信息来做出判断，那么扩大群体可能是有害无益的。[28]

集合

有种想法认为一种单一的组织模式可以引导集体智慧，例如美妙的市场、由最聪明的大脑组成的公务员系统、同行评议的科学系统。这种想法很有吸引力，然而，通过本书我们将会清楚地看到：大多数成功的集体智慧看起来更像是混合物，是多元素的集合。谷歌地图是混合物的典型例子——它是人类与机器无缝交织在一起而形成的一种新型的"社会机器"。[29]许多大型公司都有着相当复杂的集合，例如亚马逊就结合了以下各项："综合协同过滤"引擎根据他人选择形成建议；"一键清除"之类的工具排除干扰购物因素（以及避免用户改变主意）；"预先发货"在人们购物前就将货物运到本地配送中心；图表理论优化送货路线；价格优化以适应客户和当地市场条件；等等。

为了顺利运转并服务于整个系统，无论是在公司内部还是作为公共资源，集合都需要结合诸多要素：丰富的观察和数据源；可以做出预测的模型；解释和分析能力；应对新问题和机遇的创造和创新能力；结构化的存储，包括对过去工作的记忆；与人们真正的行为方式一致的行动和学习之间的联系。当这些要素结合在一起时，考验它们的将是能否更有效地帮助系统思考和行动。

至于未来可能会出现哪种集合，我们手头的线索不多。有一些集合专注于环境。行星皮肤（Planetary Skin）由美国国家航空航天局和思科（Cisco）联合组建，是一个全球性的非营利研究和开发机构，它调查世界生态系统的状况，以帮助人们更好地面对极端天气事件，或因缺乏水、能源和食物而出现的问题。惠普（Hewlett-Packard）的地球中枢神经系统（Central Nervous System for the Earth）是一个类似的项目，也有着同样的雄心壮志。两者都在努力取得资金支持。欧洲的哥白尼计划（Copernicus program）有着类似目标——绘制欧洲生态系统状况，它可能会更容易取得成功，部分原因是这个项目有着更稳定的资金来源。

另外一些雄心勃勃的项目正在医学领域得到发展，其中包括MetaSub（地铁和城市微生物的宏基因组和宏设计），它可以绘制全球城市微生物基因组图谱，从而更好地了解抗微生物药物的耐药性模式。[30] 而使用人工智能追踪和预测寨卡病毒和登革热的暴发的全球网络 AIME 则是另一个很好的例子，它结合了复杂的观察、计算能力和灵活的行为激励［例如从游戏《精灵宝可梦 GO》（Pokémon GO）学习如何奖励公众找出繁殖地（传病媒介）］。[31]

现有最全面的集体智慧集合之一正通过英国国家癌症登记和分析处（National Cancer Registration and Analysis Service）默默地支持着英国国家卫生局（National Health Service）的癌症治疗。尽管名字普通，但这却是一个非凡的组织，它预示未来可以运行多少公共服务和整体系统。它连接了数千条记录，包括每年在英国出现的30万新癌症病例。它汇集了诊断、扫描、影像和历史治疗信息。这些数据被输入预测工具，帮助患者选择不同的治疗方案。在必要时，会将数据与遗传信息，或其他有助于预测疾病是否可能导致债务或抑郁的数据集联系起来，也会将数据与市场研究成果相关联，为用户提供更准确地公共卫生信息。和其他项目不同，它的优点是资金来源单一（癌症治疗年度预算近 100 亿美元的一部分），但价值显而易见，其中包括可以自行访问数据给患者带来的价值。

全球医学很可能是最接近于综合集合的领域，它结合了数据收集、解释、实验，以及存储的系统组织（而且在不久的将来，它有可能将传感器、植入物，还有收集数据和分发药物及样品的无人机连入网络）。医疗领域受益于相对充足的资金、较高的地位和全球性，但全部的这些集合都得为取得经济来源而奋斗：究竟谁来为这些东西买单呢？[32] 它们可以在私人公司（如亚马逊）内部运作，也可以在一个庞大的营利公司（如谷歌）的资助下工作。原则上，它们可以作为社团取得资金，由许多用户做出小额支付。但是，如果没有来自政府和纳税人的部分资金支持，许多集合看起来注定要陷入挣扎求生的境地。

有些集合还发现很难将观察与行动联系起来，也很难成为它们本应服务的专业人员和普通公民的日常工作和生活中的一部分。要想扭转这种情况，这些集合需产生可访问的、相关的和及时的信息。集合可以说部分上是技术设计，但只有与行动联系起来，集合才会有用（见图 1）。若要与行动联系起来，集合需要在行为、文化和组织规范方面足够复杂、精细，而这些可能都比感知系统和算法的设计更为费力。然而我们已经开始看到，集合是如何在全球层面上把包括卫星网络到大学实验室、公共卫生官员到教师在内的广泛的资源联系在一起，形成某种就像单个大脑和真正的全球神经系统一样的事物的。

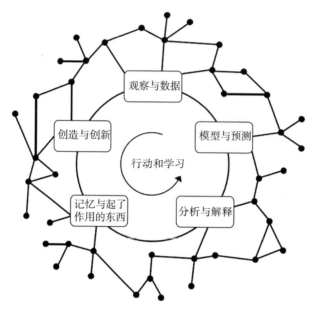

图 1　集合

　　这些混合物的例子在自然界中也有类似情形。当混成一团的细菌混合物汇集在一起创造出某种新事物时，真核细胞演化形成。我们自己的语言也有类似情形，英语中的动词"to be"[1] 是一个很好的例子，它是被至少四个不同的词（be, am, is, were[2]...）经过演化结合和混杂在一起而形成的。或者我们可以想想现代计算机，它是传感器、CPU（中央处理器）、键盘和连接的混合物。我们最有用的工具常常是组合和集合，杂交和混合，而这些工具并不因为混杂而使效用降低，它们通过对元素加以洗牌的方式演变发展，以迭代的方式试验新的集合。

　　但是这样的集合需要大量成本，它们需要劳动、投资、专业技能和机器智能。而对于我们最迫在眉睫的问题，却很少有人想要或

---

① 译者注：英语单词"是，存在"。
② 译者注：英语单词"是，存在"的不同形式。

者有钱来投资以创造集合。因此，我们的集体智慧一直表现不佳，各点没有连接起来，模式未能被发现或未能针对模式行动，也没有吸取教训。

集体智慧、未来可能性与焦虑

在对集体智慧做出第一个概述之前，我想简要地提一下各种集体智慧的一个奇特之处。乐观主义者愿意相信集体智慧能够增强我们掌握世界和解决问题的能力。然而，我们一再发现集体智慧对心情和心理有着矛盾的影响。一方面，它扩展了我们对未来可能性的共同认知。新颖的乌托邦和想象中的社会进入视野，激发了我们对世界可塑性的新鲜感。然而与此同时，加强的集体智慧也使我们更加意识到风险和不确定性。换句话说，它带来了希望，也带来了焦虑。

这是过去半个世纪以来卫生健康领域的经验。在这个领域，人们更加了解如何改善健康、预防疾病和强身健体，但同时也更加焦虑，这种焦虑不仅仅存在于没病找病的"疑病症"患者中。同样地，我们塑造和管理环境的能力越来越强，对系统脆弱性的认识也越来越多。总而言之，将人类带入更高层次的集体智慧，它的演变将不会是一个令人感到安慰的演变，也不是一条必定能终结恐惧的道路。相反，它会让我们的意识发展到新的水平，这将扩大视野，同时增加不确定性。比如说我们担忧机器会超越我们，还担忧若机器出现故障、网络崩溃或电力中断，而我们却不再有这些人类技能储备来应对这些问题，那么我们该怎么办。

第二篇
了解可供选择的集体智慧

在描述了快速演变的集体智慧实践之后，在第二篇中我们将转而了解智慧大规模运转所需的工具、概念和理论。

我演示了支持集体智慧的元素——从观察、记忆到判断——以及如何汇集这些元素来做出解释和决定。论证中的关键一步演示了我们用来学习的几个循环，以及遇到障碍时我们该怎样创造出新范畴或新思维方式。

我探索了我们可能陷入的困境，无论困境的原因是故意破坏、相互冲突还是自欺欺人，以及如何与集体智慧的众多敌人抗争。我阐明了更多的并不总是意味着更好——更多的数据和参与者应该有助于做出更明智的决定，但这并非必然。

然后，我描述了"我们"这种感觉是怎么出现的——"我们"，也就是集体的主体，可以是团体，可以是组织，也可以是国家；同时我也展示了这种概念的局限性。

在第二篇结束时，读者应该有许多方法可用于观察组织、城市或其他领域，弄清它们的思考能力是高是低，以及它们怎样才能更有效地思考和行动。

第 3 章　集体智慧的功能要素

集体智慧的集合汇聚了不同的能力——观察能力、分析能力、记忆能力和创造能力等——从而使更有效的行动成为可能。结果证明，在组织内部或者组织之间，这些集合需要采用不同的方法、文化和组织形式。[1] 善于观察的人在创造力上可能很差，反之亦然。而记忆的组织方式却与预测大相径庭。

智慧的每种要素也需要能量和时间，这意味着它们之间需要权衡。[2] 某种要素较多，意味着其他要素会较少。[3] 有可能在几十年后，世人会相信有集体智慧的一般特性——群体智商。但是现在看起来这不太可能实现。[4]

那么，那些结合在一起，让大规模的思考和行动成为可能的独特要素是什么呢？在此我描述了主要几个要素。

富有活力的世界模型。智慧的归宿是要在现实世界中采取行动，正如约翰·沃尔夫冈·冯·歌德（Johann Wolfgang von Goethe）在《浮士德》（*Faust*）中所说的那样，"Im Anfang war die Tat"（太初有为）。但是为了能够"为"（行动），我们需要的不仅仅是动机，也不仅仅是数据或投入。我们需要一个隐性或显性的世界模型——世界如何运行，一个事件如何导致其他事件发生，他人的行为方式是怎样的，哪些事情最重要。没有这个模型，所有的输入都毫无意义。智慧首先构建自身的内部环境，然后会尝试让其匹配于外部环境。这是贝叶斯思维（Bayesian thinking）的立场：我们从"先前"开始，然后看数据是否证实了"先前"的正确性，就这样我们稳步提高了知识正确的概率。这个模式富有活力，求知若渴，它渴望着预测和测试。它必须找出原因，然后在世界与我们的预测不一致时进行调整。[5]

在使用模型后，我们可以通过思考来了解事物，而不必通过亲身体验来学习。思考取代尝试并避免了错误的发生，这就是被丹尼尔·丹尼特（Daniel Dennett）描述为波普尔（Popperian）的能力——通过预先修正错误，假设代替我们人类个体的逝去。这种能力并不是人类独有的，一只松鼠会思考能否从一根树枝跳到另一根树枝，它在通过肌肉模拟跳跃后得出结论：这个距离太远了。[6]

我们需要实用的模型，与生俱来的物理直觉和心理感觉，以及我们对数的感觉和空间感都是有用的。但是对于人类和团体而言——虽然可能不是对机器而言——模型也需要是前后一致的。[7]我们的模型不一定要累加起来，优秀头脑的标志就是能够同时持有两个对立的想法。然而，如果我们的模型分歧太大，就会产生内耗，而且有可能的话，我们会宁可忽略那些挑战性太强的事实。[8]

观察。接下来是我们可以看到、听到、闻到、摸到世界，并将取得的相应信息输入我们现有模型的能力。据说，40%的人类大脑活动与观察有关。如果没有观察周围环境的能力，现存的智慧不可能延续下去。动物的观察能力差异很大，而人类并不是那种观察能力特别强的物种。我们听的能力比不上海豚或狗；看的能力比不上许多鸟类（其中一些鸟可以看到紫外线）；闻的能力比不上一些昆虫；感知的能力比不上蝙蝠。我们对时间的感觉的极限是十分之一秒（这让人类速度远远落后于可在 10 微秒内做出决策的交易技术）。

学习很大程度来自观察，我们是一种善于模仿的物种。这种观察能力位于我们的机体深处，它在进化过程中融入镜像神经元中，融入意识表面之下的经常模仿他人的习性中，而这种习性在刚出生 1 个小时的婴儿身上就有所体现，然后通过社交互动、对话和媒体得到加强。出人意料的，很大一部分科学进步始于以新的方式看待事物，这要归功于显微镜、望远镜或统计学。19 世纪初的消色差透镜显微镜为微生物理论铺平了道路；20 世纪初出现了 X 射线晶体学，之后才发现了 DNA 结构，X 射线晶体学在 DNA 结构的发现中发挥了至关重要的作用。同样的，数据流，例如说人们怎么围绕城市迁徙，或血细胞怎么变化的数据流，能够有助于新的深刻见解的出现。

然而，观察并不是一种未经加工的能力。我们观察到的东西并不是纯粹的感官输入，而是由模型、预期以及我们对世界如何运作、什么东西很重要的看法所构成的。近来，科学领域最令人惊异的发现之一，就是离开大脑的视觉信号多于进入大脑的视觉信号，这些信号是对将要看到的东西的预期，之后会被从眼睛输入的数据证实或证伪。我们看到了什么，这取决于我们知道了什么，反之亦然。这就是为什么我们非常容易忽略意外或不便的事实，为什么专家可能比非专业人员更愚蠢，为什么理论导致的盲目在复杂的社会中是如此常见的失败。

注意力与专注。模型和观察（或输入）结合，能帮助智慧区分哪些事情重要，哪些事情不重要。巴勃罗·毕加索（Pablo Picasso）曾经评论说："现实众多，如果你试图让所有现实可见，最终结果是你会迷失于黑暗之中。"因此我们学会了选择。

各种正念（mindfulness）的传统观念教导人们如何关注注意力本身——要觉察到思绪游荡和各种想法涌上心头的方式。无论是对个人还是团体而言，专注的能力都被认为是一个特别有用的特质。沃尔特·米歇尔（Walter Mischel）著名的棉花糖实验是让孩子抵抗棉花糖的诱惑，研究结果显示，一个能抵抗诱惑 15 分钟的孩子，在后来的考试中，取得的考试成绩会远远高于只能抵抗诱惑 30 秒的孩子。他发现，关键能力是能够转移视线，通过无视棉花糖来抵抗诱惑——这代表了自律的持续能力。

这种专注的能力不仅仅对个人非常有用，对组织来说，拥有"杀死小狗"的能力——即终止那些有趣且吸引人，但最终却只是分散了注意力的项目的能力，也是至关重要的。

在视觉上有一个非常有趣的类似情况。可见光是由光谱的所有颜色组成的，当可见光穿过透镜时，蓝色和紫色光会比橙色和红色光发生更多的折射，这意味着每种颜色的聚集点会稍有不同，从而在图像边缘产生轻微的模糊。专业的摄影师使用带有滤镜的镜头来减少波长较短的蓝光数量，借此提高清晰度。通过少看一点儿，他们能看得更清楚。然而，专注也可以是弱点。只专注于几点会使周边视野太窄，这会导致你无法发现新模式和意料之外的威胁。

许多非常聪明的人、机器和组织都很难集中精力，并深受选择失败流弊之苦：他们被数据淹没，在太多的选择中迷失，不知如何判断或决定。对于他们来说，数量击败了质量，纷杂遮盖了本意。但是，其实我们所有人都会经受这种流弊之苦，因为我们只能在回头去看时，才知道应该注意哪些信息和忽略哪些信息。

分析和推理是思考、计算和解释的能力，这是算法智能的主要领域。它涉及与选择相关的分步处理、分析和仔细考量，并找出什么原因造成了什么结果。大量文献研究了人类推理思考的多种方式。我们可以这样推理：从前提开始，通过演绎推理，然后观察数据何时与我们的模型相互矛盾，以及何时证实了模型。我们也可以通过归纳，或者通过类比和形式逻辑思考。我们也可以通过归纳，或者通过类比和形式逻辑来推理。我们还可以通过公理论和抽象来推理，就像物理学和数学那样。我们也可以通过与观察联系在一起的分类来推理，就像化学那样。我们能学会将原因理解为直接原因或者概率原因，也可以学会区分系统性原因和诱发性原因。我们的一些推理思考能力很强，比如在发现模式或者理解社交关系时。但在其他方面的推理思考能力比较弱，肯定比计算机弱得多，特别是在计算和数据匹配的能力方面。

或许任何智慧的核心就是利用模型与观测数据的结合，进而分析和解释的能力。原因造就了对应的结果吗？我安慰的话对爱人有什么影响？我是在以正确的方式抚养孩子长大吗？这是适合我的出租公寓吗？在计算机科学中，这有时被称为智能的"可信度赋值"问题：如果涉及长时间延迟或多个因素（在大多数真实的情况下，很可能存在比我们知道的多得多的因素），我如何确定哪些行为将带来正面结果？每次我们做出决策，都要对因果关系做出判断。我们也必须要问，适用于以前情况的规则和模式是否适用于当前情况。我们希望，当我们的模式不再起作用时我们会对其加以更新。但由于人类心理的变幻无常，当现实世界不再遵循模型时，我们可能还会固执地坚持习惯做法。

创造或创造力是想象和设计新事物的能力。这曾被认为是人类独有的能力，当然，我们不可能轻易了解海豚或鹰的真实创造力，但这种独特的能力曾在黑猩猩群体中被观察到。我们的大脑构造是天生利于想象的，我们从小就展现出了创造新事物的能力，很多时候在创造新事物时我们利用了类比、比喻或组合。在整个生命旅程中，创造力比其他智力要素要好玩多了（这里，"玩"与其解释为工作的反义，不如说是无聊的反义）。

从日常生活到科学，创意在各个领域中都发挥着作用。例如，奥古斯特·凯库勒（August Kekulé）做了一个白日梦，看到一个苯分子就像一条要吃掉自己的蛇，这时他意识到这个分子的形状就像一个圆环一样。类似地，詹姆斯·洛夫洛克（James Lovelock）把地球看作是一个保护自身的生物，这时他在气候如何起作用方面突然有了灵感。潜意识在创造性方面发挥重要作用的情况很常见，当显意识竭力解决问题、发现模式时，潜意识成功地完成了这些任务。在更极端的形式下，创造力为我们带来了一些谶言的生动突破，而这些谶言正是许多宗教和艺术形式的核心。

运动协调是在现实世界中行动的能力，也就是将思想或观察与手脚的运动联系起来的能力。敏捷、管理和数字这三个词都反映了将思想和行动联系起来，知道什么时候逃跑，什么时候战斗的重要性。团体和组织具有的类似能力是调动和配置能源、军队、卡车、火车的能力。随着物联网的兴起，物理世界越来越与其他类型的智慧融为一体。

记忆是短期和长期记住东西的能力。人类思维常常显得很无力，因为人类的工作记忆只能同时处理四个项目，这就是即使在完成诸如列表或计算等简单任务时，我们还非常依赖纸笔或数字设备的原因。[9]但是我们可以记住极其大量的东西，可以学会从经验中提炼的全部行动技能，而且我们的记忆及对自身的监控都会影响发展中的世界模型。任何连贯的自我意识都依赖于记忆，但是记忆也会按照可预测的遗忘模式逐渐消失，而且有些记忆可能会被埋藏在头脑深处。像个人一样，组织和团体可以被它们能随时访问的记忆所塑造，也同样能被它们故意遗忘的记忆所塑造。不管是对于组织还是个人而言，面临的挑战不仅是要记住东西，还要在正确的时间检索出正确的记忆。[10]

共情是从他人的角度去理解世界的能力。阿提克斯·芬奇（Atticus Finch）在《杀死一只知更鸟》（*To Kill a Mockingbird*）中说，你永远不可能真正了解一个人，"除非你披着他的皮囊行走世间"。但这并非完全真实，我们可以共情，而共情的根源是天生的。通过实践和榜样，共情会逐渐成长。观察有助于共情发展——我们会观察那些来自他人的面部表情、身体姿势或声调的微妙信号。而解释和同情也带来了共情——同情不仅是分析他人感情，也是和他人共同感受的能力。共情让我们走向爱——那是对另一个人的深深的感情，它以超越理性的方式让我们亲密无间。尽管如此，共情在压倒智慧时，也可能会助长有害的集体行为。太过常见的情况是，群体对成为暴力事件受害者的成员的强烈共情，转变成了对另一个组织的敌视仇恨。

判断就是做出决定的能力，它带来了睿智，带来了理解复杂事物和整合道德观的能力。我们把经验和直觉与分析和推理结合在一起时，判断出现了。判断部分上是理性的，但部分上是感性的。如果没有情绪来引导我们，根据不够充足且相互矛盾的信息努力做出决定是很难的。大思维必须要与大胸怀相匹配，无论我们讨论或研究的是个人还是团体。

睿智是最终的判断。它往往比其他类型的推理思考更具背景性，同时具有更少的普遍性。它融合了道德观，考虑了适宜性。这是从对睿智和判断的严肃研究中得出的惊人发现：我们认为最高深的智慧，并不是包治百病的标准方案，而是理解特定地点、人民和时代的能力。在这个意义上，科学可能与睿智的方向完全不同。科学已经发展到对人类视觉来说非常遥远的大集合（包括恒星、原子或细胞）的定量研究。相较而言，睿智涉及看起来与我们很接近或者说是与生活有关的事物的定性理解。我们认为睿智是这样的一种能力：能够运用长远眼光看事物，即使经过事物不连贯和失败的时期，也能让它有时间成熟、孕育新事物和演变。

智慧和验证

智慧的其他方面与睿智的关系已吸引了哲学家们几千年。亚里士多德（Aristotle）区分了三种不同的思维方式。知识（episteme）是应用规则的逻辑思维，技术（techne）是事物的实践知识，实践智慧（phronesis）是睿智。每种思维方式都有自我的验证逻辑。知识可以通过逻辑或实验来验证，只需要一个反例即可驳倒一条规则或假设。技术可通过实践来测试：某事物起了作用还是没有起作用？而在另一方面，实践智慧取决于具体情境，要想验证实践智慧，只能用它来做选择，根据结果一步步确认决策是否真的睿智。

在某些情况下，这带来了一种理想化的行动，即找出各种能量和未来可能性，然后顺其自然，与这种行动截然相反的是遵循目的、策略和行动的线性逻辑。对于睿智的人来说，成功会逐渐成熟或自然浮现，而不是遵循死板的因果关系。

集体智慧的要素

富有活力的世界模型

观察

专注

记忆

共情

运动协调

创造力

判断

睿智

技术如何强化智慧的功能性能力

显而易见，计算机可以高效发挥上述的智慧的许多不同能力，更确切地说，是从观察到记忆的各种能力。计算机大大增强了我们观察、计算和记忆的能力，并且其能力远远甩开了人类追赶的步伐，相对而言，我们的优势在于敏锐的观察能力。

运动协调能力几乎发生了同等程度的巨变。传感器、移动通信和计算技术的结合，使我们可以用完全不同的方式组织多种物理现象——尤其是在能源和运输方面，同时，机器之间的通信取代了对人工中介的需求。

计算机可以有效地存储和检索项目，例如名称或图像。人类的记忆更具流动性，依赖于选择性的强化、组合或弱化，因此我们通常会忘记大部分我们知道或看到的东西，但同时可以很容易地记住从未发生过的事情。展望未来，区块链技术有潜力进一步改变集体记忆，以安全而透明的方式提供行为和交易的共享记录。举例来说，我们可以追踪到每颗钻石的来源和所有权，这样可以防止以被盗钻石取得回报而造成纷争的情形；我们也可以追踪店铺内出售的每件产品的原产地，倡导消费者关注环境或对工人的剥削。[11]

计算机可以越来越多地从面部动作或语调重音中读取我们的情感倾向，这并非是完整的人类意义上的共情，但它成功地模仿和放大了某些方面（例如，传感器可以读取所有观众的情绪反应）。正如我将在第 11 章中展示的那样，在不久的将来，我们可能会使用电脑来管理会议，为会议提供便利，让它来测知情绪，提供比普通人类主持人更好的服务。

计算机还可以捕捉复杂的经验模式并扩大决策，"建筑信息建模"项目就是一个很好的例子。这些项目在建设之前及整个建设过程中使用三维模型，详细地反映了设计、规格、成本估算，以及最关键的"冲突检测"——显示管道可能相互碰撞，或者规划可能会与当地规划原则产生矛盾的情况。在这里，技术汇聚了大量的正式和非正式的专业知识，这有助于人类将注意力集中在更具创造性的工作上。

相较而言，智力的其他要素受技术的影响很小。创造力受到的影响会有多大还不明确。计算机生成艺术或音乐的实验数以千计，但与其说这些实验有说服力，不如说引人好奇。电脑可以创作与真人作品极其相似的动人的巴赫风格音乐、配乐和押韵歌谣，也可以创作俳句诗，现在它还可以将照片的表现内容与特定画家的风格结合起来。[12] 如果我们认为，有固有的原因让计算机即使在未来也不擅于创造，并且没有潜力创造全新的艺术形式，这可不太明智。

判断能力受计算机的影响更小。在有大数据集的情况下，诊断型的人工智能越来越擅于判断，但它在不确定的条件下表现很差。虽然人工智能在观察方面取得了很大的进步，但在解释方面或者说在机器的"心智理论"（共情和通过他人眼睛去观察事物的能力）方面，并没有多大进展。

我们与这些工具的关系很复杂。我们的能力已经得到了大幅增强，而且会越来越强。我们正在学习使用这些工具来增强、挑战和证实我们自己的感觉，同时我们相当快地进化成了机器和肉体相结合的混合生物。像微软小娜（Cortana，人工智能私人助理）或谷歌即时（Google Now）这样的工具已经可以引导我们避免不必要的错误，比如，忘记重要的周年纪念日或者扰乱我们身体内部的化学反应。

但是我们也应该知道，每一个增强和辅助人类智慧的工具都可能成为陷阱。选择适合特定任务的数据可能导致我们过度依赖这些数据，从而错过早先在外围出现的更重要的数据。事实证明，跟踪绩效的复杂工具会一再让组织陷入困境，因为组织达到了目标，却错过了要点。根据我们的过往行为提出建议的预测工具只会让我们越来越固化于自己的窠臼中，而不能帮助我们学习。智能设备可以迅速地从工具演变为主人，它们会潜移默化或赤裸裸地按照它们的模样来塑造我们，而不是相反；或者它们会向我们提供一面扭曲的镜子，而镜中的我们是经常混乱的自我。这就是为什么我们必须要学习如何使用数字工具，同时还要学习什么时候应该无视它们，这样我们最终才不会被困在自己制作的新笼子里。

有个很有趣的思维实验：想象一台计算机，设计它是为了睿智或者实践智慧，这个计算机可以根据情景的具体情况调整其算法，也许能够避免一些陷阱。[13] 但是，这种计算机会与我们现在所拥有的机器，也就是图灵机的原型相当不同。图灵机的原型是基于规则的机器，是知识（即应用规则的逻辑思维）的纯粹表达。而人类专家智慧不是仅凭线性推理本身，还凭借直觉、启发和情感以进行更有效的判断，如果我们能更深入地了解人类专家的智慧如何在实践中发挥作用，这会相当有益。[14] 这可能会把我们带入人机混合体的终极形式——由已经学会了更像机器一样的人类，与学会了更像人类那样思考的机器组合而成。

平衡和不平衡

在我们的日常生活中，我们必须在智慧的不同能力之间取得平衡。在生活与工作中，过于强调记忆力、分析能力、创造性，或者判断力，这都可能会产生问题。事实上，过于专注于一个元素的思维会大受折磨，极端时会患病（例如不能逃避记忆或者过度理性，造成选择困难）。在智慧的所有不同元素之间取得适当的平衡，这对于任何团体或组织来说都是至关重要的，但是如果技术只能大幅强化其中一个元素，那么取得平衡可能会更加困难。如果记忆太多，你可能会被困在过去。推理思考太多，你可能会对直觉和情绪视而不见。创造力太多，你可能永远不会行动或学习。前后一致性太多，可能在你的方法不再起作用时你会看不到这一点。

我多次经历过失衡的例子。例如，在某些政府内部，有些部门的记忆如此强大，以至对每种新的可能性都不予考虑，理由是以前曾有类似尝试。同时，在一些政府内部，我也发现了相反的情况：对于上次类似行动，根本没有有条理的记录，这真是证实了乔治·桑塔亚那（George Santayana）著名的评论："不从历史中吸取教训的人注定要重蹈覆辙。"有些组织在观察上大量投资，但却很少在解释方面投入，这让它们变成了永恒的偏执狂。斯大林时期的苏联是这方面的生动例子，虽然方式不同，一些当代企业也存在类似情况——它们对日常数据反应过度，却失去了全局意识。正如英国国家安全局（National Security Agency）的前技术总监威廉·宾尼（William Binney）在 2016 年 1 月对英国议会委员会说的那样，大量收集的通信数据中有 99% 是无用的，而且"消耗了生命……因为它用太多数据让分析师遭受了没顶之灾"。

有创造力是好事，但如果组织变得太有创意，就会过分关注新鲜有趣的事物。由于未能从他人成就中学习，或不记得他人成就，他们就会不断地重复发明，做无用功。

对于个人而言，正念的方法是有益的——它观察我们的思绪，了解思绪的真相，增强上述各种能力，这样我们就能更敏锐地观察，或者更有想象力地创造。对于一个群体而言，正念也是一个有意义的概念，它可能需要某种层级制度或一些手段，借此让群体决定要在哪一方面集中精力，以及如何在智慧的不同组成部分间转移资源。元智慧也许不是图灵机意义上的一般智慧，而是恰当地在不同智慧类型之间切换的能力。这需要某个其他锚点——这个锚点位于某任务或使命内，或某身份内，因为只有参照智慧之外的某物，才能判断要如何组织智慧本身。[15]

在复杂思维方面，平衡的重要性也显而易见，只是方式有所不同。J. 罗杰斯·霍林斯沃思（J. Rogers Hollingsworth）详细分析了数百项创新和复杂的科学突破，不仅将其归因于资源获取等一些显而易见的因素，也归因于不那么明显的因素，例如科学的多样性与广泛散布的网络之间的良好连接，以及领导者懂得如何整合不同领域的专家。他发现，最成功的科学家常常深度涉足远离科学的领域，如音乐或宗教——这有助于科学家们看到新颖的模式。但研究也显示，多样性与结果之间的关系形成了一个倒 U 形：过强的多样性带来的是干扰而不是突破，就像过多的交流可能会占用反思和形成新思维的时间。换句话说，最好的科学家知道如何保持合适的平衡，尽管这很难规划，因为他们的思维倾向于"在一个无计划的、混乱的、某种程度上随机的过程中发展，这个过程充满了机会、运气和偶然"。[16]

智慧的维度

正如我们所看到的，所有的智慧运用，无论是个人还是集体，都有相似的基本结构。这些运用都结合了下列因素：一系列片面或全面的观察、数据和其他信息输入；一些使用现有或新模式解释和分析数据的方法；决策和行动；然后根据所发生的情况进行调整。我们可以称之为反馈或学习。

在相对简单的情况下，数据明确，解释模型稳定完备，反馈迅速。如蜥蜴捕食苍蝇、人驾驶汽车、导弹攻击目标都属于这种模式。人工智能和机器智能的大部分进步都涉及扩大数据的收集量，改进解释算法，并根据即时反馈调整模型。这就是为什么它们非常适合进行诸如国际象棋、《危险边缘》（Jeopardy，美国智力问答竞赛电视节目）或围棋之类的比赛。

有些选择是二元的，是线性的，更像是电脑程序（我买哪个品牌的牛奶？乘哪列火车？）。人工智能往往在人工环境下表现得最好——比如玩游戏或者分析有序数据流，但在多维环境下的表现最糟糕。

如果没有足够的数据，也没有足够稳定可靠的解释框架来做出决策，智慧就会面临挑战。我们认为有用的智慧大部分必须能够处理不可通约量，处理本质互不相同的考量，并考虑各种纷乱的因素，以非线性方式综合做出决策。做出决策后，可能需要几年的时间才能发现这个选择是否正确，大部分真正重要的选择都属于这类。在这些选择中，数据、模型和反馈回路都是模糊的，例如选择终身伴侣、工作，或是否移居到另一个国家。我们不能确定风险和可能性，所以我们必须做出笼罩在不确定性中的决策。

为了帮助自己解决问题，我们不能以单一逻辑的线性方式解决问题，而应围绕这个问题展开研究，通过从理性到感性、从分析性到富有想象力的多个视角来观察问题，从而找到感觉做出正确决策。团体同样如此，团体不应靠单纯归纳或是单纯推理，而是应当利用辩论和辩证思维，尝试用不同的方式思考问题。接着，它们可以扩大选择的范围，这是一种创造性的行为，能产生仅从现有数据中无法取得的选项。然后，他们可以应用标准，权衡利弊（这是一种使用了至少五个世纪的方法），或者遵从自己的潜意识。

这意味着什么？集体智慧的一般理论需要考虑选择的维度。在统计方面，这指的是相关变量的数量。[17] 但是同样重要的还有认知维度（需要多少种不同的思维方式、学科或模型才能理解选择），社会维度（有多少人或组织有权决策或者能对决策产生影响，以及这些人或者组织间相互冲突的程度如何），时间维度（反馈回路需要花费多长时间）。选择的维度越多，需要做的工作越多，达成最优选择所需投入的资源也就越多。

任何选择都可以体现在图 2 的三维空间中。绝大多数集体智慧实验都接近各轴相交的地方，比如提出数学问题或向国际象棋棋手提出建议。这些实验中，有主要的认知框架用于回答问题（无论问题如何复杂），决定由个人或者单个组织做出，而且有快速的验证方法（比赛是赢是输？证明是否站得住脚？）。

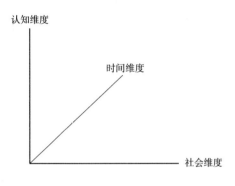

图 2　智慧的维度

比起处理高维问题，当前的计算机更适宜处理低维问题，但是并没有固有的原因表明计算机不能及时处理非常复杂的问题。计算机可以通过提供多个解释框架来为团队、个人或委员会解决问题（更确切地说，作为现有的深度学习工具，对训练数据做出回应，提出多个新算法）。它们可以被用来描画权力、交流和影响的社会模式的图谱，并且能协助人类决策者不忽略重要因素。同时计算机也可以尝试模拟决策结果。

许多组织利用低维工具来解决高维问题。如果你足够强大，你就不会费心让其他较弱的组织参与决策。如果你的学科足够正统，该学科可能会忽略其他学科的观点。然而，这种做法的最终结果会较为糟糕。

第4章　支撑集体智慧的基石

对一个团体来说，为了使思考能够卓有成效，只有聪明人和智能机器是不够的。相反，大规模的思维依赖于基础设施——基础的物理和虚拟支持系统。过去我们尝试过组织大规模协作类思维，这些尝试展示了怎样做才能卓有成效。

理查德·切尼维克斯·特伦奇（Richard Chenevix Trench）编纂《牛津英语词典》的计划是一个真正的集体努力的杰出范例。编纂该词典的目的是找到英语中每个单词的含义，以及了解这些含义形成的来龙去脉。以前的词典虽然提供了定义，但这些定义只反映了作者的意见。《牛津英语词典》努力做到实证性、科学性与全面性相结合。因此，该项目要求有人阅读所有可用的文献，并收集每个词的每个用法。这显然是一项不可能完成的任务——当然，这是对于一个人或一个小团体而言。

特伦奇认识到了这一点，他于1857年在伦敦图书馆的一次会议上辩称，这项任务显然超出了任何一个人的能力，因此它必须是"许多人的联合行动"。[1]他建议招募一个由无偿志愿者组成的庞大团队，绘制志愿者自己的语言和文化遗产。他的合作者弗雷德里克·弗尼瓦尔（Frederick Furnivall）正式组建了这样一支队伍，每个志愿者被要求选择一个历史时期，竭尽可能地阅读来自那个时期的文献，并编制单词列表。他们被告知要搜索项目团队特别关注的单词，要使用纸片标记目标词、书名、日期、卷数、页码以及使用该单词的句子。

这时候确立的原则，成为后来诸多勇敢尝试所遵循的典范：一个引人注目的目标；一大批志愿贡献者；对组织和共享信息方式进行严格管制，其中包括我们现在所谓的"元数据"；以及一个保证整个项目遵循正确道路前进的中心监控小组。

赫伯特·柯勒律治（Herbert Coleridge）成了这部当时名为《按历史原则编订的新英语辞典》（*A New English Dictionary on Historical Principles*，即后来的《牛津英语词典》）的巨著的首任编辑。他预计将会收到约 10 万张纸片，而且"若不是因为许多交稿者的延迟"，他最多会花费几年或更少时间来完成编辑。结果，他收到了超过 600 万张纸片，最终他花了 20 多年才完成辞典的第一部分并可供出版。正如该项目史的作者所写的那样，"正是这种对工作、时间和金钱的极度天真的低估，一开始就阻碍了词典的进展。"但他们确实大步前进了，而且项目取得了圆满成功——近期许多协调大规模智慧的项目，例如维基百科，都模仿于它。

这个实例显示了通过正确的编排协调，群体属性可以远远超过任何一个部分的能力。试比较一下大脑与神经元，蚁群与蚂蚁，社会与成员。大规模的智慧不仅在数量上更聪明，它的思考质量也是截然不同的。那么我们可以从这个实例中学到什呢？《牛津英语词典》向我们展示了支撑集体智慧的关键工具——那些让普通的想法也能迸发出光芒的通用基础设施。

通用规则、标准和结构

首要的基础设施是一套大家都认可的规则和标准，就像对词典至关重要的分类一样。这些规则与标准是任何知识共享的必要条件，它们大大降低了思考与协调的交易成本。

《牛津英语词典》不是第一本词典，它的面世远远迟于丹尼斯·狄德罗（Denis Diderot）在 1751 年出版的《大百科全书》（*Encyclopédie*）、埃弗拉姆·钱伯斯（Ephraim Chambers）的《百科全书》（*Cyclopedia*）和塞缪尔·约翰逊（Samuel Johnson）在 1755 年出版的《英语词典》（*Dictionary of the English Language*），但它完美地示范了代码和分类可以解锁世界的想法。

我们的祖先通过细致的学习才有可能在沙漠或北极苔原生存，这些学习教会他们如何生存，如何使用植物、骨头或毛皮，它们共同构成一种生存文化。个人和集体的智慧都是为了应对挑战而演化的，就如紊乱的气候使人们被迫去适应新的植物和动物。经历气候的过山车之后，人类的智慧变得灵动而又易于适应。但是这种智慧如果要被梳理和传承下来，只能把它变成各种结构——值得记忆的名单、分类系统、关系集群或支配各种歌谣和神话的韵律规则，这些都是文字出现之前的文化核心。

大多数近代文字文明的历史同样可以被看作更强大、更标准化的思维工具的演变：图书馆用来保存记忆；大学在过去知识的基础上进行创新；企业和市场协调生产；议会决策；医院治疗；学科使深刻的知识系统化；艺术家工作室突破创造力的界限。最近，谷歌开始着手实施一个大胆的目标：复制整个万维网，从而来代表并搜索它。

人类社会观察、解释、记忆和创造的能力以不同的方式被协调编排，并置于专门的机构和建筑中，同时训练专业人员集中、组织、分配和使用新知识。把这些组合在一起的是通用的分类方法。卡尔·林耐乌斯（Carl Linnaeus）的植物分类学方法描绘了植物的世界，该方法后来被用于描绘人类社会现象，由此催生出了种族分类学。德米特里·门捷列夫（Dmitri Mendeleev）发明了元素周期表［据说它起源于耐心（Patience）卡牌游戏］。其他一些更为接近《牛津英语词典》的正式系统包括雅克·查尔斯·布吕内（Jacques Charles Brunet）的巴黎书商分类（Paris Bookseller's classification，1842 年）和杜威十进制系统（Dewey Decimal System，1876 年）。所有这些都是认识论中的勇敢尝试——界定什么是知识、什么最重要以及事物之间的关系是什么。

这些思维方式在各个领域进行传播。在商业上，需要对管理会计进行创新以处理全国性铁路网络、复杂的钢铁厂和化工品。如果我们没有新方式来了解事物的物理变化和系统中无形价值的流动，就没有办法使企业持续盈利。

在数据世界中，涉及让思考变得更容易的通用标准的争论时，我们采用了有组织的宗教的语言：让数据更易被管理和操纵的"规范规则"以及共享的"登记数据"。没有标准化的元数据和标签，很难组织有用的信息——但在许多重要领域，仍然缺乏标准化的元数据和标签。

标准几乎能称得上是一种神奇的东西。电子数据表的发明者之一鲍勃·弗兰克斯顿（Bob Frankston）将电子数据表描述为"可以执行计算和重新计算的神奇电子纸张，它允许用户使用熟悉的工具和概念来解决问题"——这种方法带来了 Excel（电子表格软件）和其他程序，以及后来大数据中的类似工具。电子数据表是一个令人着迷的例子，从中既可看到集体智慧标准化工具的力量，也可以看到这些工具的风险。允许大量的人在复杂的财务报表方面合作，这非常有用，而且影响深远。但是当没有足够的检查或者记录谁改变了某些数字时，这是非常危险的，人们会很自然地倾向于认为这个更改就代表了事实。

某位芬兰总理甚至提出，要像警惕 Excel 一样警惕政府的治理风险。但是，政府也学会了创建基础设施、标准分类和思维工具。统计学的发展是由政府对了解与控制情况的需求驱动的，特别是增加收入的需求。这反过来又让概率论的发展成为可能，这些理论提出了很多令人惊讶的发现，例如出生率和犯罪率、自杀者与精神错乱者的比率、移居国外者与移居本国的外国居民的数量保持恒定。这表明了在人类生活表面上的混乱不堪之下，存在着稳定不变的规律。在政府的求知若渴之下，出现了社会物理学和"政治算术"，进而发展出了现代社会科学。英国议会的蓝皮书收集了大量的数据，有些人设计了新的分类和可视化系统，例如威廉·普莱费尔（William Playfair）发明了线形图、条状图和饼状图，而这些分类和可视化系统是极为强大的工具，能帮助人们以新颖的方式思考。

这种对事物可比较的渴望推动了历史学家伊恩·哈金（Ian Hacking）所说的 19 世纪初的"数字雪崩"（avalanche of numbers），当今的计算社会科学也正在产生类似的影响。在今天的社会中，也存在着像"雪崩"一样大量的数字和工具，需要各国政府进行协作，这些数字和工具包罗万象，既有与来自多个部门的数据相结合的预测性算法，也有复杂数据的动态可视化。

从长远来看，标准化的衡量手段已经变得更加普遍和多样化。它们从政府度量应被征税的东西（建筑物、动物和人）进化而来，演变成为社会评判自身情况和政府当前行动的标准化指标。例如，经济合作与发展组织衡量学校考试成绩的 PISA（国际学生评估项目）分数，或者透明国际（Transparency International，一个根据腐败程度对各国进行排名的非政府组织）设计的指标。它们已经从物质对象（如钢铁产量）发展到综合概念［如 GDP（国内生产总值）和 GNP（国民生产总值）］，再发展到无形事物（如创新指标或创意产业价值指标）。它们从事物的单个指标，比如人口，发展到综合指数（如联合国人类发展指数），从活动发展到产出，然后到效果（如与健康相关的 QALYs——质量调整生命年，以及 DALYs——伤残调整生命年）。在所有这些方面，国家和社会都在进行自我观察，并认识到精确的观察是思考的先决条件。

每个标准化的行动都使大规模思考与行动变得更加容易。但这也造成背景和意义的丢失，就像整个世界只用一种语言说话一样，我们错过了各种语言思维方式的微妙差异。每一个本体——目前用于信息组织工具的术语——都是有选择性的，而大规模数据库则是特别有选择性的。[2] 但是，有些方法却可以将大型数据集（这种大型数据集容易操作）的优势和对复杂多变的现实情况的敏感性结合起来。[3] 开放数据（包括原始数据、采集观念和客观事实），并鼓励用户群体向搭建架构的人提供反馈，这些都可以减轻过度标准化的风险。举例说来，标准化的"什么起了作用"的存储库可以不断鼓励用户提出补充问题：在哪里起了作用？什么时候？对谁而言？为什么起了作用？[4] 我们可以质疑标准化的统计数据是否真的捕捉到了有用的信息，这样做是为了避开只管理所测量的东西的陷阱。通过这种方式，标准可以循环回到自身，从而更智能地对自身智慧进行思考。

智慧用品

物品是集体智慧所必需的第二套基础设施。《牛津英语词典》不只是一套抽象的分类集合，它具体地表现在许多纸张上。更好的物品有助于达成任何大规模的协调和合作，我们在物品的帮助下思考，当没有这些物品的时候我们只能算是挣扎着努力思考。如果你可以用纸、笔或视觉表达对数据进行可视化，那么解决问题通常会更容易。书写允许使用分类和抽象，同时也允许地图、图表或表格，这让混乱不堪的世界变得稳定，变得可以掌握。度量衡帮助我们用可比较的量化方式衡量事物，盘子的大小一致、餐具的形式或者服装的款式一致，这让日常生活变得更加容易，适合在道路上行驶的汽车当然会有助于机动性。大规模的合作孕育了大规模的标准化，反之亦然。

条形码、URL（资源定位符）和信用卡只是协助世界前进和思考的几个方向。简化的数字界面使合作变得更加简单，无论该合作是为GitHub（开源代码库）编写软件代码还是通过脸书组织会议。

甚至在数字技术无处不在之前，一个显而易见的事实是，思考可能发生在思想家的大脑之外。在某种意义上，思考与思考环境是连续的。例如，考虑一下骑手和马匹，或者参加电子化公共会议的人。而在其他意义上，思考与事物密切相关，比如图书馆里的藏书、城市里的路牌都是这类事物。文化的历史不断地重塑环境来帮助我们思考——这些重塑包括从风向标到门牌的世间万物。在日常生活中我们依靠他人——配偶和同事，来帮助我们记忆和思考。日常的智慧正日益紧密地与社会和物理环境联系在一起[5]，为了增强视力并更易携带，假体设备被植入人体内，也许很快还可以强化记忆力（我手上植入了一个近距离通信设备，它还不是很有用，但它预示了一个我们都会成为某种程度上的半机器人的未来）。传感器和计算工具正在推动我们周围的世界，在这样的时代里，这种认为思考只发生在自主的、有界的个体中的想法只会变得更加牵强。

车辆驾驶就是一个很好的例子。在过去的90年里，交通事故死亡人数急剧下降。在司机死亡率较高的国家之一的美国，每百万英里驾驶里程的死亡人数从1921年的24人下降到2015年的1.1人。下降原因是以下各因素的综合影响：体现在物品中的智慧（拥有更可靠的制动系统和更坚固的材料的汽车）；体现在规则中的智慧（道路标识和速度限制）；体现在人们身上的智慧（司机必须学习驾驶规则）。未来几十年的最大进展几乎肯定会来自在物品中植入更多智慧，或者来自接入智能城市基础设施的无人驾驶汽车。

对基础设施建设投入稀缺资源

能够长时间集中时间和资源的制度是集体智慧的第三套基础设施。智慧需要工作、时间和精力——所有这些都可以用于其他事情。因此，集体智慧依赖于组织和整个社会愿意投入稀缺的资源来建立人力、社会和组织资本，由图书馆和专业保存的知识资本，以及植入机器中的智慧实物资本。这些东西的先进程度决定了一个社会能够做什么——决定了社会能多好地发展或生存。

过去几个世纪的重大进展，大部分都是由这些东西的进步带来的。在 15 世纪后期，西欧大部分地区中，只有不到 10％ 的人识字。然而，在接下来的几个世纪里，一些国家的识字率飙升到了 50％，并随着教育年数的增长而不断上升。社会合作、信任和分享的能力也通过一切有效措施逐渐增加。同时，犯罪率在 15—18 世纪下降了五分之四。

能力的大幅增长可以用具备思考能力的机构的规模来衡量。从古代的苏美尔到波斯，从罗马到中国，历史上有很多大型的国家级官僚机构。但是，这些机构在 20 世纪才在全世界普遍化，它们都遵循了欧洲开创的模式。例如，英国的政府收入在国民收入中所占份额从 16 世纪伊丽莎白一世时期的 1％～2％，上升至两个世纪后的 10％～20％。当时国家机构开始成形，这些机构利用巨额国债来涉足更广大的领域。后来，公司、慈善机构和大学开始成长，它们都能大规模地集结人类智慧。19世纪初，一般工厂的工人普遍数量从20多人增长到了几百人，随后不久，企业规模又有了较大幅度的增长。

更复杂和相互依赖的社会需要更多的有意识的协调。早期的铁路和公路出现后，随之而来的是灾难性的事故，这促使人们寻求更好的控制手段，而这些设想的实现又需要更多的投资和更高的集中化，这些都体现在多部门公司、大型政府机构和监管机构的诞生上。一些社会进行了有意识的努力以提升集体智慧，它们通过义务教育、新的研究机构以及巨额的资金投入来动员社会自身的智慧，并不断新增世界上最顶级的智慧。这种情况的例子有：19世纪受经济学家弗里德里希·李斯特（Friedrich List）影响的德国，第二次世界大战后受苑内瓦·布什（Vannevar Bush）影响的美国，独立后的新加坡等。

现在已经成为常识的是，如果社会想要蓬勃发展，它就需要大力投资以提升人民的技能。但如果没有做到这一点，社会将会失去什么样的潜力？这个问题的答案直到最近我们才稍有了解，一项与创新能力相关的重要研究对此做了展示。这项研究分析了美国过去20年时间内的120多万名发明家，显示了孩子最终成为发明家的可能性与父母影响力、直接的发明经验以及学校的教育质量这三者之间有很强的相关性，在父母从事科技工作的富裕家庭中出生的孩子更有可能成为发明家。也就是说，大多数聪明孩子的潜力将会被浪费。这导致研究人员认为，如果公共资源从税收激励措施转移到资助措施中，这种资助支持会给予幼儿更多的发明机会，这将会增强美国的创造和经济潜力。[6] 该研究还显示了地理效应：若孩子成长于拥有大型创新产业的地区，他 / 她更有可能会成为发明家。

如果集体智慧依赖于连接各元素，就像个体智慧依赖于连接各神经元一样，人口密度起一定作用也不足为奇。《牛津英语词典》诞生于当时世界上最大的城市并非巧合，城市一直是集体智慧的伟大坩埚，它通过有意识的设计，以及咖啡馆、俱乐部、社团与实验室的随机巧遇，动员了密集的互动。根据当前的估计，城市人口每翻一番，财富创造和创新平均会增加 10% ~ 20%。[7] 原因与意外巧遇的互动有关，还与能调动所需资源的中介与综合工作机构的增长有关。上述互动与机构增长最大限度地利用了临近性（proximity），而临近性对大规模思考至关重要，这是因为我们非常依赖面对面交流中的细微线索，这也是为什么会议在数字技术丰富的环境中依然存在的原因——越是不具实体的沟通，沟通不畅的比例就越高。所以电子邮件比电话更容易产生误解，电话又比直接对话更容易产生误解。

思想社会

网络是集体智慧的第四个基础设施。西蒙·谢弗（Simon Schaffer）精辟地将牛顿的《数学原理》描述成一个典型的例子：它看似是单一思维的产物，实际上却是一个联系人网络的产物，正是该网络大规模地提供了信息和想法。牛顿的思想发生在他的大脑中，也发生在他的网络中。没有他与这些人的联系，理论就不可能存在，而与牛顿通信形成网络的人遍布西方世界。

现代世界依赖这样的网络 ——引导和培育共享知识的横向思维

社会。英国皇家学会（Royal Society）于 1660 年在伦敦成立，截至 1880 年，该学会组织了共 118 个致力于科学和技术的学术社团，会员近 5 万人，是"社团、协会、俱乐部和学会的繁荣"[8]的一部分。其中部分社团是围绕着普遍的兴趣组织起来的，还有部分社团的组织核心是依靠专业学科、业余爱好、专业认证，或者利用期刊、会议和相互评论推进知识，以推动物理学的发展，设计新的舰船，或改善医药学的状态。

科学体系与此类似，但规模更大：同行评议的期刊文章有助于形成真正的累积性知识——这种想法基于简单设计原则，但却有着无限的可扩大和延伸的范围，它对已知的东西加以捕捉、排序和传播，并把广泛的网络和严密的层级结构结合起来，以判断要收录和注意的内容。科学家（scientist）这个词是在 1833 年形成的［由威廉·休厄尔（William Whewell）创造，他还偶然地创造出了物理学家（physicist）、阳极（anode）、阴极（cathode）、符合（consilience）和灾变说（catastrophism）这些词］。然而，科学迅速地从由资助者资助的有天赋的业余爱好者的领域，转变成了本质上系统化、规模庞大且集体性强的领域。

科学家的思想不同于那些与他们同时代的成功商人。社会学家罗伯特·默顿（Robert Merton）写到科学家的"共产主义"：相信知识应该被分享，而不是被拥有。《自然》（*Nature*）期刊上的许多论文现在有超过 100 名合著者（最近有一篇物理论文的合著者超过 5,000 名），《美国科学院学报》（*Proceedings of the National Academy of Sciences*）中的论文平均有 8.4 名合著者（是 20 世纪 90 年代时的两倍）。尽管我们生活在个人主义文化中，但团队往往不仅在科学上，而且在商业、技术发展和政府中也占主导地位。这带来了以下结果：招募、激励和管理团队的技能对于集体智慧实践来说，其重要性已经与硬件和软件不分伯仲。[10]

更广泛的观点是科学不可避免地具有集体性，什么才重要或什么才真实，这不仅是物质事实，也是社会事实。卡尔·波普尔（Karl Popper）说得好："具有讽刺意味的是，客观性与科学方法的社会因素息息相关，也就是说，客观性与以下事实紧密相连：科学和科学的客观性并非（也不可能）来自个别科学家的努力，而是来自许多科学家的既友好又敌对的合作。"[11] 事实上，只有暂时放弃私有财产和隐私的观念，新发现的发布以由专利赋予的有时间限制的财产权为条件，或者以参与科学界为条件，科学系统才可能良好运行。这个思想可以广泛地延伸为，集体必须总是从打破保护和隐私的屏障中受益，而戴夫·艾格斯（Dave Eggers）在他的小说《圈子》（The Circle）中，用一句口号阐明了这种想法："万物若有发生，则必须被知晓。"

上述网络（如英国皇家学会）的生存与等级制度有关，具备这些等级制度的包括海军和政府，也包括越来越大的分配资金的公司和董事会。在这里我们能看到一个普遍的模式。广泛分布的网络有利于争论和审议，也有利于收集信息。它们提供并组织共享知识。但是，在决策与将决策纳入行动方面它们做得并不好。这些责任往往由相互理解力强的小团体主导。《牛津英语词典》有类似模式，而诸如 Linux（一个多用户网络操作系统）软件或维基百科的最近的项目也是如此。这些项目结合了广泛的网络与小得多的核心监控小组、核心管理小组以及引导有争议决策的核心编辑小组。

宏大项目

《牛津英语词典》是一个宏大的项目，是一个结合了观察、分析和记忆的集合。社会偶尔尝试过实行更宏大的方式方法，通过明确组织的基础设施来集中增强智慧。第二次世界大战期间的以设计核弹为目标的曼哈顿计划是当时规模最大的一次。它在田纳西州的橡树岭的主要工作地雇用了 7,500 人，在华盛顿州的汉福德区还雇用了 4,500 人，其中包括许多世界上最好的物理学家。工作人员在高度分隔开的团队中工作，而这些团队中的人员通常不知道他们的工作是怎样影响全局的。像其他许多这样的勇敢尝试一样，这也是一个合作的典范，它结合了许多不同的学科，协调了商业承包商的网络，最终成功地达成了建造可进行实战的原子弹的使命。

美国国家航空航天局的登月计划规模甚至更大，阿波罗计划雇用了 40 万余人，还有两万多家公司和大学作为合作伙伴参与了该项计划。这些项目为战胜癌症和后来的绘制人类基因图谱奠定了基础。每个这样的项目都有一个特定目标，例如上述两个项目受战争和地缘政治竞争推动。这些项目从清晰的焦点中受益，它们是任务，有起始、中期，还有极可能达成的结局。

还有一些情况不一的尝试，试图设计具有内在智慧能力且能持续运转的全方位系统。20 世纪 70 年代初的智利的协同控制工程

（Project Cybersyn）也许是最有名的，它是一个愿景和疯狂合二为一的例子，是一个对整个经济进行计划的控制论系统。在它被设计出来的几十年后，能让它发挥应用作用的技术才出现。在智利前总统萨尔瓦多·阿连德（Salvador Allende）的主持下，它被设想为一个分布式的决策支持系统，目的是帮助智利经济运行。它有计算机模型来模拟经济可能会怎样运行，有软件来监控工厂生产，有中央操作室［里面有着在设计上与《星际迷航》（Star Trek）相似的未来主义的椅子］，还有一个电传网络，所有这些都连接到一台单一主机计算机上。协同控制工程的理念是帮助经济作为一个系统来思考，而且也顾及了更加分散化的工厂工人，这些工人可以使用系统的反馈来管理自己。

1973 年美国支持的军事政变中断了这个实验，但它极具活力的创意仍然生机盎然。系统可以提供丰富的数据和反馈给所有参与者，让他们能够更好地管理自身选择，而不用依赖于压制性的层次结构，这种理想我们可以在同时代许多关于集体智慧的未来愿景中找到。40 年后，便宜的处理能力和连通性使得这个想法变得更加合理，在许多最大型的公司——例如亚马逊和沃尔玛（Walmart）中，协同控制工程中的一些想法（剥去了政治理想）已在日常工作中成为现实。

虽然 20 世纪的许多宏大项目以不同的方式令人欢欣鼓舞、烦扰不安或印象深刻，但也许它们最奇特的共性特征是它们的影响力都很小，而不是都很大。它们就像昙花一现。再没有第二个曼哈顿计划了，美国国家航空航天局的规模在缩小。基因图谱的绘制给人很大希望，但这些希望一直在未来，离我们还有很长一段距离。每个项目都是有意识的努力，试图以比过去任何时候都大得多的规模来协调安排智慧。然而，这些项目却没有带来主导的、大规模的集体智慧体系的变化：我们组织民主体制、政府、大型企业和大学的方式几乎没有受到这些大项目的影响。相反，假如有位游客来自一个世纪之前，他／她会很容易认出这些机构。

第 5 章　集体智慧的组织原则

我们已经注意到，集体智慧取决于功能性能力，例如良好的观察能力，然后由基础设施，如一般规则来支持。但是，如何才能组织最高效的集体智慧呢？为了回答这个问题，我首先从现实世界中的三个不同的集体智慧例子开始，然后讨论可以应用于任何组织或团体的一般原则，并解释为什么虽然有些集体智慧有很多聪明的人和智能机器，行动却愚蠢不堪。

被遗弃在机场的乘客

100 名乘客滞留在一个偏远岛屿的机场中，所有的工作人员都没有理由地消失了。能源被关闭，移动网络也同样被关掉了。

被遗弃的旅客如何从一群陌生人变成集体智慧，从一群人变成一个团体？尽管这是一个极端的例子，但是我们总是会遇到类似的各种情形，无论是在办公室、政党、社区或者运动队中，人们不得不聚在一起，而且必须找出方法来像一个整体一样思考和行动。

被遗弃的乘客面临的第一个任务是如何沟通。如果他们所说的语言不同，他们将不得不随机应变才能沟通。否则，那些说同一种语言的人，甚至更好的情况下，那些会说多种语言的人将会在团体中迅速变得强大起来。然后他们将需要定义一个共同的目的。目的是与大陆或其他机场的帮助来源进行交流？或是想方设法自力更生？很可能这两者都很重要。

他们很快将需要对事实进行观察来了解他们的境况和前景。其中一些事实近在眼前。周围是否有足够的食物，食物能维持多久？飓风是否正在降临，或许这场飓风至少能部分地缓解他们的困境？他们是否受到也许来自恐怖分子，也许来自极寒温度的直接威胁？其他相关信息将在他们的集体记忆中找到，有类似的事件可以吸取教训吗？

然后，他们需要创造力来提出选项，比如如何找到食物、照明、温暖或帮助。最后，他们需要做出判断，很有可能是通过公开的对话来质询和改进这些选项。

这可能会很难。一些人可能会自行出发，确信这个团体被蒙蔽了，或注定会面临厄运。其他人可能只会等待和祈祷。而这个团体可能会被不可调和的分歧撕裂。

但是，这个程式化的例子是几乎任何人类联合活动的可辨识的模拟，真实的人类联合活动通常会持续几年甚至几百年，而在这里，时间被加速到了几个小时。这个例子与有些真实事件非常相似，例如，在智利的圣何塞铜矿（San Jose Mine）的矿井中，33 名矿工因矿井坍塌被困地下长达两个月（虽然他们已相互认识并使用同一门语言）；当飞机在智利安第斯山脉的偏远地区坠毁后，乌拉圭足球队存活了10 个星期；类似的磨合过程同样适用于两个公司合并后的情形。

被遗弃的旅客将会像我们一样，在极大程度上得到周围的帮助。可利用的智慧会体现在他们周围的物体上：电池供电的灯、锡罐里的食物，或者如果他们真的幸运的话，还可以使用电池供电的卫星电话。智慧也会体现在人们身上——他们的经验（有人在机场工作过吗？）或是正规知识（也许他们必须驾驶飞机去寻求帮助？）。如果他们能够互相信任——能够信任陌生人并产生彼此信任，他们会做得更好。这将有助于他们制定一些简单的规则，包括关于听谁的，优先照顾谁以及如何做出决定。而规则可以帮助他们产生一个粗略的备用的层级制度，例如就公平分配稀缺食品供应做出决定。

这些累积就是信息共享的一种形式——一个团体共同拥有、共同贡献和共同使用的信息和知识。没有这个，他们将失去很多东西。做一个粗略的概括，团队越能共享知识并一起验证应该依赖什么信息，他们的生存机会就越多。这就是为什么他们需要多沟通交流（对类似情况加以研究，得到的一个有趣发现是：无论交谈是口头进行的，还是不用言语表达的，不间断的交谈都是易受重大灾难影响的复杂系统的重要协调来源）。[1]

应对气候变化的世界

我们的下一个思考实验规模庞大。想象一下，可以把整个人类视作一个整体。如果我们的观察、想法和感受能够毫无扭曲地共享，并且我们可以共同思考我们面临的重大挑战——从粮食问题到气候变化，我们就像是单个大脑一样，在大量听从我们安排的技术的帮助下，找出解决方案。

这个想法是一个纯粹的幻想。然而，与一个世纪以前相比，它更接近真实，更不用说五个世纪以前，这得益于社交媒体和互联网。这是一个理想，它以较小的形式，通过历史引起共鸣。许多团体试图把他们所处社团的腐败和失败抛诸脑后，从头开始，变得更接近真正的集体智慧。从 19 世纪到 20 世纪 60 年代，死海边的宗派、佛教和后来的基督教修道院，长途跋涉到美国的清教徒、公社、合作社和花园城市等都是这样的例子。

在社会科学领域有着类似的完美理念。[2] 经济学家莱昂·瓦尔拉斯（Leon Walras）提出了一个一般均衡的概念，在这种均衡中，选择已经被优化，所有人得到的幸福总量是可能的最高点。完美均衡取决于完全竞争和完全信息，每个人的需求都得到表达，然后通过市场反映出来，而市场则把它们与经济的生产潜力联系起来。金钱是所有欲望的通行货币，这些欲望从一般的到特别的，无奇不有。金钱让这些欲望都可以用单位度量、得到管理而且是有形的。这是一种强调简单性（不管在数学上有多么复杂）且很有说服力的愿景，似乎与人的本性很相称，而且提供了一种天生具有永动能力的自动机制的前景。

德国哲学家尤尔银·哈贝马斯（Jürgen Habermas）提出了一个完美交流的平行理想，也是质询不完美现实的有用工具。我们的集体智慧的理想，或者说世界统一思想的理想，也会拥有和完全信息类似的东西——事实和环境的准确知识；完美的沟通；与成员分享信息、观点、希望和恐惧的能力。这些也取决于信任，因为在仇恨或恐惧的背景下，没有任何信息会让人们合作。

这个理想是抽象的，但是我们所有人都会遇到与这个理想相距甚远的情况。坦率的朋友们一起讨论要做什么，分享任务并轮流行动，他们会体验与完美社会粗略近似的团体。当我们与熟识的人在一起时，不仅可以通过我们说出的话来交流，也可以通过我们没有说出的话来交流，也许这就是我们渴望恋爱的原因。这种理想与最幸福、最健康的家庭中的情况其实很相似——轮流并共享相互共情带来的益处与坏处。

一个世界作为一个整体进行思考，它会尝试什么样的决策方式与启发方法呢？它需要能够应对多种认知风格，从故事到事实，从形象到散文，并且具有较强的分析、观察和判断能力。它可能既不是平等的声音，也不是固定的等级制度，而是偶然的不平等——给予那些声誉最高，或者是最受尊敬和最可靠的人更大的声音。我们已经可以在网络世界上看到这一点：你的声音的力量取决于有多少人想听你的。他们可能因为你的权威或学识而听你的，但这并不能被确信。我们也可能期待完美的团体能够认识到感情的力量：你关心的东西多少会影响别人如何回应你，无论是希望或顾虑。

由此看来，我们现行的决策制度，如代议制民主或市场制，是集体决策的有限和特殊情况。市场使用二元决策（购买还是不购买）和单一货币（金钱），而民主则每隔几年在几个选项中用选票来选择。但是我们认识到，更广泛的对话是可取的，并且更有可能帮助我们实现目标。

最近的一些创新尝试朝着这个方向发展，比如众包、协商民主和开放式创新。这些创新为我们试探性地指向了一个不同的未来，在这个未来中，思想会部分整合形成一个公共资源。对于那些在主权人（sovereign individual）理念，也就是个人是自己想法主人的理念下成长的人们来说，这是一个令人不安的世界。但它也提供了希望，在这样的未来中，也许能形成与我们世界所面临的问题在规模上相称的智慧。

这个抽象的例子在世界考虑真正的重大问题时会变得真实。也许气候变化是其中最重大的一个问题，也是给集体智慧带来有趣创新的一个问题。这种集体智慧最引人注目的形式是世界领导人聚会——2010 年在哥本哈根，2015 年在巴黎，这些领导人就气候变化问题达成新的条约。会议不得不提炼两百多个国家的意见，这也促进了各国政治、经济和生态方面的合作。会议使用了许多外交开发的技巧，包括极大量的谈话与准备——2010 年，会议未能达成目标，但在 2015 年，会议较为成功地达成了目标。会议也借鉴了人类历史上协调智慧的最伟大实践之一：政府间气候变化专门委员会（IPCC）。它是一个非同寻常的不同类型的智慧集合体。它汇集数据，使用复杂的超级计算机模拟天气，设计详细的情景，并动员数千名科学家评论和批评。围绕着它进行了类似的尝试，例如 C40 城市集团、哥本哈根共识会议（它聚集专家以对不同解决方案的有效性进行评级）、气候联合实验室（Climate CoLab）（它组织竞赛以寻找解决方案）、努力创建碳排放标准指标的组织性努力，以及围绕这些尝试的许多非政府组织、评论家和专家小组，它们共同构成一个全球共享知识资源，将我们面临的共同威胁——气候变化的相关知识转变成了共同资源。[3]

现在判断其是否成功为时尚早。[4] 政府间气候变化专门委员会看起来做了很多正确的事情：一个不会被政府或大公司过分影响的自主的智慧协调系统；观察、分析和记忆要素之间的某种平衡；以及数以千计的专家之间的任务分配。[5]但它可能在影响周围授权环境，以及向主要掌权者施加政治压力方面，作为甚少。

小镇车库

我们的第三个思想实验规模要小得多。从你现在坐的位置出发，几分钟的路程内可能就会看到一个活生生的实验形式。这就是维持一个小型车库的挑战——一组机械师在一个小镇或大城市的郊区修理汽车。他们的智慧体现在机器上，通过长期的学徒学习，机械师掌握了正规知识和快速评估问题的能力。他们的智慧还得到了手册和指南的支持。从某些方面来看，他们的工作环境相当稳定——一个世纪以来，汽车的变化小到令人吃惊——汽车还是由内燃机、橡胶、轮胎和软垫座椅组成。大多数汽车还是用汽油来驱动，用油来润滑。机械师的技能是一种实用智慧，若要测试该智慧，可以看看那些进入车库修理的破旧汽车在离开时，车况是否已经适合驾驶。

然而在某些方面，车库所面临的环境一直在变化。汽车的数字内容逐年增长，内燃机正在逐步转向电力和混合动力。市场上还出现了新的商业模式，例如，能租赁汽车或工具。而且，像任何组织一样，运行车库的机械师需要进行选择，确定在智慧的各种不同维度中要投入多少比例的时间和精力。例如，他们应该花费多少时间进行观察和搜索，他们应该花多少精力在记忆和文件上，以及他们应该花多少精力来设计新的报价。同样重要的是，他们必须决定与谁分享，在组织中保留多少知识，以及在需要时要为新知识付多少钱。

就像之前提到的规模更大的例子一样，车库创建了自己的共享知识：一个关于事物如何运作的知识体系，新员工会被纳入该体系，而该体系的质量决定了车库是会繁荣还是失败。

组织集体智慧的五项基本原则

这些不同的思想实验均是日常现实，那么把这些不同的思想实验联系在一起的是什么？在微观和宏观层面，能够让集体智慧开花结果的又是什么呢？

五个关键但不明显的因素起了重要作用，这些因素听起来很抽象。但是，它们塑造了凝聚集体的共享知识，因此很快变得与实践相关。对于任何想要连贯和成功地思考、行动和学习的大型团体来说，这些因素都很重要。这些是集体智慧的组织原则（见图3）。

自治共同体

智慧能力的平衡使用

聚焦和正确的粒度

反思性和学习

整合行动

图3　有效集体智慧的组织原则

第一个因素我称之为系统中智慧共同体的自治程度。这个因素指的是，有多少智慧元素有完全的行动自由，而不是过于轻易地屈服于自负、等级结构、假设或所有权。自治意味着让争论成长，让争论变得更加精确。若要走近智慧，需要运用辩证法——寻找替代方案和进行驳斥，以此来加深理解。如果一个团队中，人们很快就固执己见，一直保守秘密，或者过于看重发言人本人而不是发言内容，这个团队往往总体上不怎么有智慧。如果一个团队太快缩小选择范围，这个团队也不会很有智慧。

第二个因素是与背景相称的平衡：智慧在不同元素之间的平衡程度，以及该平衡与手头任务的适配程度。智慧结合了许多独特的元素，包括观察、专注、记忆和创造力等（在第 3 章中已有描述）。团体和个人一样，需要让这些元素保持平衡。集体智慧出错的例子中，有很大一部分都反映出各元素不平衡的问题。举例说来，有些团体数据丰富却判断力匮乏，或者记忆力良好但创造力低下，也有相反的情况。了解如何以连贯的方式协调这些不同的智力要素，是任何组织和领导者面临的基本任务之一。

第三个因素是团队的聚焦能力（或称为专注能力）。聚焦意味着重视真正重要的事情，不会分心。知道要忽略什么东西和知道要聚焦什么东西一样重要，这也许不是那么显而易见。对于滞留在机场的团体来说，肯定需要把焦点放在联系外面的人身上。但是，如果他们会被困很久，那么保持团队完整并防止冲突可能更重要。聚焦也有一种较为微妙的含义，因为它引入了粒度的概念——也就是知道在不同的粒度上，哪些因素彼此相关。

第四个因素是团队的自我反省能力，即了解自身与进行递归的智慧。[6]若想获取知识，需要学习关于知识的知识，而这需要循环——我（在第6章中）将其描述为主动智慧的三个循环：思考事物；改变我们用于思考事物的范畴；改变我们的思维方式。任何一个团体越是善于反思，从长远看就越聪明。正如我所表明的那样，这种反思性在透明的情况下效果最好，举例说来，明确地进行预测，当预测情况未发生时展开明确的学习，并把所有这些都输入到一个共享的知识共同体中。[7]而如果团队也有我称之为自我怀疑的能力，即质疑看起来最合理的模式的能力，反思性就可以最好地发挥作用。

第五个因素是集体依据不同类型的数据和思维方式做出决定，整合以行动的能力。思考伟大的思想并举行宏大的论辩，仅这样做是远远是不够的。生活取决于行动。所以这种以行动为目标的整合性思考能力是最顶级文明的标志。它在很大程度上就是我们的祖先所谓的智慧，往往是通过经验而不是仅仅通过逻辑来发展的。它是思想和行动的结合之处。我们复杂化是为了理解，但简单化是为了行动，我们寻找的是拥抱了复杂而得到的简单。[8]我所谓的高维度选择——在认知工具、社会关系和时间方面错综复杂——需要更多的工作和循环以取得一个复合图景，该图景可以指导行动，无论这个行动在本质上是物质性的还是交流性的。

这五个组织原则共同帮助组织更清晰地思考过去（相关的集体记忆）、现状（正在发生的事实）以及未来（解决困境的选项）。他们帮助团队想象可能的未来选择，发现这些选择，然后实现它们。

智慧的这些维度听起来很简单，但是它们很难维持下去。这就是智慧脆弱而罕见，对抗自然，同样也与自然共处的原因。集体智慧可以轻易倒退 ——就像人类历史中许多地方出现过一次又一次的情形，塔斯马尼亚的原住民，曾经伟大的城市摩亨佐－达罗（Mohenjo-daro）或马丘比丘（Machu Picchu）都是这样的例子。世界上有许多地方，文明的废墟向现代世界展示先人们曾经居住过的社会，而那个过去的文明比现在更优越。世界上也有许多机构，它们在过去比在现在称职得多。我们这个世界的发展方向是更复杂、更融合、更智慧——但绝不是必定如此。

强大的敌人一直威胁着智慧，例如那些编造谎言、谣言、干扰信息和失真信息的人或机构，例如数字环境中的钓鱼软件、垃圾邮件、网络攻击和拒绝服务。这些都可以扰乱清晰的沟通和思考。

支撑集体智慧的优点少见而难得，因为每一个优点都与其他优点相冲突，还与人类互动的其他基本特征相冲突。智慧的自主性对社会秩序提出了挑战（社会秩序依赖于大家都同意对某些事情视而不见，同时压制弱小者的观点和声音）。在很多情况下，它也与问责制相冲突（正如我将要表明的那样，就像没有问责制一样，太多的问责制也可能会让制度变得非常愚蠢）。

平衡会挑战与特定智力元素相关的团体或职业的地位，例如，记忆守护人。反思会挑战实践性，也会挑战事件的压力，即马上采取行动的需要。思考需要时间，而时间稀缺，所以人生会奖励捷径。

专注（或聚焦）会与好奇心产生对抗，对聪明人来说特别困难（聪明的团体和文明一再败于那些不那么聪明的，但却能在特定情况下，在真正重要的事物方面专注的团体和文明）。当机器认识到不同任务的规模和背景时，会奋力以粒度的方式集中，就像人类大脑一样。对机器来说，适当的专注甚至更加困难。

最后，综合思考会与我们热衷于采取一种思维方式的倾向做斗争（对于有锤子的人来说，每个问题看起来都像一个钉子）。

这个框架有助于解释一些领域行为愚蠢的原因，最常见的模式是未能维持智慧的自主性。这可能是由于权力凌驾于真相之上，但也可能是因为激励（如同金融领域中经常发生的情况）或过度的忠诚。

我们极少看到组织集体智慧的五项原则一起以理想形式出现。然而，大多数人类团体都遵循其中的一些原则，无论形式多不完善。这些原则为理解群体、组织、网络或家庭层面存在的任何智慧提供了理论基础。它们模仿了自然演化和发展的一些特性。它们涉及选项的增加、挑选和复制（与 DNA 一样，很少会以完全随机的方式进行变异，但往往会在已经有过突变，或现在存在压力的地方进行变异）。然而，智慧的模式与自然界不同，这主要是由于意识和自由。我们可以选择是否更加重视集体智慧，也可以把这种选择变成一种道德选择——投身成为更大的整体智慧的一部分。

第6章　学习循环

我早些时候描述了智慧和集体这两个词的词源，并且说明了这两个词的核心意义在于选择，在于在充满可能性和不确定性的具体情境内进行选择。万物都面临着选择的无限可能和不确定的未来，借鉴我们已经开发或经验证的心智模型能取得的有限数据，以及我们使用智慧的所有元素来帮助我们了解我们做出的真正选择是什么。

可以用概率的概念来对如下的心理活动加以思考。在每一步，我们都会试图了解不同结果的概率分布。我们有遭受攻击的危险吗？会下雨吗？我的朋友还会是我的朋友吗？如果我以这种方式建造我的家，它能经受住暴风雨的考验吗？为了理解这些选择，任何智慧都必须评估面对的可能性前景和可能的概率分布。这个背景条件与我们之前遇到的类似吗？我们现已定义的范畴或概念是否仍适用？

我们默认会依赖我们已知的东西，只在一步步的微小过程中逐步改变。进化的逻辑在于大变化往往是许多小变化的累积，而不是跳跃性的巨变。

学习也是如此。有些学习是算法性的，有些学习是实验性的，还有许多学习是顺序性的——你能学什么取决于你已经学到了什么。在计算机科学家莱斯利·瓦利安特（Lesley Valiant）的笔下，学习工具有"消除性算法"和"奥卡姆剃刀"（Occam），还有通过学习来帮助有机体应对环境，被他称之为"生物算法"（ecorithms）的东西。他写道："认知概念是计算性的，因为生物必须在出生之前或之后，通过某种算法性的学习过程来获得这些概念。认知概念同样也是统计性的，因为学习过程根据统计证据得出了基本的有效性判断——我们看到的支持某事的证据越多，就会越加确信某事。"我们会对这些模型和信息加以思考，这个思考过程有很多不同的名称，例如"心灵之眼"（the mind's eye）"自我隧道"（ego tunnel）或"意识当前"（conscious present）。在这个过程中，新数据与长期记忆相结合，已知的过去和未知的未来相交替。

任何智慧生物、机构或系统的标志在于它能够学习。它可能会犯错误，但通常不会反复犯错。这需要将智慧加以组织，形成一系列循环，而这些循环相互之间有着逻辑和层次关系（见图4）。

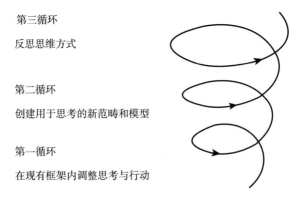

第三循环

反思思维方式

第二循环

创建用于思考的新范畴和模型

第一循环

在现有框架内调整思考与行动

图4　智慧学习的循环

第一循环学习就是我们的日常思考。在我们试图用探索或框架来分析、解构、计算和处理时，我们将思维方法应用于确定的问题，这就是第一循环学习。我们从世界运转模型及思维模型开始，然后基于各范畴收集各领域内外部的数据。然后，我们开始行动并观察，而世界做出反应，反应可能符合或不符我们的预期，我们再根据数据调整我们的行动和模式细节。

解释和行动构成的第一循环过程并非完美。我们已经相当了解确认偏差，还有我们未能按概率或逻辑进行思考的情况。但是第一循环有助于纠正我们的直觉〔丹尼尔·卡尼曼（Daniel Kahneman）称其为第二思索系统过程，如果没有它的纠正，我们通常会使用第一思索系统，即直觉〕，这种思考大多数情况下有助于我们顺利生活。它功能强大，实用性强，相对容易。事实和模型结合使生命得以运转，这也是我们大脑大部分时间的工作方式。

在组织内部，明确的学习过程可以显著提高绩效。稍后，我将讨论航空业中使用的从坠机事故和差点坠机的事件中学习的程序。我们也会讨论那些定期回顾数据和经验教训的医院，以及赋予工人权力以解决问题的工厂。我们也会看到，许多机构缺乏这种基本的学习循环，它们因此持续犯下不必要的错误，从主观上认定非真实的东西，并否认明显的事实。

第二循环学习变得重要时，一般是模型失效或者出现了太多出乎意料的情况。此时可能必须生成新范畴，因为旧范畴已不起作用（想象一个从沙漠环境移居到了温带山区的群体），可能也有必要生成新模型，例如了解星星移动的方式。第二循环也包括对目标和手段加以反思的能力。

这就是我们通常所说的创造力：以新的方式看待事物，发现模式并生成框架。亚瑟·叔本华（Arthur Schopenhauer）写道："这并不是发现没人看到过的东西，而是由大家都能看到的东西，想到没人想到的东西。"索尔·贝娄（Saul Bellow）在谈到艺术的作用时，言语中包含了类似的看法。他说，艺术的作用是只有艺术才能透过某些"世界的表面现实，触碰到另一个现实——真正的现实，我们看不到的现实。真正的现实一直在给我们各种提示，如果没有艺术，我们是接收不到这些提示的……艺术能够在我们注意力涣散时凝聚注意力"。这种对注意力的凝聚会让我们的思考先是放慢，然后再加快，它会带领我们找到对周围世界分类和建模的新方式。在处理高维问题时，我们常常尽量积累多个框架和范畴，从多个角度看问题，然后这些框架、范畴与角度在我们的思维中同时并存。这是艰苦的工作，而且随着实际应用框架数量的增长，工作的难度也呈指数增长。

第一和第二循环学习之间的关系是模糊的。有些时候，即使我们目前的模式运行良好，我们也必须承担风险去寻找新想法和新范畴，这是众所周知的利用既有和探索未知之间的权衡。对我们已经知道的东西进行利用，这是可以预期的，通常也是明智的。但是，如果我们从不探索，我们就有可能停滞不前或者至少错失新的机会。所以为了繁荣发展，我们有时必须冒险，勇于接受失败和错误，有意脱离轨道，走一条看似不太理想的路线。例如，我们会考虑尝试一家新餐厅，而不是去我们喜欢并了解的那个。探索对于学习如此重要，在对决策进行研究的过程中，我得到了一个惊人发现，就是那些思想行为跳脱的人有时会比那些循规蹈矩的人表现得更好。

第三循环学习涉及反思和改变我们思维方式的能力，也就是反思和改变我们的基础本体论、认识论和逻辑类型的能力。从宏观角度看，这种学习可能涉及建立科学体系、独立媒体的增长或预测分析的传播。

我们认识到，若一种全新的思维方式已经成为常态，有它自己的工具和方法，对于事物是什么及什么重要也有它自己的观点时，第三循环学习就已经发生了。

最根本的社会变化也会涉及这样的第三循环学习，而不仅仅是尝试新事物。这就是奥德尔·洛德（Audre Lorde）的著名理论的含义，他说我们不能用主人的工具来拆主人的房子（我将在第 16 章中对此进行更详细的研究）。

但是我们也能看到较为平凡层面上的第三循环学习，例如个人通过定期冥想，决定换一种生活和思考方式。

所有拥有智慧的人和组织都能够根据意外情况调整自己的行为，偶尔调整他们使用的范畴，并在极少数情况下调整他们的思考方式。[1]实际上，当任何个体要认识世界，并重新评估自己在世界上的位置以及对这个世界的认知时，他的心理成长都会反复触及这三个循环。[2]我们可以在团体和组织中见到类似模式——绝大多数活动发生在第一个循环内，偶尔使用第二个循环学习来创建新的范畴和框架，更少见的情况下，会改变整个认知模型。

这些学习的基本特征——迭代（它由错误和意外驱动，并拥有从小到大的逻辑流程）——已经在一些领域和社会中得到了更充分的接受。科学上接受误差，并鼓励意外与发现，这是理性开明社会的基本特征。熟练掌握三个循环，有助于个人或组织应对多种思考，为适当的任务选择适当的工具。科学涉及设计并测试假设和理论，借此取得进展。哲学涉及问题——正如伊曼努尔·康德（Immanuel Kant）所说："每一个基于经验原则得到的答案都会产生一个新问题。"艺术涉及探索。

我们的大脑通过类比、隐喻、寻找共同点以及线性逻辑来思考。例如，好的音乐悟性既不能通过论证取得，也不能通过论证演示。相反，最好的学习和表现方式是带着感受与理解演奏音乐，而且音乐悟性只有在文化背景下才有意义。事实上，意义是来源于文化和大规模使用，而不是来自搜索引擎提供的那种简单的对应关系。我们都可以认识到一般知识（如物理学理论）和本质上特别的知识（如某个人、某首诗或某棵树的特质）之间的区别。

一个人若只有线性逻辑或一阶学习能力，即使在其他方面很聪明，也会显得很愚笨。到目前为止的实际情况证明，计算机应用在第一循环任务中，比在二阶或三阶学习中表现得更好。比起生成问题，它能更善于生成答案。计算机是国际象棋对弈中的强大工具，但不适宜设计游戏。网络计算机可以帮助购物者找到最便宜的产品或模拟市场，但是对经济或商业策略的设计者来说，却提供不了太大帮助。同样，网络计算机应用可以帮助人们在街道上行动，但不能帮助人们发动革命。[3]

这是一个可能快速发展的领域：我们已经有很多工具可以对观察配对判断进行归纳，可以进行模式识别和模式生成，巨额资金已经投入到新的计算方式中。对于组织来说，面临的挑战是在既有稀缺资源的情况下，以实用的方式来构造一、二、三阶学习。简单的解决方案是在专家的帮助下，专注于一阶学习，同时定期扫描观测，以检查是否需要二阶或三阶学习，例如更改范畴或框架。我们可以把这个想象成线性与循环的组合，也就是说，直线（或聚焦性思考）与循环（或周期性的调整、判断或者设置基准）相结合。

这种方法也有助于理解所有实践性智慧如何在包容和排除之间达到平衡。实践性智慧会关注某些类型的数据和模式，同时忽略另外一些。这种选择性适用于从自然语言到传感器的一切事物。更多并不总意味着更好，更多的投入、更多的分析，甚至更强的复杂性都可能会阻碍行动。实践性智慧必须进行选择。机器智慧也有类似的问题，面对许多大型复杂的处理任务，如果要综合性地处理，即使是最快的超级计算机也会不堪重负。因此，选择对这些任务来说至关重要。这就是为什么人工智能如此重视启发式选择方法或贝氏事前分配（Bayesian priors），这两种方法都有助于缩小需要关注的可能性范围。

就像反复重申过的，我们思维复杂是为了理解，我们思维简单是为了行动。我们可以使用广泛的网络收集与选择相关的信息，然后由小组或个人在存在不确定的情况下做出决策。

更好地理解如何聚焦可能会成为理解集体智慧的关键，也会成为理解如何在广阔的周边视野、关注的许多信号、行动所需的焦点这三者之间取得平衡的关键

但有趣的是，这三个循环之间没有最佳平衡。原则上，任何一

个智能团体都需要具备进行这三个循环的能力。但是，若想知道这三个循环之间的平衡应该是怎样的，这是不可能的。很容易想象一个组织只锁定第一循环学习［很多银行或公司都是如此，就像以前的安然公司（Enron）］。然而，也能想象组织将太多宝贵的领导时间投入到第二和第三循环学习中，彻底改造他们的认知地图，结果付出了当前的表现不佳的代价。

在稳定的环境中，第一循环思考者往往表现最好。在任何知识领域都有半衰期的不稳定情况下，那些在重新构想范畴和思维方式方面能力较强的群体可能会更好地适应环境。原则上，任何一个组织都应该针对稳定的环境进行优化，配合适当的分工，直到出现变化的迹象。然后，他们应该投入更多精力进行观察，重新思考选项和策略，调动资源，重新配置资源以抓住机遇，应对挑战。但是除非回顾，否则我们根本不可能知道最好的平衡是怎样的。

第7章　认知经济学和触发式层次结构

思想被组织成一系列嵌套的循环，每一个循环都嵌套其他循环，这是一个非常普遍的现象。在我们自身以及我们所属的团体中，都可以看到这种组织智慧的方式。在智慧领域中应该如何有效地部署精力？这取决于一个类似的逻辑层次结构，这个结构带领我们从自动的、不怎么需要动脑（只需要很少精力）的逻辑转移到非常需要心智（需要很多精力）的逻辑。从原始数据到信息、知识、判断再到睿智，这个过程的每一步，定量判断与定性判断越来越融为一体，智慧变得不那么常规，难以自动形成。最关键的是，思考的本质变得不那么普遍，越来越受到具体情境的约束。每前进一步，都需要付出更多的精力与劳动。

什么是自组织中的组织结构

通过这种角度来审视大规模的思考，会得到关于自组织概念的有用且深入的见解。自组织想法的受欢迎程度反映了 20 世纪人们的相关经验——中央集权的等级组织有其局限性，尽管世界仍然由这些组织主导，例如沃尔玛、谷歌、军队和印度铁路。但我们知道，中央智慧根本无法了解足够的信息或是做出迅速的反应，因此也无法规划和管理庞大而复杂的系统。

分布广泛的网络提供了替代方案，就像互联网的情况一样，每个链接或节点都可以自治，网络的每个部分可能在多个尺度上都是分形、自相似的。

人类系统中有明显的相似之处，我们创造了"共识主动性"（stigmergy）这个术语，来描述以下方式：诸如维基百科编辑或开放软件程序员的团体会以挑战的形式传递任务，直到他们找到志愿者为止。这就是团体组织自身，而不需要采取层次结构的典型例子。[1]

弗里德里希·哈耶克（Friedrich Hayek）精辟地描述了自组织的优点，并将网络的分散智慧与科学和国家的中央化、等级化的智慧相比较："认为科学知识不是所有知识的总和，这几乎算异端邪说了。但是确实存在一些极其重要却未经组织的知识——对时间和地点的特殊情况的了解。实际上，每个人与其他人相比都有一些优势，因为他拥有独特的可能有益的信息，但只有在他根据这些信息做出决策，或者在他的……合作下根据这些信息做出决策时，这些信息才有用。"最近，弗雷德里克·拉卢克（Frederick Laloux）写下了以下几句话，捕捉到了生命广泛拥有的传统智慧："所有进化中的智慧生命，管理着具有不可捉摸的美的生态系统，并不断向整体性、复杂性和意识性演变。自然界的变化无时无处不在，这些变化受到来自每一个细胞和每一个有机体的自组织的愿望影响，不需要集中的指挥和控制来发号施令或控制调节。"在这里,我们看到 19 世纪后期的"生命力量"(élan vital)概念在 21 世纪的版本,而"生命力量"指的是在万物中均可找到的神秘属性。

这是一个很有吸引力的观点,但自组织并不是一个完全一致的概念。而事实证明,当把自组织视作集体智慧的引导时,常常具有误导性。它掩盖了组织工作,尤其掩盖了高维选择中的艰苦工作。如果你仔细观察一些真实事例——从家庭露营旅行到互联网运行,从开源软件到日常市场,只有你远距离观察时,这些才算得上是自组织。然而,当你靠近观察,你会看到不同模式的出现。你很快会发现一些关键的缔造者,例如底层协议的设计师,或设定交易规则的人,当然还会有一些出现的模式。在少数成功的想法存活并传播之前,可能会有许多想法经历了尝试和测试。从网络科学的角度来看,最有用的链接会存活并得到加强,而那些不是很有用的链接会枯萎消失,团体会共同决定哪些链接是有用的。然而,如果更仔细地观察就会发现,即使在去集中化程度最高的团体,也会出现权力和影响力集中的情况。当出现危机时,网络往往会创建临时的层次结构来加速决策,至少那些成功的网络会这样做。正如我将在第 9 章中展示的那样,几乎所有的社会协调的持久性例子都结合了层次结构、团结一致和个人主义的一些要素。

如果观察时的距离足够远,几乎任何东西看起来都是自组织,因为各种变动会模糊成更大的模式。但如果能足够仔细地观察,可以很清楚地看到决定成败差异的劳动、选择和机会的程度。更准确地说,任何网络中的自组织其实只是不同组织度的分布。[2]

认知经济学

对自组织团体的更详细研究指向了可以被称为认知经济学的观点：把思考视为涉及输入和输出、计算和权衡的事物。这种观察角度在人类大脑的演化分析中大家已经耳熟能详，人类大脑消耗了全部能量的四分之一，与之相比，大多数物种的大脑只消耗了全部能量的十分之一，而演化分析研究了高耗能的人类大脑是怎样使收益远大于成本的（这个成本包括了较长时间的儿童期——婴儿诞生时，远远没为独立生存做好准备，这可以部分归因于人类头部尺寸较大）。

在团体或组织中，类似的经济考虑也起到了一定作用。过多思考或过多错误的思考，可能会付出昂贵的代价。一个终日闲坐，梦想着日益精美的神话的部落，很可能会成为专注于打造长矛的邻近部落的攻击对象并被轻松征服。一个只由僧侣和神学家组成的城市也是类似情况。在市场上，被泛滥的战略讨论所束缚的公司将被另一家专注于制造更好产品的企业打败。

每一个想法都意味着忽略另一个想法，所以我们需要理解智慧是受到约束的。认知、记忆和想象力依赖于稀缺的资源，它们可以通过使用和锻炼增长，并被技术所放大，但它们从来都不是无限的。

上述事实在混乱或贫困的生活中相当明显。在混乱或贫困的生活中，人们几乎需要把所有精力都用于生存，基本没有余力处理其他事务。因此，他们往往会做出更糟糕的选择（在巨大的压力下，智商会下降 10 余个点，这是一个不太明显的贫困成本）。但在日常生活中，我们所有的人也必须决定如何为不同的工作分配精力：是花更多精力购物，还是工作；或是花更多时间寻找理想的配偶、发展事业或度假。很多时候，你选择时花的时间越长，选项就会变得越少。

　　因此，我们会从某些类型的决定中获益：越来越自动化，越来越不消耗精力，使用卡尼曼所说的系统 1 和系统 2 的那些决定。行走、进食和驾驶都是随着时间推移变得自动化的例子。随着时间推移，我们会内化更多技能，从而使这些技能由难变易。我们不用特意思考如何呼吸，什么时候呼吸；我们不用特意思考即可对危险做出本能反应；我们也不用特意思考便可做出童年学会的动作，例如游泳。我们越来越擅长熟练地弹奏钢琴、踢足球或骑自行车。学习是艰苦的工作，但是一旦掌握了技巧，我们无须思考太多就可以做到学会的事情。对组织来说也有类似情况——努力开发新的规范和探索方法，然后它变得几乎自动化了，或者在算法的支持下实现真正的自动化。这就是为什么我们需要花那么多的精力引入、培训并反复灌输标准化方法。

　　当认知能力和认知任务之间存在一个基本的平衡时，生活给人一种可控的感觉。如果能力随着任务的成长而成长，我们就可以应付。但是，如果任务超出能力，我们会感到无能为力。同样，如果我们投入思考的资源与所处的环境相称，我们就会保持平衡。大脑消耗了本可用于诸如四处移动的身体活动的能量。在某些情况下，必定有因为进化得太快而产生的高度智慧的人类，但这些人类过于脆弱，无法应对所面临的威胁。那么，怎样才算相称？这取决于任务的性质，尤其取决于时间的约束限制。一些思考需要很长时间才能完成，而另一些思考则有可能瞬间达成。操纵飞机、战斗和应对攻击，用自动算法处理瞬时交易，这些都是快速思考的例子。它们的工作原理是变量或维度相对较少，一些简单的原则即可控制反应。

试着对以下三者进行比较：采用个人疗法找出改变你生活的方法；围绕着在土著游牧民族的生活地区建造一个新矿井并制定利益策略；创建一个新的音乐流派。它们都是复杂的、多层次的，而且因为自身性质原因都需要很长时间。它们都要求有多个选择可供探索，然后人们才可能有感觉并在逻辑上决定应该选择哪一个。

运用这些智慧的代价很高，但人们还是这样做了，这既是因为这些运用本身有价值，也是因为如果不这样做，代价会更高。

在这里我们看到一个更为常见的模式，选择的维度越多，就需要越多的工作来进行思考。如果它是认知多维的，我们可能需要很多人和更多的学科来帮助我们找到可行的解决方案。如果该选择是社会层面的选择，我们就不可避免地要进行大量的讨论、辩论和论证，才有可能取得解决方案。[3] 如果选择涉及长反馈循环，也就是说采取行动很久之后才有结果，那么就需要通过艰苦的工作来观察实际发生的情况并得出结论。在这些意义上的选择维度越多，做出成功决策所需投入的时间和认知精力就越多。

可能会出现过犹不及的情况：从太多角度分析问题或者分析过多；让太多人参与对话；或等待太久以获得完美的数据和反馈，而不是依靠直观现成、能快速取得的替代性数据；这些都可能导致决策失败。所有的组织都努力在它们的认知资源分配和所面临的环境压力之间找到一个合理的平衡点，但现在的长期趋势是社会日益复杂，而这种趋势需要做出更多斡旋，需要付出更多相关智力劳动。

　　智慧的类型存在多样性，它们通过产生的成本以及带来（或保留）的价值给出了一些预示，让我们能够看到一个更发达的认知经济学可能的样子。它必须远远超越交易成本的简单框架，也远远超越对层次结构、市场和网络所做的传统比较。也远远超越对层次结构、市场和网络所做的传统比较。它将分析投入智慧的不同组成部分中的资源以及管理这些资源的不同方式，阐明某些权衡（例如，在算法和人类决策之间的权衡），以及这些权衡依据环境会如何变化。[4]日趋复杂而又快速变化的环境往往需要更多的认知投资。它还会分析组织在危机时刻如何改变形态——例如，转向更明确的层次结构，用更少的时间去咨询或讨论，或者投资更多的创造力来应对瞬息万变的环境。

　　经济学在了解获取信息成本的方面取得了重大进展，如赫伯特·西蒙（Herbert Simon）的"满意度"（satisficing）理论，该理论描述了我们如何寻找足够的信息以做出最优决策。但是，在了解思考成本方面的理论却少得惊人。决策制定在很大程度上被视为一种信息活动，而不是认知活动（但现在我们对诸如"组织资本"的某些概念有了更多关注，这是向正确方向前进的一步）。

　　一个更发达的认知经济学也必将让我们无须费力思考，并能准确绘制出智慧在事物中的体现方式——物品、汽车和飞机的设计，以及在体系中的体现方式——水、电信和交通运输系统。

　　当前还需要注意一些令人惊奇的集体智慧模式，其中许多模式的运转方式与传统智慧背道而驰。例如，组织和个人似乎都正在把更高，而不是更低比例的财富和收益投入到各种形式的智慧管理中，而竞争环境更是如此。数字技术掩盖了这种效果，因为它大大降低了处理和存储成本。但是，这种支出比例的上升似乎接近铁律，它可能是更发达的社会和经济的标志。大部分支出有助于协调集体智慧的三个维度：社会（处理多重关系）、认知（处理多种类型的信息和知识）和时间（追踪行动和结果之间的联系）。

一个相关的趋势是使用更复杂的分工来组织先进的集体智慧形式。在记忆、观察、分析、创造力或判断力方面出现了更加专业化的角色，这些角色有的有了新名字，例如搜索引擎优化（SEO）管理或数据挖掘。同样，这种影响也被一些趋势所掩盖，这种趋势就是任何人都能更容易成为先驱者，以及青少年似乎很容易就能成功打造一家富得流油的新公司。与此相关的是，帮助找出数据背后的意义，并将有用数据与潜在用户联系起来的中介的数量在持续增长。但这一切却又被大肆吹嘘的去中介化趋势所掩盖，而这股趋势只是大大削减了从旅行社到书店的传统中介群体。近几十年来的另一个近乎铁律的事实就是中介角色在就业份额方面的提升，以及基于中介平台的相关大型机构的崛起，例如亚马逊和爱彼迎（Airbnb），而且这种崛起形势并没有停止的迹象。在各种情况下，对智慧工具的投资似乎都有较高的回报。

认知经济学也可能给教育领域正在进行的一些辩论带来启示，因为教育系统正面临的一个问题是：现在的劳动力市场已经充满了能够完成众多普通工作的智能机器，要如何培养年青人，才能让他们做好进入这个世界的准备？学校还没有采用杰罗姆·布鲁纳（Jerome Bruner）的观点，他认为教育的主要职责是"让学生准备好应对不可预见的未来"。大多数学校喜欢传授知识，在某些情况下这样做是理所应当的，因为许多工作确实需要大量的知识储备。但是一些教育系统除了传授知识外，更侧重于培养学习、协作和创造等通用能力，这是因为毕业之后再获得这些特质的成本远高于获取知识的成本。这些通常都是与创新相关的特质—— 高认知能力、高度投身于任务以及高创造力——这曾被认为是少数人的专利，但在寻求集体智慧的团体中有更高比例的人会需要这些特质。[5]

认知经济学的雄心勃勃的目标是要解决一个悖论，这个悖论给任何观察创造力和知识进步的人都留下了深刻印象。一方面，所有的想法、信息和思考都可以被看作是找到传播媒介的集体文化的表现形式，而这些传播媒介就是愿意提供肥沃土壤，以及让思想得以成熟的人或地方，这就是某些类似的想法或发明同时在许多地方出现的原因。[6]这也是为什么从远处看，每个天才似乎都独一无二，而在他所处时代的具体背景中，周围有许多人有类似想法和方法，从这种角度看，他就没那么万中无一了。如此看来，把个人称为他们思想的唯一创作者是很奇怪的，就好像把开花的奇迹完全归功于种子。某些家庭教养、地方和机构让人们比其他人更有创造性和智慧，这证明了将智慧完全归因于基因或个人属性是荒谬的。

但是，要说这点完全错误也站不住脚。所有的想法都需要付出——需要投入精力与时间，而这些精力和时间本可以用于种植农作物，抚养孩子或与朋友喝上一杯。每个人都可以选择是否要做这个工作，也可以选择如何平衡活力和惰性、投入和懒散。因此，思想总是既是集体的，也是个人的；既是一个更广泛网络的表现，也是一项独特的事物；既是群体的新生财富，也是某些个人投入稀缺的时间和资源的有意识的选择。接下来，一个有趣的问题就集中在如何理解思考的条件上。社会或组织如何能使个人更容易成为有效的思想工具，如何才能使个人更容易降低成本，增加收益？或者用非经济学的语言来说，集体怎样才能通过个人发声，或者相反？

当前，我们对这些动力的了解相当有限，但我们对于适合创新和思考的集群和环境已有所了解。显然，一个地方的创造力和智慧能力是有可能迅速成长的，结合地理学、社会学和经济学，很容易描述该地的转变，比如硅谷、爱沙尼亚和中国台湾的转变。然而，几乎没有可靠的假说能做出预测，尽管在这方面提出了许多主张，例如，是什么带来了创造力？但这些主张都经不起严格的分析。现在看来，这是一个有许多有趣主张，但没有太多扎实知识的领域。

触发性层次结构和纠正性循环

许多团体（包括明显的自组织团体）在处理任务时，采用了一种可以被确切地称为"触发性层次结构"的模式（见图5）。任务处理在低层级进行时，有着最大限度的标准化，最小限度的思考或反思，因此处理此类任务只需花费极少的时间和精力。当这些任务不再产生效果或遇到问题时，就会在更高一层级或系统中处理，这就需要投入更多的精力和花费更多的时间。

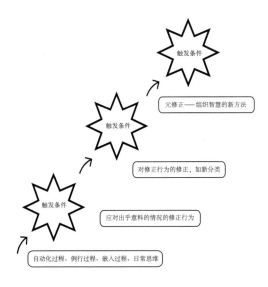

触发条件

触发条件

触发条件

元修正——组织智慧的新方法

对修正行为的修正，如新分类

应对出乎意料的情况的修正行为

自动化过程、例行过程、嵌入过程、日常思维

图 5　触发性层次结构示意图

　　比如，可以思考一下你的身体是如何调节的。对你而言，大部分的调节过程几乎是不可见的，身体会自动保持血液的温度和压力。当你生病时，你的第一反应就是试着自己去对付它——吃药或者早点睡觉。如果这些不起作用，你会去看医生，这时候医生要么处理症状，要么将情况升级，让更高层次、更专业化的知识来介入。

　　日常经济活动也是类似的模式，其中大部分是高效率的自动化——人们以熟悉的方式完成工作，市场将供求关联起来，价格自发调节。但当事情出错时，更高层次的管理方会介入处理。这种情况也发生在个别企业中，当意外发生时会导致更高层级的管理方介入。有些事件也会导致国家介入，例如，一个事故可能会导致当地的健康和安全监管机构介入，一场诈骗会导致警方介入，一次经济危机会导致国家应急资金的介入。作为一个系统来看，经济一直在不断地修正。但这并不是一种自我修正，而是自我修正和由层级依次升高的管理方进行的修正组合。从这个意义上来说，哈耶克的经典学说认为，市场是通过价格信号和其他信息流修正的自组织，这种理论既是无视史实的，也是误导性的（正常情况下，它只在部分时间内是准确的）。它未能解释大部分的系统智慧，这些智慧只有在出乎意料的情况出现时才会展现出来。通用汽车（General Motors）的创始人阿尔弗莱德·斯隆（Alfred Sloan）曾在 1924 年写下了这些文字：我的"高级团队……不怎么做细节性的日常工作。我们从来不用处理细节。我工作相当努力，但是只在例外情况发生时才这样"。他的意思与上文不谋而合。

修正性循环的说法描述了高效率人类组织的一般原则，虽然它与经典的以法治为基础的政府或市场的说法有很大出入。它表明日常流程都是自动化的，是基于累积的经验智慧的。但当触发性事件发生时，例如生病、紧急事件或系统崩溃，层级较高的管理方会介入，以带来更多的资源、权力和知识。在治安和刑事司法、家庭的日常生活或生产过程的管理中也可以找到同样的原则。

航空安全是一个绝佳的例子，因为它有强大的系统来发现错误、提出解释，然后归纳出解决方案。造成灾难的原因很多，包括结冰、闪电、恐怖主义、飞行员自杀或发动机故障，这些都需要不同的预防措施。航空安全报告系统是一个自愿的、机密的事件报告系统，这个系统被用于识别正式航空条例（由美国联邦航空局和其他地方的同类机构制定）规定之外的危险，因此这是自主智慧的绝佳范例。

在航空安全报告系统出现之前，其实已经收集了大量的数据，但这些数据并不会公开，因此在很大程度上起不到作用，而不公开这些数据的原因是担心会引发诉讼风险。其他相关方法包括机组管理政策，该政策鼓励初级飞行员在涉及风险时质疑高级飞行员，并通过定期模拟灾难情况来帮助工作人员在发生紧急情况时自动做出反应。同时，在系统层面，类似于欧洲战略安全倡议这样的举措正在试图实施各种改进（例如，如何改进应对火山灰的措施）。

有些举措的目的是建立多重防御体系应对多重威胁，它间或受到"瑞士奶酪理论"的风险启发，在这个理论中，系统被类比成堆叠在一起的多层瑞士奶酪。当奶酪上的洞对齐时威胁成为现实，而当多重防御层叠加在一起时，威胁就会中止。举例来说，2005 年 8 月 2 日法国航空公司的 358 航班在多伦多着陆时发生事故，机组成员抢在飞机起火之前，在不到两分钟的时间内疏散了 300 多名惊慌失措的乘客，他们所受的培训有效地减轻了飞机发生硬件故障时带来的损失。

因此，系统层面的安全性依赖于所有的三个循环。单一的飞机失事会导致程序和核对清单的收紧（第一循环）。一连串原因明显相似的飞机失事，可能会导致通过一系列的设计变更来改进飞机的制造方式，以处理某种新的错误范畴，例如网络安全和更狡诈的恐怖主义（第二循环）。航空航天工业的停滞和无法应对降低碳排放这样的深层次压力，可能会促使新的思维模式的诞生，例如发明新的报告系统或利用开放式创新方法引入新的创意来源（第三循环）。

组织的层次结构往往难以实施所有三个循环，因为后两者很可能威胁领导者或专家的地位。正是后面这两个循环提出了问题，并要求批评和怀疑。网络在这方面也进行得不顺利，因为它缺乏资源去认真思考问题出在什么地方，也没有资源投资于替代方案。但是，若我们能将层次结构和网络相结合，在系统性循环学习的帮助下，可以有效地使系统集体智能化。

医院和医疗保健系统已经在尝试一些相同的方法，尤其是错误和不良事件的非惩罚性报告以及衡量和改善团队合作。[7] 约翰·杜威（John Dewey）将习惯描述为冲动与智慧之间的缓冲区；这些方法都试图将共同智慧转化为共同习惯。

例如，著名的班加罗尔市纳拉亚纳·赫如达亚拉亚（Narayana Hrudayalaya）医院，会系统地收集有关手术和模式的数据，每周开会一次，让医生们聚在一起讨论哪些起了作用，哪些没起作用，然后努力吸取经验教训，为行动制定严格的协议。在少数情况下，学校也会采取类似的方法，通过定期的循环式学习以复习新知识并评估学习成果。但是几乎没有哪个系统像航空旅行那样细致缜密，这就是绝大多数系统本可以更智慧，但实际上却不然的原因。

在科学领域，已经有一些尝试，目标是让有类似本质的命题、测试和反驳体系正式化。卡尔·波普尔和伊姆雷·拉卡托斯（Imre Lakatos）的工作结果显示了科学是如何通过这三个循环——在一个给定的范式内测试想法，然后在某些情况下改变范畴来实施新的测试，在更进一步的情况下重新设计构想科学知识的框架。起点是波普尔的可逆性原则，但它不足以应对新的知识范畴。[8]

权力可以被定义为犯下错误却不用承担后果的能力。[9]这些系统让人更难隐藏错误，或犯下错误却不用承担后果，它们通过从错误中学习实现了集体利益。这些系统把特权给予智慧，而不是权力；给予通过学习获得的集体利益而不是通过隐藏错误获得的个人机构利益。在许多甚至是大多数真实的人类系统中，层次结构可能成为智慧的敌人，它会导致更高层的管理方侵入干预，而这些管理方既缺乏服务系统需求的知识，也缺乏服务系统需求的动力。但是，触发性层次结构理论指出了系统的不同层次该如何更有建设性地调整自身。

借助这些例子，我们可以描述触发性层次结构中智能管理的一般模型。在这个模型中，有着从低层到高层的多层管理，而某管理层的层次越高，其负责进行有效管理的系统规模就越大。连续层级的每一级都有某个明确的管理权限、许可权或权力，可以干预较低的层级，或者追究较低层级的责任，而这些权限或权力在大家一致认定的负面触发条件出现后才会生效。在等级更加森严的体系中，管理权限是从上到下的，就像传统帝国或民族国家一样。但是，在更民主的版本中，每个层级都是集体对较低层级负责的，在时间尺度上也远超个人独裁。

在所用的干预方法和触发模式方面，失败和成功的模式会带来改造和学习；换句话说，这带出了第二循环和第三循环学习。无形之手依赖于有形之手；管理既有意识又有自我意识，而且可以变得更加明确。更复杂，更相互关联，风险更高的问题需要强化的认知劳动，这涉及更小、更持久的团体和更高层次的信任。

触发性层次结构的理论只是一个近似理论。在许多系统中，几乎没有中间步骤或者不同层次区分不明显。由杰克·韦尔奇（Jack

Welch）创立的著名的通用电气（General Electric）试验小组旨在帮助工厂人员绕过触发器式的结构化系统——因为有太多至关重要的反馈被过滤掉了。较高层级可能权力很小，但却影响力巨大，就像在航空安全的案例中一样。但在精密的、功能完善的系统中，我们几乎总能找到类似于上述模型的东西，而且这些循环在较为结构化、系统化和透明化的情况下，多数会运转得更好。

这似乎是显而易见的。然而，这种触发性层次结构的模型表明，大多数用于决策思考的常见范畴并不足以胜任。政治学和经济学中所描述的一系列经典选择，以误导性的方式使得组织选择过于两极分化，而这种选择过于静态化，无法描述智能系统的真实状况。一方面，存在着传统的等级结构，在那些大公司、政府官僚机构或宗教秩序内，权威存在于从上到下的各层级中。另一方面，也存在着市场的无形之手。中央集权的信徒与去中心化的信徒针锋相对，互不相让。

然而，如果我们观察成功的人类进程，我们会看到看到中央集权与去中心化是相互混合的。没有哪种层次结构在实践中能做到指定和控制每个细节；无论它有多想要干涉和进行微观管理，它都会试图界定权限，并指定较低层级的管理方，让该管理方处理各种事务。同样地，没有哪个市场是真正自治的。所有的层次结构与去中心化在实践中都与法规、法律和货币当局共同进化，而法规、法律和货币当局会对触发因素做出反应以维持均衡。最重要的问题是激活和响应触发因素的责任人的素质：他们是否擅长识别他们无法解决的问题？如果学习有可能威胁到他们的地位，他们对待学习的心态的开放程度如何？

智慧、表现形式和性格

这种将智慧看成多层结构的处理方法，可以联系到一场旷日持久的哲学辩论，辩论的一方是笛卡儿的思维观点，一直由表现形式和线性逻辑来定义（这个观点得到了现代认知科学的大力拓展）。而另一方的观点也得到了许多人的支持，其中包括马丁·海德格尔（Martin Heidegger）。这种观点强调的不是第一种观点那种意义的智慧，而是具体体现出来的智慧。[10] 例如，当我们使用锤子这样的工具时，我们不是通过表现形式来思考，而是与锤子合二为一。我们和锤子相关的知识通过我们使用锤子的简单方式来展示，而且严格来说这种知识是不假思索的。人工智能和机器人学也有类似的模式，可以产生无须表现形式、意识或推理的智能行为。[11]

这些常见类型的智慧强化了前面提出的观点。我们一般通过表现形式来学习这些智慧，复制他人并重复动作，直到这些智慧变得自然而然。在这一刻，它内化了，甚至体现在我们身上——所以我们不必考虑要如何骑自行车，如何挥舞铁锤或如何弹钢琴。它已经成为一个自动化的程序，我们只有在出现问题时才会思考，例如撞到树或者弹错了音符时。

体现（embodiment）是性格（character）这个词的另一种说法，它是动物、制度或个人的天性。其中一些体现根源于基因及其与环境的相互作用。它决定了我们的性情，也就是看待世界的方式，它决定了老虎看待事物的方式与老鼠截然不同，而贵族对世界的理解与工厂工人也截然不同。它是由婴幼儿期、安全程度和巩固强化共同塑造的。性格对于这个故事也很重要，因为我们的习惯形成了我们自身——这是古老的哲学观察。我们通常不是直接选择，而是通过我们积累的习惯间接选择。我们选择了让什么行为变成自动化和本能化的习惯，而这些习惯又创造了我们自身，也就是说经验的累积结果变成了性格和智慧的方方面面。[12] 这就是为什么常常"我们所知道的要比我们所能言传的多"，而且我们能做到很多事情，例如只是飞快地一瞥，我们就能识别一只正在飞翔的小鸟，或者我们能够打破鸡蛋，但是若要解释打破鸡蛋的方法，我们永远也不能解释到令人满意的程度。[13]

第8章　智慧的自主性

为什么意外的图像往往是最真实的，甚至几乎总是如此？也许这是因为它们没有被大脑意识篡改。

——弗兰西斯·培根（Francis Bacon），

来自大卫·西尔维斯特（David Sylvester）的采访

20世纪50年代，有个小教派在明尼苏达郊区建立，该教派由一名自称为玛丽安·基奇（Marian Keech）的女子领导。她预言，世界末日将会在1954年12月20日晚上降临，但当天午夜会有一艘太空船在她的房子边着陆，来救走她的教派成员。结果，世界末日和太空船在那一天都没有出现，并且她那无神论的丈夫在整夜酣睡。该教派不但没有为这场未曾发生的灾难感到沮丧，反而断定是他们信仰的力量使世界幸免于难，并从那时起焕发出新的活力去招募新成员。

早期的基督教也采用了类似的模式。在最初的几十年中，基督教信徒认为世界末日即将来临（从福音书和圣经启示录所载文字来看，这一点非常清楚）。然而，当末日未能来临时，信徒们改变了信念；审判日变得更像是一个隐喻，教会的建立是为了长久存在，而不仅仅是为了迫在眼前的末日。

心理学家利昂·费斯汀格（Leon Festinger）利用基奇的案例演示了他的认知失调理论，该理论描述了我们调整、旋转、编辑和扭曲认知以保持世界观一致的许多方法。这些方法帮助我们生存，帮助我们保持自我意识，对团体来说它们起了同样的作用。但是它们经常是智慧的敌人，而且在大规模层次上，也是集体智慧的敌人。

我们习惯性的思维方式也是如此。心理学家卡尔·邓克尔（Karl Duncker）发明了"功能固着"（functional fixedness）这个术语用来准确描述解决问题的难度，因为我们的立足点是常常只从某情形的一个元素的视角来看待该情形，而此元素在我们的脑海里早已有了固定的功能。但是，别说为了正确解决问题，就算只是为了正确解释问题，我们常常也需要改变这种状况，事实证明这特别困难。他的经典例子是"蜡烛测试"，人们在拿到一根蜡烛、一盒图钉和一盒火柴后，需要按要求将蜡烛固定在墙上，并且不允许使用任何额外的物品。只有当你意识到装图钉的盒子不仅是个容器，还可以用作架子时，问题才能解决。[1]

我已经说过，拥有更多自主智慧的团队会比拥有较少自主性的团队更能良好运转。它更难成为确认偏见或功能固着等弊病的牺牲品。它更有可能看到事实本身，准确地加以解释，进行有用的创造或者鲜明地加以记忆。知识总会被权力、地位以及我们预先存在的信仰所歪曲。我们总会寻求确认。但这些都是程度问题。我们都可以努力与自己的本性做斗争，培养自主性和谦卑心态，对智慧加以回应。或者我们也可以把生命用在寻求确认上，就像基奇和她的追随者一样。

现代世界最好的东西大部分都建立在加强智慧自主性的制度之上，它们以无为胜有为。这些制度并未极力让人们感到幸福或舒适，而是服务于更高的目标，从而为其用户和伙伴带来最好的效用。

如前所述，在这个意义上，航空业是一个很好的自主模式。每架飞机内都有两个记录数据和对话的黑匣子，灾难发生后会对这些数据和对话进行恢复和分析。每个飞行员都有义务报告那些差一点就会演变成空难的事件，更有相关人员对这些事件进行分析以提供信息。这样做的最终结果是一个智能程度和安全程度都大幅提升的产业。在航空业发展初期的 1912 年，训练有素的美国陆军飞行员有超过三分之二因事故而死亡。而截至 2015 年，主要航空公司的事故率大约是每 800 万次航班出一次事故。这种进步的取得离不开相关的制度，这些制度对错误和灾难进行研究，并建议了防止重蹈覆辙的办法。

现代世界有许多制度会强化智慧的自主性，以对抗错觉和自欺欺人的诱惑。有效的市场经济依赖于独立审计师评估公司账目的准确性（以美国为例，若审计师有强劲的财务激励去取悦他们要审计的公司，那么市场经济势必会受到损害）。市场依赖于以下因素：问责程序；能挑战忘乎所以的管理层的股东会议；能揭露欺诈的媒体。最近，商业领域促进开放数据的运动使得追踪所有权模式和企业行为更加容易。开放企业（OpenCorporates）数据库追踪了 8,000 多万家企业。这些机制的存在让撒谎和欺骗变得更加困难。

政府也是如此，我们不能依靠领导者的个人道德和诚信，尽管我们确实应该更青睐于那些能明辨是非的人。正如马克·吐温（Mark Twain）所说，我们不犯罪的主要原因是我们缺乏作恶的机会。因此，运转良好的政府依赖于审查和透明度，这个透明度指的是能让大家看到钱是怎么花的，政策会实现什么样的结果，而审查和透明度都依赖于政府对其权力有限，甚至没有权力的机构的存在。

创建新机构来支持证据的动向构成了这个故事的一部分，例如"什么起了作用"（What Works）中心、专家委员会、独立的预算责任办公室和必须公开证明自身决定正当性的独立的中央银行。所有这些存在都可以使现有事实更加透明，从而减少欺骗、妄想和计划不周的行动的空间。原则是，任何有权的人都有权无视证据（因为它很可能是错误的），但他们无权对此一无所知。[2]

健康的科学系统也是一样，它能够自我监督。由于同行评审和对研究成果的严格审查，科学系统需要较少的监督、管理或外部干预。什么才算高质量？它的标准必须是透明的。这种自我管理面临着许多威胁：企业提供资助时附加了太多条件；倾向于压制负面研究结果，因为看起来只有当研究成果证明某种新东西而不是未能证明某样东西时，事业才能茁壮成长；同行评审的腐朽；彻底的欺诈；隐藏的利益冲突；等等。但是也存在大量的反作用力，而且在最好的系统中，还存在着富有活力的辩论，这些辩论会利用错误让系统运转得更好。

这些对抗欺骗的防御措施是社会和日常生活中的自主智慧扩展的必然结果——它让人们可以不受限制地自由探索、思考和想象。这是启蒙运动的逻辑，也是把自由视为自由尝试，为工业革命注入了活力的发明者和探索者大潮的逻辑。这些发明者和创造者的有些工作是逻辑性的、线性的。但是其中很大一部分是较为迭代性和探索性的：测试各种想法和选项，了解相应感觉和连贯性；增加论点并观察这些论点能否站得住脚。

错误与探索

在这里，我们看到了人类智慧的一个普遍特征：它的思考路线是实践，外化，然后再次内化，它是一种曲折而非直线性的方式，这种方式是用错误来找到正确的东西。一部讲述毕加索绘画的非凡的电影——《毕加索的秘密》（ *Le Mystere Picasso* ）——以艺术方式表现了这一点，画家用不断变化的图像来反复填充空间，这些图像先是描绘了一个连贯的场景，然后对其加以破坏，再使其变异为新的东西。他并不是最开始在头脑中就有一个表现形式，然后在画布上成形的，相反，表现形式是在绘画行为中浮现出来的。

只有通过错误才能找到正确的路线。同样地，当我们学习一项新的任务时（例如开枪、打网球或驾驶汽车），我们的动作最开始也会与正确动作相去甚远，然后再逐渐校准，我们通过这种方式来学习。第一次学习就精准掌握——这几乎是不可能的，而且除非我们经历过错误，否则我们有很大可能不会内化学到的东西。

董事会或委员会的最佳讨论具有一些相同的特性：围绕一个问题或多个选项开展讨论，尝试不同的处置方式，感觉并分析何种方式最合情合理。以线性方式做出决定，也就是用先分析再选择，最后给出解决方案的直接逻辑来决定，这相当困难。相反，无论是作为个人还是团体，我们都需要感受选项，思考选项。建筑师克里斯托弗·亚历山大（Christopher Alexander）认为这是设计的一般方法，他喜欢观察人们是怎样在拟建造建筑物的地方找到自己的生活方式的。他们选择在哪里散步？或是选择坐在哪里？为什么一个向阳的角落是那么令人舒适愉快？为什么人们在广场或公园的某个地方会感觉如此轻松自在？

然后，在建造永久建筑物之前，他会以探索的方式先尝试制作柱子或窗户的纸板模型，观察它们是否会让人感觉良好。良好的设计不能仅停留在纸上或电脑屏幕上，它也必须引入直觉感受来感觉什么是对的，而若要找到直觉感受并对其加以训练，只能通过观察那些不怎么对劲的例子，通过错误进行校准，才能找到更好的答案。这些都是自主智能的例子：让思想自由发挥并遵循它，而不是太过轻易地让它服从于单一意志或预定计划。

智慧、语言和沟通

当给予智慧足够的自由时，它可以有不同程度的自主并很好地服务于我们。但是我们也需要考虑中间媒介的自主性，毕竟，团体是通过媒介来尝试一起思考和行动的。认知科学倾向于把所有的智慧看成是依赖于表现形式的智慧，而这种趋势受到计算机科学的鼓励，计算机科学通过表现形式来模仿思考。不过，语言不仅仅是工具或表现形式，它有自身的逻辑。共同的表现形式会带来团体的建立，而且若不是文字、符号、记忆和意义带来的凝聚力，集体的形成是不可思议的。标准化的本体使得大规模合作成为可能，这些本体有语言、术语、形式化的标准以及管理数据的规则。

但是沟通所发挥的作用从来不仅仅只是功能性的。正如弗里德里希·尼采（Friedrich Nietzsche）所说，每一个词语也是一个面具。每个本体都是选择性的，每个本体都可能反映其创造者的世界观。因此，集体智慧的媒介对于合作方式有极强的影响力，并且能够成为清晰思维或真正自由的敌人。

不知何故，我们必须和他人沟通我们在想些什么，我们想做什么或者我们可以如何合作。我们可以用手示意，发出咕噜声，然后说话。然而，我们的词汇永远比我们的思想和感受更有限，它是完美的集体智慧的纯粹沟通的影子，有时甚至是一种扭曲。退化、错误和曲解会伴随沟通出现。发送方发送的消息和接收方收到的消息永远不会一模一样。尽管思维理论——想象别人可能正在思考什么——对于合作至关重要，但这会一直是个不完美的表现形式。[3]

这种模糊性可以激发人们深刻的共情心，而某些最伟大的艺术也会在这一点上做文章，让我们在沉默和信息缺失中读到意义［就像欧内斯特·海明威（Ernest Hemingway）著名的六字小说"转卖：婴鞋，全新"（For sale : baby shoes, never worn）］。但是从对沟通的研究中我们得知，所有的沟通都在很大程度上受到熵、衰减和遗忘之累。所以我们得依靠能够直面并解决这些问题的方法。它们可能看起来是智慧的反面，但奇怪的是它们会维持智慧。最重要的方法是重复、冗余和规则。

重复是组织沉闷的心脏。原则、工作方式和行为准则通过乏味地重复，慢慢地渗透人们，这样做自有目的。军方通过不懈地重复来反复灌输并形成清晰的沟通；四重奏和管弦乐团也做了同样的事；许多公司通过反复的培训和检查表，将思考方式和工作流程植入员工脑海。

每个消息都有内置冗余——看起来不怎么必要的附加层，我们会在检查表、规则手册和指南中看到这些冗余。在互联网数据包交换的底层设计中，每个节点都会发送一条消息来确认它已收到消息，如果节点没有发送消息，则该消息会被再次发送。在日常的谈话中，我们有时会重复别人告诉我们的话，以确认我们没有听错。

冗余是日常语言和沟通的关键。将信息简化到最低限度，误解的可能性会增大很多。所以我们会增加单词和短语加以补充，通过重复或提供更大的语境，这些单词和短语减少了误解风险。规则通常使重复和冗余形式化——使得消息更可预测，因为它们更公式化。这些是被用来帮助人们记忆荷马诗歌的方法，也被用于所有的日常智慧；它们与速记简化方法相反，但却减少了错误的风险。

认识警觉性

在把所有团体和机构看作与计算机类似的世界观中，交流的主要内容是数据和命令。但在人类团体中，辩论交流起了重要作用。我们为什么要走这条路，而不是另一条呢？我们为什么应该这样分享食物？为什么我们不应该相信陌生人？

我们终生都被各种主张和论点包围，这些论点从最微小的到最深刻的，包罗万象。这就是为什么我们非常重视丹·斯珀波（Dan Sperber）所谓的认知警觉性（epistemic vigilance），我们问：我们能相信这个人吗？他的主张前后一致吗？这也是为什么我们要使用修辞手段——从已知事物或我们已接受的事物扩展到新情况，并将要跨越的鸿沟最小化。

在心理学文献中有许多很好的示例，包括沃森测试的各种版本，这个测试能评估推理和逻辑。一个典型的沃森测试是让人们观看卡片，卡片上有字母和数字，例如 6、D、5 和 J，测试会先声明："如果卡片一面是个元音，那么另一面就是个偶数。"然后会询问人们该如何核实这个声明。

大多数人未能通过这些逻辑测试，错过了证伪选择（也就是说，看一张上面有 6 的卡片的另一面）。但是，结果显示小组推理会可靠得多，这主要是因为人们相互争论，共同评估某人所做主张的质量。比起联合线性逻辑，大多数人类团体更擅长于通过观点冲突来获得答案。这带来了团体思考的重要特点：当团队允许相互矛盾的论点成形，允许广播这些论点，允许判断或综合这些论点时，团体的思考最有成效。这种思考并不是线性演绎（线性演绎会缩小可能性的空间），而是相反：它是一种思维方式，首先扩展选择空间和可能性空间，然后关闭这些选择与可能性。比起正确的沟通，正确的理解将会花更多的时间和精力。

尽管如此，团体并不能保证辩论就是健康有益的。地位、威望和口才可以替代清晰的思维，所有群体都容易受到群体思考的影响。

正如我之后将要展示的那样，具有集体感或者主体意识的集体，比如成功的企业、慈善团队、政治运动或者俱乐部，总是会创造它们自己的语言和代码，这些语言和代码有助于界定集体边界，也有助于产生逻辑，该逻辑相对于智慧本应服务的群体来说是部分自治的。各种允许大规模合作的专业语言同样如此，这些语言允许在更大的尺度上进行协调。类似的有比特和字节构成的结构化语言，条形码和 URL 链接；还有金融或医学语言。这些语言或代码往往不仅体现了积累的知识，也体现了隐含的世界观。它们通过集体思考，反之亦然。它们提供了精确的功能，但是它们可能会与它们本应服务的团体关系紧张，因为它限制和约束了团队，并定义了集体内外。

我们用来沟通和思考的语言也会给自主智慧带来一些其他方面的弊端。其中之一可被称为过度扩展规律，我们倾向于将想法从一个领域扩展到另一个领域，这是人类智慧的一个特点。这有助于大量丰富的创新：商业从学校借鉴想法，医院从机场借鉴想法，学习从游戏借鉴想法。但是这种倾向也会过头，结果就是在一个环境中起作用的每个解决方法都有可能被过分延伸，而它的原义却已无处可寻。保护我们免遭危险的战斗在危险过去后变成了一种存留的习惯，这在极端情况下会导致社会完全军事化。追逐钱财曾经只是改善生活的工具，现在却成了强烈的痴迷。语言可以让我们轻松转换和转化，在最好的情况下，使我们能够灵活地横向思考。而在最糟糕的情况下，它导致一系列的"范畴错误"，我们对实际上不同的事物使用相同的词汇和思维模式。结果，每一种手段都变成了目标，每一次逃脱都变成了陷阱。所以当智慧成为自主智慧时，既可以美丽动人，也可以丑陋不堪。

万维网也许是终极实例。每一条信息都有一个统一资源标识符（URI），这意味着地图就是领土。[4] 表现方式是外显共享的，而表现方式通过日益与个人智慧紧密结合的社交媒体来设计，这种设计也在社交媒体环境内进行。在万维网中，语言不再是大政府、大公司、宗教或运动的禁脔，它看起来是普遍、客观、开放的。表现方式也可以自治，不受任何表现方式客体的限制，因此它也可以成为智慧的威胁。在万维网这个领域内，网络的内在逻辑不受限制，谎言、幻想、乌托邦和虚假曙光也可以四处传播。个人也可以构建一个与现实世界中的身份完全不同的身份——就像恐怖分子经常所做的那样。

我们所有人的体内都有类似的斗争。我们身体的新陈代谢调节着心跳、血压、呼吸、消化、食物和代谢废物以及氧气和二氧化碳的进出。这种新陈代谢支持着认知，但我们的大脑产生的想法能够远离代谢基础，它给我们带来了巴洛克式的宗教、神奇的艺术和狂乱的幻想。认知可以漂离，创造出与我们所居住的世界只有一点联系，甚至毫无联系的连贯世界。然而，物质世界一次又一次地把认知拉回现实，正如每天早上我们醒来时需要吃点东西一样。想象世界可以与真实世界发生冲突，上帝可能不会如期而至，提供及时的奇迹。市场行为不会按教科书预测的那样进行，情人没有遵照浪漫小说的剧本行动。意义部分自治，但不会完全自治，花朵还是需要扎根于大地中。所以我们学会了驯服智慧，让它自由，但是这个自由是有条件的——我们会经常性地测试智慧，并让它附属于它帮我们指引道路的这个世界。

第 9 章　集体智慧中的集体

我得到我的世界图景并不是由于我曾经确信其正确性，也不是由于我现在确信其正确性。不是的：这是我用来分辨真伪的传统背景。

——《论确定性》（*On Certainty*），

路德维希·维特根斯坦（Ludwig Wittgenstein）

集体智慧中的集体是什么？是什么让一群各不相同的人成为更像"我们"的某种存在，就像被遗弃在机场，陷入困境的乘客的例子所展示的那样？

我们的周围充斥着这样的团体和组织。集体人格可以体现在公司、大学、政党或政府等机构中，我们依靠许多这样的机构来满足医疗、流动、安全或信仰方面的基本需求。那么这些机构该怎样进行思考，才能更有成效呢？

对于笛卡儿来说，显而易见的是——我思，故我在。但这是否适用于一个团体？如果一个团体会思考，它是否因此就成为一个

"我"，一个主体？显然不是，因为大规模思考的许多实例中并没有创造任何有意义的主体。像维基百科或者 GitHub 这样的网络大型联合体，不要求参与的人们彼此了解，或者彼此有密切的关系。市场可以调整价格，而不需要交易者与其他交易者产生任何情感联系。我们可能会为世界另一端的事件感到烦恼，但不会对受该事件影响的人有任何认同感（正如一位互联网作家所说的那样，"分担困难，困难不会减半，反倒会不必要地在四处增加"）。[1]

相反，集体智慧不一定取决于组成集体的个体智慧。社会化昆虫、狒猴，还有许多其他生物都学会了分享物品，发送信号并互相合作，而它们在个体智慧方面却不怎么发达。

但是，集体化程度相当重要，它会影响集体智慧的日常表现，影响人们愿意投入多少努力，愿意分享多少稀缺的知识或信息，以及他们在困难时期是否愿意保持忠诚。

集体意识

让我从这个问题开始：一个团体是否可以有意义地思考？毫无疑问，团体可能有目的和意图，即使团体内的每个成员未必如此。[2] 但是，团体是否也能有意识（这里的意识指的是个人意识那种意义上的意识）？在这个问题上，人们较少达成共识。团体可能头痛吗？它能体验恐惧和爱吗？团体当然可以有能动性——它们有关于世界的信念，有欲望和愿望，也有行动的能力。然而，却很难确定它有意识。在我们日常使用意识这个词的时候，它包含了对事物的一些认识，以及在世界上存在的体验。团体可以觉察事物——警方可以觉察证据，政党可以觉察公众舆论。而且它们可以进入沉睡或保持清醒；许多组织在夜间或假日实际上会陷入沉睡状态。

然而，要明确并有意义地表明，团体的体验与个体对光明、黑暗、饥饿和干渴的感受可以相提并论，这非常困难。事实上，我们可以肯定，团体内的一些个体要么会否认自己拥有团体信仰，要么干脆抵制该信仰。因此，我们不确定谈论通用电气、三星、红十字会或比利时拥有意识是否有意义。

托马斯·纳格尔（Thomas Nagel）写过一篇颇有影响力的哲学论文，题目是"成为一只蝙蝠会是什么体验？"（What Is It Like to Be a Bat？）。他的观点是，个体会有一种独特的体验，那种成为特定个体会有的独特体验，无论这类个体是大象还是小虫。他的目的在部分上是为了与那些没有意识的岩石、椅子或汽车进行区别，这些东西没有意识，没有那种成为那个东西会有的任何体验。但是他也想把这些思考的功能元素与不能简化为功能的其他元素区分开来。[3]

涉及团体以及如何看待它们的意识问题时，情况也是如此。这无论是于法律还是道德都很重要，我们谈论一个公司或国家的罪行，这有意义吗？谈论一个团体有权利，这有意义吗？

在许多法律系统中，这些问题都有肯定的答案。一家造成损害的公司是可以为该损害承担责任的。[4]到目前为止，这也是非常合理的，特别是要求直接参与决策的高管和董事负责时。

这种想法还可以更进一步，例如在美国，最高法院给予游说团体与个人同样的言论自由权利。国家对几代人之前的罪行负责，包括奴隶制、饥荒和种族灭绝等。这些情况说明了为什么我们需要对集体或团体能动性与团体意识之间的关系有更清晰的认识，一方面，这可能会带来更多权利，另一方面，也会带来更多的义务。

我想我们可以在前面章节已提到的一些想法中找到答案。意识既是一个程度问题（智慧在各个维度的发挥程度），也是一个整合问题。人的思想是高度整合的，所谓的整合信息理论假定了一种合理的观点，认为意识是高度综合思维的表象。来自脑部扫描的证据表明，当我们大脑的信息整合能力醒来时，我们也醒来了，当它关掉时，我们就睡着了。[5] 这样的整合系统有反馈和前馈，伴随着多种思维方式会反复出现联系，这就是我们的 86 亿个神经元，以及它们之间百万亿个连接所做的大部分工作。

我们已知的任何一个团体都没有像人脑一样的整合程度，所以个人和团体之间总是存在着不对称。相比较而言，个人会更加连贯、独立、具有整合性。随着时间、空间、记忆、决策和意义的变迁，个人具有很高的持续性，即使是最牢固持久的团体与个人相比也是远远不及。团队的决策者会改变，而它的记忆则更依赖于外物和记录。

这就证明了只有个人才应被视为完全的道德责任人。团体可能有能动性，也应该在法律方面被这样看待。但是，它不具有与个人意识相似的权利，除非它能表现出具备相当的整合水平。同样道理，要求国家为几代人之前所做的事情负责，也属于范畴错误。将过去的领导人、过去的人民与今天的公民放在一起比较，这样做意义不大。

对"我们性"（We-ness）的研究

一个团体就是一个"我们"，但是它不仅仅是"我"的叠加。那么，我们应该怎么认识"我们"的性质呢？

这个问题在许多关于集体智慧的文献中都没有提到，这些文献所讲的集体智慧其实是解决问题或编辑维基百科的个人智慧的汇总，而不是主宰我们周围世界的团体或组织。

这些汇总可能非常有用，然而，它们的局限性也在于它们的汇总，更多并不总意味着更好。如果所有的想法都是质量低下的，那么拥有100万个想法可能并不比拥有100个想法更好。从消费者那里获得1,000万条关于他们偏好的信息，可能不如精挑细选1,000条有代表性的那么有用，正如对一个小型群体进行经过精确规划的研究，可能比对一个大型数据集进行研究要有用得多。类似地，把许多意见汇总起来，并不是制定战略、设计新想法、做出细微判断或解决"高维度"问题的好方法。没有一个汇总平台在处理真正重要的挑战方面起到过很大作用，要处理这些真正重要的挑战，常常需要某种结构，而且总会需要某种集体：一个有自我意识，有边界的机构或团体。

我们对于"我们性"的理解受到了强大的思想传统的影响——这些思想传统很难理解集体思想可能大于其各个部分的总和。这些传统是一种可以理解的反应，正是这种反应挑战了过去对集体、上帝和民族精神既模糊又神秘的解释。因此，社会科学的许多领域把集体智慧看作仅仅只是个人智慧的汇总，而这种"方法论的个人主义"不仅主导了现代经济学，也主导了心理学和计算机科学领域内的许多研究。对于这些学科，团体思想的任何概念都是糊涂的、抽象的。既然团体思想都能在个体思想中体现出来，那么，为什么不把个体思想作为分析的基础单元呢？

上述观点依然存在，但已是日薄西山。相反，一个更微妙的站位已经出现，它既不夸大个体的个性，也不假定有纯粹的团体思想。它认为个体由团体塑造，而团体由个体组成。这种观点得到了支持——心理学和神经科学已经揭示，个体思想不是单一层级、单一意志，而是一个网络，由时而合作、时而竞争的细胞构成的网络。如果你接受这个观点，那么以类似的方式看待团体会更加合理，即使你能够区分高度整合的个体思想与整合度较低的团体思想（换句话说，不完全整合的个体思想，经过不完全的整合形成了更大的团体思想）。[6]

性情

为什么我们能够成为对我们提出要求的较大团体中的一员？答案存在于我们的天性和性情中。我们在进化过程中被塑造成团体的一部分，而且我们从小就学习这样做——如何成为"我们"，以及如何成为"我"。我们在游戏、运动、合唱中这样做，也在家庭中这样做。这是人生必须经历的一部分。[7]

事实上，如果迈克尔·托马塞洛（Michael Tomasello）是正确的，那么这就是人类与大型猿类最大的区别。[8]猿类本质上是个人主义的，即使在它们进行合作时（例如，当觅食时），如果一群黑猩猩发现了一棵长满果实的树，每个黑猩猩都会各自摘取它能找到的最好食物。相比之下，人类虽然也常有推挤哄抢，但更常见的是相互支持，做出团体决定并共同分享。

进化压力对促进分享的作用是显而易见的，面对恶劣的气候或遭遇有威胁的野兽时，合作群体中的人更有可能在困难中生存，或者更容易发现新的猎场。如果他们能够分享信息或者合理分工，则更有可能繁荣发展，当然这依赖于每个人都能够接受更大团体的观念。

博弈论提供了一个有用的工具来思考这个问题，而且它或许比囚徒困境更现实一些。想象一下两个猎人出去狩猎的情景，单独狩猎的话，每个人都可以捉到一只较小的猎物，例如野兔。但如果他们能合作，他们会有更大概率捉到可以提供更多能量的大型猎物，例如雄鹿。为了合作，他们每个人都需要对另一个人的想法有所认识，也就是说，他们对合作的目的要有共同认识。虽然他们可能花费大部分时间各自打猎，但是一旦发现雄鹿，他们必须快速切换成集体模式，为得到猎物而通力合作。[9]

有很多类似的例子可以解释为什么合作和共情如此常见，为什么有那么多人能在仅仅一天内游刃有余地变换多种身份，例如，人们既是家庭的一员，也是公司的一员，还是社区、兴趣团体和交友网络的一员，在任何情况下我们都可以明确这些集体对我们的要求，以及我们的思想需要在多大程度上服从于集体思想。[10]

这些团体遵循的模式不是铁律，然而这些模式的普遍程度令人惊讶。罗宾·邓巴（Robin Dunbar）认为，存在一个粗略的时间分配数学模型。我们有 40% 的社交互动发生在我们与另外 5 人之间，60%

的社交互动发生在我们与另外 15 人之间。与 4 位以上的人保持长时间对话很困难，认同程度非常高的团队很难达到 12 人以上，而联系紧密的团体的人数上限普遍在 150 人左右。

要成为团体的一部分，我们必须能够理解他人的想法。正是在这个意义上，心理学号召将心灵理论汇入集体意向性的讨论。我们学习如何猜测别人的想法；我们学习直接和间接的互惠，这个原则就是，如果你帮我挠背，我也会帮别人挠背；我们也学习如何了解他人的声誉和可信度。[11]

建立集体：代码、角色和规则

因此，如果我们的性情让我们很适合成为集体的一员，那么是什么把互不相同的个体组合成为集体——一个能够连贯思考和行动，在某种程度上整合为一体的集体？是什么让一群陌生人变成了"我们"？

我们有可能取得相当精确的答案。那个被遗弃在废弃机场的一群陌生人的实例指出了许多答案。对于这些人来说，或者对于任何需要变成集体的群体来说，第一步可能包括随机应变的交流方式和一些粗糙的现成规则。

这些模式很常见，任何一个能够作为"我们"进行思考和行动的集体，都会利用三个基本要素来帮助它尽量做到我前面描述过的整合，即使没有任何团体能达到和人类大脑类似的整合程度。

首先，团体需要代码。每个团体都有自己的语言。事实上，你可以说，定义强大团体的正是它生成了对非会员不透明的独特代码。这些代码有助于凝聚团体，也有助于团体相互区别。它们减少了"语义噪音"，确保了听话者听到的东西与说话者的本意较为一致。起初，它们可能是粗糙现成的混合语；到后来它们演变成了成熟全面的语言。[12]

其次，任何组织都需要角色，并将任务和功能分配给人和事物。例如，一个小组可能会将球形橡胶描述为球，或者将某位公民看成警长。这些断言都通过使用和重复而变得越发客观。从小时候的玩耍开始，到议会和货币制度，我们一直在自动这样做。哲学家约翰·塞尔（John Searle）提出了一个公式："在情境 Z 中 X 是 Y。"我们发现自己很容易就会用这个公式表达。例如，某人在这个情景（而不是其他情景）中是领导。团体定义角色，但是角色的定义也会影响团体。

最后，团体需要规则来管理事物和人的交互行为。其中一些规则是正式的，可以在规则手册、法律或章程中加以规定。而其他规则却没有那么正式，它们包含在组织的道德规范中。

我们可以在任何集体中找到这种由代码、角色和规则组成的共同结构，这些集体既有 Linux 软件程序员、中国人民解放军，也有通用电气和红十字会。这三个要素是减少组织运行所需的时间和耗费认知精力的工具，它们有助于自动化，有助于精简那些困难的工作，因此在认知经济学方面有很大意义。每个要素都是一种表现方式的逻辑，有表现人的、物的，也有表现过程和行为的。这些逻辑让思考成为可能，并且可以从书籍、电影、交通信号等事物中获得帮助。这些都给我们带来了共同的思考模式,并且像上文说过的那样,它还减少了交流和解释等艰苦工作的需要。[13]

这三个要素起作用的方式很复杂。大学是一个团体和网络的联盟,每个团体和网络都有自己的身份,可以是学科、学院,也可以是合作者团体,每个团体或网络都可以根据不同情景转换成一个不同的"我们"。公司同样由单位和部门组成——孤岛的缺点也是认同和相互紧密联系的优点。军队由团、分队和师组成,并把忠诚视为首位要求。但是,这些单位都要学会融入更大的团体,不管这样做是否会有不适,一个"我们"其实是由很多"我们"组成的。

在综合了这些影响的情况下,有个模式相当出乎意料,那就是集体感、所用物品和思考能力其实是交织在一起的。一个很好的例子发生在 1952 年,当时消防员被派往密苏里河上游去控制当地的森林火灾。灾难发生了:一群消防员误判了部分失去控制的火情,试图逃跑时不幸身亡。[14] 那时大火已跨越了一道沟壑,组长意识到情况严重并下令消防员放弃工具。但是这样的做法削弱了他的权威性,当他叫队员们进入他的逃生火场时(逃生火场指的是他故意烧毁的一片土地,以便在主要火势到达时保证该地安全),队员们不再听从他的指挥,最终结果是只有两人幸存。

这一事件后来成为一本书的主题,这本书讲述了卡尔·维克(Karl Weick)的令人深思的研究。他表明恐慌并没导致这个团队瓦解,反而是团队瓦解带来了恐慌。当失去了定义自身的物品后,团队开始四分五裂。社会秩序有助于保持宇宙观、认识论的适当秩序。然而,当社会秩序毁损时,意义建构也会毁损。

思考的共同模型

我们之前看到，模型是个体智慧的起点，它早于数据和观察。人类大脑构建世界的模型，通过模型进行思考。[15] 数据的输入是通过模型来反映的，这些模型与我们在时空中的自我意识有关。我们的大脑将新的输入与模型的假设进行比较，从这个意义上说，我们对世界的体验是间接而不是直接的。

有充分理由相信集体智慧更发达的形式是类似的，无论是在市场上还是在解决数学难题过程中，集体智慧都可以从许多个体部分的互动中出现，并不需要任何的相互理解和认同。但是，模型越紧凑，想要解释的东西越多，集体意识就会越强，集体向一体化融合的方向就更前进一步。

上文讲到的代码做了一些这方面的工作。不过，这些代码只是起点。一个强大的集体也会有一个共同模型解释世界如何运作，事情如何发生。模型也是一个强大省力的工具，因为它可以帮助团队成员更快地一起思考。例如，亚马逊公司的经理们必须接纳以下模型：世界由数据组成的视角；应该通过实验来检验新观点的假定；喜欢成长，认为成长本身就是优点的风气；以及对关于感情、心理不适和许多其他日常人类体验的信息的弱处理。在无国界医生组织工作的医生会采取不同的模型，该模型会处理疾病和伤害，应用临床模型加以治疗，并以服务精神为导向，几乎是故意地对周围的冲突视而不见。

这些模型可以被视为是关于如何定义和揭示真相的协议。这些协议围绕以下两个问题："是什么？"——世界如何运转？"哪些是重要的？"——因此什么东西才值得被关注并采取行动？它们是所有强大的集体智慧的两个维度（其中，"重要的那些"会涉及相关的过去和可能的未来）。

前半部分问题，也就是关于"是什么"与"世界如何运转"的观点，可以成为科学、数据和测试的一个领域（在第 10 章中，我研究了集体如何安排协调自我怀疑以更好地理解"是什么"这个问题）。相比之下，"什么重要"这一问题更大程度上是内生性的，并由团体塑造。

这些模型可以和代码一样成为冲突和合作的工具。人类学往往强调，有多少团体是团体的敌人所定义的，这是一种看世界的二维视角，它把世界分成"他们"与对抗"他们"的"我们"——"我们"是纯洁的，"他们"是不纯洁的、令人厌恶的；"我们"是朋友，"他们"是敌人。如果没有让某人觉得他 / 她包括在"我们"之内，这个人可能就会从朋友变成敌人（"如果你没有将年轻人带进村庄，他们就会烧毁村庄，只为了感受一下热度"）。

这些对立加强了我们对所在团体的认同感，让我们更容易感受到集体的自豪、羞愧与内疚。有时强化一个团体的最好办法就是攻击该团体——这就是为什么把轰炸平民作为军事策略常常会产生事与愿违的结果，以及那些失去支持的煽动家和独裁者为什么会经常寻求冲突，无论这些冲突是真实的还是想象的。

更极端的关于集体感的例子称得上是本能反应，例如一群士兵本能地以同样的方式回应突然袭击，或者像管弦乐队或爵士乐队、科学团队或政治运动那样的一致行动。这方面有一个令人印象深刻的特点，就像在一个运动队里，每个成员都会不可思议地猜出他人将会怎样反应，或者球会被踢到哪里，也好比一个爵士乐队的即兴发挥。这是集体智慧的相互敏感性的反应。

我们可以在小教派或小队中发现一种不同的"思维能力缺失"，这些小教派或小队的成员已经暂停了自己的自我意识，会完全按团队或者领导者的要求行事。在这些情况下，模型凌驾于主动智能之上。我们所说的是训练有素的军乐队，或者一群训练过的步兵像被严格指挥的那样自动应对威胁。这是一种特殊的团体思维，它真正地具体化了，可以以一种无须思维能力的方式做出反应，因为团队已经高强度地习得了公式化的反应。它是一种节约认知资源的有效方式，但却不具有吸引力，因为它要求个人放弃太多自由。

团队

有大量文献研究了团队和团体及其决策的驱动力，这些文献可以追溯到玛乔丽·肖（Marjorie Shaw）在 1932 年对团体推理的经典研究。研究表明团队更擅长于提出选择与纠正推理错误，后续研究证实了团队通常更擅长于做决定、找到信息和评估个人，尽管也存在一些例外，[16] 但即使是偷窃，团伙作案被抓到的可能性也会比独自行窃更小。[17]

无论是在体育还是军事方面，对什么因素才能让团队取得伟大成就的研究表明，尽管拥有优秀的个人对团队有益，但是很多团队比团队成员优秀得多。这种情形常常发生在以下情况下：有共同的目的感，或者对标准和质量（什么算好什么算差）有共同观点；共同的专注能力；对每个成员的贡献的赞赏；也许最重要的是，当事情不对劲时认真甚至残酷的诚实，从而燃起学习的文化。[18]

换句话说，团队不仅有自己的代码、角色和规则，而且还需要进一步创造活生生的现实世界模型，团队可以对该模型进行不断地质询和改进。最好的团队允许团队智慧有一定的基于每个成员利益的自主性，并因此服务于整个团队的利益。最好的团队创造了公共事务，而公共事务的质量决定了团队的表现。[19]

这并不是全面的图景，团体可以放大委派、遗漏和不精确的过失，还可以做出较高风险的决定。[20] 但是，尽管存在缺陷，有些团队仍大于它的组成部分的简单累加，能够像一个团队而不是像一群个人那样思考，这样的团队一直是几乎所有领域中最重要的单位之一，无论这些领域是战场、体育还是商业。

集体和社会

在任何一个社会中，诞生的集体数量都多于实际生存的集体数量。这些集体可能是朋友群体、创业公司或有抱负的社区团体。一切都从一个人或一些人的努力开始，他（们）试图说服他人采纳他（们）的世界观，采纳他（们）看事物的方式，采纳他（们）关于什么值得拥有以及什么可能发生的观点。由于上述原因，我们可以很容易地被他人说服并采用他人的思维框架。但是如果我们没有找到足够的兴趣、意义或乐趣，我们也可以同样轻易地摆脱这个思维框架。

许多集体特意设立成临时集体——为了完成某项任务，然后消失。

这些模式可以在各个层次上找到，因为团体会竞相吸引追随者。在宏观层面，19世纪社会学中的核心观点是我们的思维方式反映了社会的组织方式。当人们互动并试图理解对方时，他们产生了共享的范畴。固定下来的范畴往往反映了社会秩序，而日常对话会巩固这个秩序，至少在最初时是这样。在这个意义上，较大的单位是通过"我们"来思考，而不是相反。

亚历克斯·德·托克维尔（Alexis de Tocqueville）很尖锐地描写了这一切在19世纪的美国是如何发生的。我们倾向于顺从，因为我们害怕同辈或者权威的反对——这是汉斯·克里斯蒂安·安徒生（Hans Christian Andersen）的"皇帝的新衣"（The Emperor's New Clothes）的主题，这可能会导致错觉。随着旧信仰的衰落，"大多数人不再抱有信仰，但他们却表现出有信仰的样子，而公众意见的空洞幻影足以让本可能成为创新者的人热血冷却，并让他们恭敬地沉默。"[21] 人们常常认为大多数其他人相信某事，但事实上并非如此（举例说来，以色列近60%的人同意巴勒斯坦的领土自治权，但只有30%的人认识到大多数人持有该观点）。这种错觉被社会学家称为多元化的无知，它可以对团体的思维方式产生巨大影响，同时也有助于巩固现状。

我们对历史上宏观文化与信仰之间的联系进行了细致研究，确定了集体通过个体思考的程度。讽刺的是，最好的例子之一是彼得·拉斯莱特（Peter Laslett）的研究，他研究了中世纪英格兰的核心家庭是如何有助于引领工业革命的市场个人主义的。伊曼纽尔·托德（Emmanuel Todd）一般化了这种方法，展示了根深蒂固的家庭结构在何种程度上塑造着我们看世界的方式，以及在何种程度上决定了哪些政治意识形态最能引起共鸣，因为它们似乎看起来最自然，与伴随我们长大的世界一致。托德的著作解释了欧洲的哪些地区盛产共产主义者或民族主义者。家庭结构与主流意识形态相关，也是带来主流意识形态的原因。[22] 社会学的很大一部分内容都在致力于消除较大的单位对个人思考和行为带来的影响。[23]

不同的集体如何思考

如果我们转向去研究较小单位是如何思考的，那么这些抽象的关于社团如何思考的理论可以在日常生活中变得更加实用和可见。我们已经很清楚地看到，存在着不同类型的集体。接受同种信用卡的店主们的合作与一队士兵之间的合作几乎没有共同之处，而软件程序员团队和艺术家团体也几乎没有共同之处。因此，我们发现了各种类型集体的不同模式，每种类型都以不同的方式思考，而且并不是所有类型都需要真正的"思想的聚会"。[24]

一种描绘群体思考方式图谱的有用方法是根据两个坐标轴来区分它们，这是由人类学家玛丽·道格拉斯（Mary Douglas）首创的方法。一个坐标轴根据集体的网格化水平来描述集体：存在着多少正式的垂直等级、控制和权威。另一个坐标轴反映了群体化程度：团体中有多少横向联系和相互认同。这提供了一个二维空间，我们可以在这个空间内放置不同的现象，例如维基百科和公民科学（极低的网格化和相当低的群体化），市场交易（非常低的网格化和群体化），跨国公司或军队（高网格化，有时高群体化，但通常是高网格化与低群体化，这种时候即使军人或者工作人员对他们所属的机构没有真正的认同感，他们也会听天由命地服从命令）。对于定义任何团队的两个问题——是什么？什么重要？上述这些内容提供了独特的见解。

在低网格化、低群体化的情况下，无形之手的机制可以使一个大群体至少在部分维度上表现得具有统一的集体智慧。分散在四处的市场可以有效利用价格信号来协调大规模的活动（尽管我们将会看到，所有的实体经济也都依赖于不同类型的集体智慧）。为研究者们解决数学问题或者给在线的国际象棋棋手提出建议的合作者，他们不需要彼此了解或者有任何共同的身份，只需要有足够简单的通用语法和语言，以及简单明了的游戏规则。只要有了正确的规则，简单的没有自我意识的集体，也可以协调相当庞大而复杂的活动。

在集体认同度较低的情况下，可以使用激励和经济奖励来鼓励人们调整自己的行为。实际上，人们是被收买才留在团队中与那些他们可能既不喜欢也不认同的同事合作的，竞争性科研的某些方面也是如此。这种世界观的乌托邦是一个完美的市场，在这个市场中，无形之手让许多行动者走到了一起。

但是，这些类型的集体在处理武力、适应威胁或调动长期资源等方面发挥的效果要差得多。它们不能提出自己的主张，要求牺牲或解决冲突。这就是为什么在涉及安全、长期投资和健康的领域中，许多功能往往由网格化和群体化较高的团队或机构主导，它们可以使用胁迫手段，可以用解雇来威胁员工，也可以用钱奖励员工或给予员工一定的认可。权力和责任被组织成了指挥链，任何脱离组织的行为都被视为一种背叛。这是典型的国家、公司、军队或传统家庭的逻辑，所有这些团体都是高网格化、高群体化的。

对于高群体化低网格化群体，回报来自爱、团结和相互关怀。这些群体倾向于平等主义，他们的理想是结构扁平化的小团体，通过一致同意达成决定，而他们的乌托邦是一个完美社区，社区中的每个人都能密切关注他人的需求、欲望和情感。

各种类型的集体会以上述这些不同的方式对行为进行协调，但是这些不同的方式也有助于人们进行类似的思考。个人主义的观点是从利益和激励的角度来解读世界，层次结构的观点是通过权力冲突的角度来解读世界，平等主义的观点是通过人们自我组织的角度来解读世界。每种文化也有自己的交流逻辑，平均主义有着丰富的沟通，但有时受高带宽交流（高带宽交流在小团体中比大团体中更容易进行，而且更适用于慢速决策而不是快速决策）的高成本和慢速度的阻碍影响。层次结构具有更多特定的上下通信渠道，横向交流较少，这会使交流速度更快，更不容易出现歧义。个人主义在有简单货币用于横向交流和奖励的情况下表现最好（例如，用市场信号或科学声望做简单货币的情况）。

我们可以在互联网上发现这三种文化共同存在。存在着黑客的反主流文化平等主义和开源运动；存在着大供应商的积极商业主义，将收益回送给风险投资家；存在着军事层级结构，正是这些军事层级结构给早期的互联网提供了资金支持，而且军事层级结构会从安全威胁与地缘政治竞争角度进行思考。这里的每种文化都是一种思考工具，它会优先考虑某些事实，并将另一些相关事实置之不顾。而且每种文化都会围绕特定的世界模型群集，这些思考方式有助于集体做出决定，有助于人们合作。因为这些文化中的个人吸收了这些文化，变成了有用的循规蹈矩者。

事实上，那些自认为是个人主义者、持异议者和反叛者的文化，却往往是高度循规蹈矩的。硅谷会议或巴黎左岸会议所持的信念，与宗教研讨会或军事会议所持的信念相比，在循规蹈矩方面并无太大差别。

但关键的一点是，这些不同的思维方式既相互补充，又相互竞争。这是格群文化理论 (grid-group culture theory) 的惊人见解：在任何一个团体中，我们会看到所有的这些文化，即使某种文化有可能占据主导地位。每个层级结构都需要一些工具来刺激和奖励个人，而且十有八九也需要基层的平等主义的反主流文化（军队中的某部队或工厂中的某车间）。每个市场也都需要包含层级结构。事实证明，即使是最具平等主义的运动，也需要一些层级结构来做出决定，还需要一些激励措施来保证有人维持基本运转。

因此，大规模集体智慧的最高级形式结合了这些文化，允许世界观和模型的多元化，在这种多元化中，各种世界观和模型总会在某种程度上相互竞争。

在第 5 章中，我描述了自然环境中不同类型的集体智慧：被困在机场的乘客团体，应对气候变化的世界，以及小镇上的小型车库。

如果我们仔细观察上述各种集体智慧，就极有可能找到不同文化的混合体，而且每种情况下，如果某种文化变得过于占据主导地位，那么更有可能出现错误。

气候变化是一个很好的例子。总是有人认为只有某种解决方案才能真正起到减排的作用。对于某些人来说，很显然该解决方案必须来自层级结构，并且最好是通过国际条约来实施严格的税收和管制。对于另一群人来说，同样显而易见的是，解决方案必须来自市场，或来自新技术的自然出现。对于又一群人来说，唯一的解决方案就是公众自身的想法要有所改变。

可以说，这三个答案都不对。然而，这三个答案又都是对的。正是这三种截然不同的世界模式的结合，才会带来成功的集体行动。其他集合也是如此，例如，医疗知识领域结合了强大的层级结构（存在于医疗研究、医院和专业机构中）、强大的横向市场（支持药物和仪器的创造和销售），还有强烈的平等主义精神（存在于数以百万计的医生和护士中间）。通过对不同团体思考方式的理解，我们得到了以下见解：这些思考方式相互补充，相互竞争，同时相互作用，它们互动的方式反映了仅用一种思维方式无法捕捉到的世界本质。

集体的持久性

那么，具备强烈的集体意识有什么优点？为什么比起松散的组合，组织可以更好地处理复杂问题并有效解决？

答案是显而易见的，组织拥有处理长期困难任务所需的卓越能力，它们能动员更多资源、维持认同感和持久性。但是我怀疑收益远不止于此，比起分散的系统，集体自我感还能够让集体更容易做出微妙的判断，更容易组织二阶和三阶的学习循环。第二和第三循环学习都是艰苦的工作，需要整合程度较高的智慧。在一个完全去中心化的系统中，每个单位都要自己做出这些判断，退出不再有用的链接，并采用来自其他链接的范畴。汇总很容易，整合就难多了。对于一个有自我感的集体来说，生成新范畴的任务是共同任务，而且也许会更明确可见，比如一个队伍不再赢得比赛，一个城市发展停滞，一个公司失去市场份额。如果需要进行第三循环学习并转向完全不同的思考方式，情况更是如此。如果没有这样的基础，信息可能会永远都毫无意义——被困在量化的比特和信息流的数据世界中。

我们可以在联合国和全球机构看到这个问题的一般表现形式。联合国仅仅是许多国家的集合，偶尔这些国家会在合适的时机寻求合作，因此联合国很难像真正的集体智慧那样彻底改造自身。它可以在现有的规则和模型内处理第一阶学习，但当旧模型不再有效时，它很难承认事实或创建新范畴。而且它更不适合于第三阶学习，也就是说它更难作为智慧体系彻底改造自身。因为任何一个新系统的变化都会涉及输家和赢家，它的早期结构僵化了，很难产生改变。新范畴的发明不得不在系统之外，而不是在系统之内进行。再次强调，联合国善于汇总，但不善于整合。

其他原因与不确定性和变化有关。强大的集体可以结合应对极端变化的环境所需的各种关键能力，这些能力包括对未来的共同看法，以及将资源从一个任务转移到另一个任务以应对新的优先事项的能力。当这些能力存在时，结果会是集体有更强大的弹性与适应性。过于僵化的层级结构并不善于帮助团体思想适应变化，但分布式网络在适应变化方面表现得也很差。与联合国或其他松散的联盟一样，分布式网络也难以重新分配资源——这就是去中心化的散兵游勇难以赢得战争，竞争激烈的市场很难集中足够的资源来取得科学突破的原因之一。

若有团队能够真正地像一个强有力的集体智慧一样协调和调整行动，这个团队很可能会比无法做到这样的团队更为成功。许多任务需要密切的相互协调和沟通——当网络中的一个元素有所改变时，其他元素也需要改变（例如，想象一下一支正在打仗的军队）。这可以称得上是许多任务的相互依赖，它解释了人群智慧的局限性。正如大众所知的弗朗西斯·高尔顿（Francis Galton）在 19 世纪后期表明的那样，人群可以估计股票价格、罐子里的豆子数量或者牛的体重。[25] 但是，如果你希望任何人群都有能力创作令人难忘的艺术品，或写一本所有人都想阅读的书，那是你想太多了。创作艺术品也好，写书也好，这些任务需要更高的带宽和更多的迭代，也需要相互沟通。再次强调，这需要的是整合而不仅仅是汇总。在参与者之间几乎没有横向交流的情况下，市场只需要根据他们买还是不买的二元决定就能够调整价格。相比之下，重新设计整个供应链需要更高带宽的相互沟通和理解，同样，许多创造性的任务也需要团队建立起高水平的相互理解和共情，这就是为什么面对面的交流比在线互动更有效。

公共事务的情况也是如此。埃莉诺·奥斯特罗姆（Elinor Ostrom）和其他人的研究表明，公共事务的本质是围绕团体如何通过丰富的沟通来管理公共资源而展开的，他们证实了团队处理公共事务时，采取了较为积极和互动较多的方式。事实上，正是丰富的团体沟通让这些团队与众不同，在这些团队中，智慧以多中心的方式组织，多中心之间需要就公共资源或公共任务进行协调。依赖财务刺激的市场和依赖权力的层级制度缺乏足够的带宽，无法应对公共管理所需的不断调整和重新设计。

更为丰富和密集的交流是基于共享模型、代码、角色和规则的，而这种交流的重要性有助于解释以下情况：互联网发明之后已经过了一代人的时间，数十年来，一直有人预测分布式系统的时代将终结大型公司或政府，但公司、政府和许多其他要求成员忠诚的机构继续蓬勃发展。世界 GDP 中的政府所占份额比 30 年前只高不低，类似地，全球经济中的大型公司所占份额与以前相比也是有增无减。拥有更多"我们"特质的团体更有弹性，因此能更好地应对挫折和失败。

这几点对于组织或整个社会来说很重要。如果要解释为什么有些地方比其他地方表现得更好，这几点也很可能是决定性的原因。费尔顿·厄尔斯（Felton Earls）借鉴了在坦桑尼亚和芝加哥进行的调查，做出了极有影响力的研究，研究表明他称之为"集体效能"的元素对于解释犯罪率至关重要。对社区犯罪率影响最大的是邻居愿意在需要的时候为他人的利益，特别是为了他人子女的利益而行动。他的细致研究驳斥了在当时非常流行的"破窗理论"，该理论声称，在鼓励更严重的犯罪方面，通常流于表面的的秩序迹象至关重要。[26] 费尔顿研究的意义是，城市应该鼓励社区共同解决问题，在实践中学习，从而创造一种会阻止犯罪和反社会行为的集体效能感和智慧。

规模与集体思想

规模对集体智慧的动力有什么影响？在自然界中，规模以各种方式影响着结构和发展过程。重型动物需要的结构与轻型动物完全不同，重量随着高度的增加而立方递增——因此需要按比例来说粗得多的腿。这就是昆虫与人类在外观形状上如此不同，而人类又与大象的外形截然不同的原因。表面面积随高度的增加而平方递增——因此，更大型的生物需要更发达的系统来循环血液或使之冷却。黏度改变了小物体的形状——这些形状更接近分子大小，因此可以粘在墙壁上（如壁虎的脚）或池塘表面（如水蜘蛛）。

这些模式在尚未分形的动植物间得到了很好的证实。但在人类机构或人类和机器相结合的机构中，有类似的模式吗？一个较大的教会、公司、政党或政府，会比一个较小的教会、公司、政党或政府更聪明吗？如果确实如此，那么原因是什么？或者相反的情况才是对的？

经济学证明，经济在很大程度上有线性的规模经济效应。你生产的汽车或飞机越多，成本就越低，因为在你获得了经验教训之后，你可以购买更便宜的原材料，按产出的比例保持较低的库存量，等等。大市场往往比小市场更有效率，主要是因为它们具备更大的规模经济效应。

但在很多领域中这种模式并没有出现。最好的学校不是最大的。相反，它们与其他学校的规模大致相同。最好的养老院或医院也不是最大的。任何涉及爱与关怀的事物在较小的规模内似乎会发展得更好，而如果决策时有大量人员参与，似乎会更难做出复杂决策，尽管可以利用许多人的观察和评论来为决策提供帮助。

在政府方面，我曾经被委托对公共服务的规模经济效应进行研究。人们假定该效应相当可观，而且每隔几年管理咨询公司就建议将权力整合到更大的单位中，以节省资金并实现更高程度的专业化。令我们惊讶的是，我们几乎找不到上述情况的证据。5万人的单位也好，50万人的单位也好，都可以有效地提供同样的服务（尽管最小和最大的单位往往是表现最差的）。对拥有30万公民（如冰岛）、3,000万公民（如马来西亚）或3亿公民（如美国）的高度胜任的政府所进行的研究，得到了同样的发现。从这个意义上说，政府做的事情本质上是相当分形的。从地缘政治学或经济学的角度来看，规模所赋予的优势，也许会被两个因素的更高风险所抵销，这两个因素一是妄想，二是特殊利益集团的攫取。

然而，规模的一些其他特征与自然界中的情况更为接近。比较大国和小国，大国更大，更笨重，有更大的表面积，这需要不同的工具，而这些工具回应了自然界中发现的情况。大国需要更多的法律和治理来应对所有因素，大国会更多地应用各种策略以传播领导层的想法，这些策略包括国家规定的必修课程、国旗、爱国策略、广播、党组织和理事小组等。与小国相比，大国的面积大，与规模相关的潜在威胁也大大增加，因此大国可能更容易疑神疑鬼。与小国的村庄级别的规范相比，大国定义的观念可能会更抽象。

当然，随着机构的成长，它们的形式也会改变，倾向于创造更多的结构、更高度的官僚化和形式化。角色变得更加与个人无关，并且与扮演角色的个人更加分离。文化不再只是隐性事物，而变得更形式化，有着更明确的激励和更复杂的等级结构。[27]

还存在着规模效益：可以投入更多资源到智慧、知识、专业技能、经验以及网络接入上。这会使我们更容易做到第二和第三循环学习的正式化，例如，可以利用专门的战略团队、分析师、回顾评论或购入咨询机构。

如果权力被定义为犯错误的自由（因为可以不受惩罚），那么规模看起来会给予更多自由。而且，较大的规模也会侵蚀那些能带来判断力的品质，例如对具体情境的认识和自我怀疑。大型实体更容易被自己的抽象所困，也更容易在自己的神话中迷失。

小群体可以通过对话或反复试验来思考问题。[28] 但是，在任何大规模的情况下，我们都需要事物帮助我们思考，而物品起了至关重要的作用，它们将隐性的代码和规则变为明确，将团体的隐性知识变得清楚可见。这些物品的例子有书籍、网站、旗帜和制服之类的符号性用品。确实，实体越大，它就越依赖物品。国家遍布着雕像和纪念碑，美国国民向国旗致敬，而爱沙尼亚的国民也许不需要这样做。与小政党和小企业相比，大政党和大企业在它们的标志和综合身份上做出了更多努力。

正如我们所看到的，从汽车的标准化尺寸到条形码，从书写文稿到钢板尺寸，这些事物都有助于日常的工作合作。在大规模的情况下这些事物发挥的作用最为强大，它们创造了新的社会事实以帮助我们生活。然而，集体智慧最重要的推动因素来自小得多的尺度，比如身体的靠近、眼神交流和相互的感情，这是心理理论发挥作用的领域。我们思考，并将自身思想汇入所属团队或者理事会的思想。但是没有可靠的方法将这种洞察力按比例扩大，这就解释了小型团体、理事会和小组作为行动和决策单位继续存在的原因。相互理解对方的思想，然后创造共同思想，这种行为看来会受到规模和人类大脑情感带宽极限的限制，而情感带宽极限指的就是我们能与其共同感受的人的数量极限。

第10章 自我怀疑和对抗集体智慧的敌人

获取知识的最大障碍不是愚昧无知，而是自以为是。

——丹尼尔·J.布尔斯廷（Daniel J. Boorstin）

佛陀在他著名的《噶拉玛经》（*Kalama Sutta*）中提出了与过去几千年中几乎所有宗教经文背道而驰的思想。在其他经文言之凿凿对世界和宇宙加以断言时，佛陀建议他的听众——一个名为噶拉玛的部落氏族，要批判性地思考："不要因为是口耳相传的，就信以为真；不要因为是世世代代遗留下来的传统，就信以为真；不要因为是约定俗成的，就信以为真；不要因为是经典记载的，就信以为真；不要因为合乎逻辑推论，就信以为真；不要因为习惯如此，就信以为真；不要因为导师和长者的威信，就信以为真。"他警告他的听众对像他一样四处传道的人持怀疑态度，并知道通往洞察力的道路由怀疑铺就。

他并不是担心他的听众愚蠢，而是担心让我们变聪明的品质也会让我们变得愚蠢。我们可能会被习惯和顺从束缚，或被熟悉的语言和概念哄骗，满足于虚假的自信感。这意味着即使环境发生了变化，我们还坚持同一种思维方式。我们倾向于认为一个案例或轶事极具代表性，而事实并非如此，这可能会误导我们。我们很容易被表面上魅力十足且诚恳待人的骗子、阴谋论或生动的故事愚弄。

同样，我们拥有能快速看到数据中的规律和模式的能力，但我们可能会被自己的这种能力所干扰。这就是为什么19世纪英国首相本杰明·迪斯雷利（Benjamin Disraeli）公正地说到："谎言，该死的谎言和统计数据。"我喜欢各种数据，但是，面对大量的统计数据时你必须非常努力，抵制草率得出毫无根据的结论，或将相关关系与因果关系混为一谈的诱惑。正如历史统计学家伊恩·哈金所说："我们创造器具，用器具生成数据，再用数据证实理论；我们评价器具的标准是它生成适当数据的能力。"[1]

在日常生活中，我们从有限的信息中快速做出判断的能力是一个很大的进化优势，当面对敌对团伙或剑齿虎的威胁时，这种能力极其有用。然而，在与复杂的人相处或处理复杂情况时，这种能力却无用武之处。

我们所知道的一切都来自过去的知识，这些知识在未来可能并不适用——在模型、算法、经济理论和地缘政治方面会反复碰到这个难题，它们在某个时代很合理，而在另一个时代却并不适用。就像社会科学一再发现的那样，你用某个模型越多，你就越不可能对该模型提出质疑。结果就是，最开始的用于解答问题的实用工具本身逐渐变成了真理。

　　我们用来思考的模型也可能成为陷阱。我们坚持某个模型，是因为它提供了意义和保证。众所周知，警方在案件中常常坚持早期收集到的证据，即使后来出现了强有力的相反证据，这种做法会导致审判结果异常不公。中年人坚持他们大学时学到的理论。组织越来越依赖于那些越用越顺手的模型。我曾经见过一个政府的计划小组，他们承认他们的预测与胡乱猜测没什么差别，但他们认为仍然需要详细的预测来帮助计划。模型变成了一种安慰人的东西，尽管它没有真正的用处。

　　熟悉也会导致盲目。在心理学家特拉夫顿·德鲁（Trafton Drew）的经典实验中，放射科医师检查 CT（计算机断层扫描）影像以寻找异常。指示物非常微小，需要训练有素的眼睛才能发现。德鲁在影像中加进了一个大猩猩的形象，它比典型结节大 50 倍，结果只有 17％的放射科医师发现了它。我们常常只看到我们预期会看到的东西，以及和我们正在寻找的事物相关的东西。

　　专业性也可能变成陷阱。正如菲利普·泰洛克（Philip Tetlock）在预测方面的经典著作中阐述的那样，最专业的人员在预测未来时，可能会做出最不成功的预测，主要是因为他们对自己的能力太过自信，所以只寻找肯定的信息。最优秀的预测者善于听取新信息，同时足够小心，不会被宏大的理论误导，从而能根据新的事实进行调整。

　　那么接下来呢？正如佛陀所指出的那样，含义就是智慧必须怀疑自己，与自己做斗争，怀疑自己才是真正的智慧。也许这就是古希腊哲学的一个分支认为思考必须与实践分离的原因——用汉娜·阿伦特（Hannah Arendt）的话来说，"实践时，是无须思考介入的。"

深刻的思想必须与常识斗争，必须从表象的日常世界中抽身而出。要看到事情的真相，也就是事物的本质，需要超然。

要了解集体智慧是如何被破坏的，我们可以从一份以破坏集体智慧为主旨的手册开始。1944年，美国战略服务局（OSS，即后来的中央情报局）出版了一份指南以指导它在欧洲的间谍，指南的主题是如何削弱当时处于主宰地位的德国占领军力量。间谍的工作涉及将炸弹放在铁轨上，或者引导"飞行堡垒"轰炸机锁定正确目标。但是有些工作比较微妙，手册建议了从内部破坏组织的八种方法。"坚持通过渠道进行全部工作，绝不允许采取捷径加快决策。""谈话要尽可能频繁并且时间要长，可通过很长的轶事和个人经历来说明你的'要点'。""如有可能，请将所有事项提交给委员会进行'进一步研究和考虑'。尽量让委员会成员尽可能多——绝不要少于五个。""尽可能频繁地提出不相关的问题。""反复争论通信、会议记录和决议的准确用词。""回顾上次会议决定的一个事项，并尝试重新讨论该决定的明智性问题。""倡导'谨慎'，注意'合理'，督促与你一同参加会议的人注意'合理'并避免匆忙，因为匆忙可能会造成后来的尴尬或困难。""保持对任何决定适当性的担忧，提出它是否属于团体管辖范围，或者是否与某些较高层次的政策有冲突的问题。"

当代组织生活中最常见的战略服务局类型的回应是要求更多的分析、数据和情景，特别是在根本没有足够的过硬数据来告诉你该做什么的情况下引导决定（这导致了本可用于达成某事的大量时间和精力被白白浪费）。另一个战略服务局类型的回应是先要求综合了关键问题的精简文件，然后再抱怨没有足够的细节以便做出决策，又一次，这会导致时间和精力几乎没有任何收益地白白浪费。另一个好方法就是要求关于议题 x 的一般政策，而不是具体决定。这样也会花费大量的管理时间，随着政策增多，组织的动脉就会出现阻塞。

所有这些倾向都是完全合理的，每种倾向单独看来都合情合理。在很难做出决策时，可能所有人都会同意这些转移焦点的选择。但是当这些倾向累加起来时，会带来停滞并粉碎任何创造的希望。

在任何大型组织的行为特点中，我们都可以看到美国战略服务局指示的身影。而且这合情合理，因为这些指示并不明显具有破坏性。[2]每一条似乎都是智慧行为的精髓，但是把各条结合起来，它们会导致集体智慧失灵，使集体智慧逐渐窒息。

这就是为什么在管理团队时，以及在委员会或董事会开会时，良好领导力的标志是压制这些倾向（有时甚至是无情的压制），并逼迫人们首先做出决定，然后采取行动。很多时候，困难的问题可以通过行动得到很好的解答，若仅通过探讨和分析是找不到这样的解决方式的。

怀疑的伦理

罗纳德·里根（Ronald Reagan）在与米哈伊尔·戈尔巴乔夫（Mikhail Gorbachev）的谈判中，采用了俄罗斯谚语"信任，但要验证"（doveryai no proveryai）的做法。这是在网络中与陌生人进行任何形式合作的一个有用起点，以一种合作和开放的心态出发，但在每个阶段都要进行检查和验证。

任何一个群体都既由"它是什么"定义，在同样的程度上也由"它把什么排除在外"定义。它必须排除、拒绝和无视一些信息。它仅能关注可用数据的一小部分，以及它周围环境输入的一小部分，否则它会被数据和输入淹没。

为了生存，它必须进行选择，而"信任，但要验证"的原则有助于选择与谁合作以及相信什么。不过，团体需要更进一步，就像免疫系统一样，团体必须能够排除威胁，这些威胁包括直接的挑战、反面的真相，甚至可能还有有害的态度，如愤世嫉俗。为了生存，集体必须认识到可能导致其死亡或生病的因素，并且做到先发制人。

这就需要我所说的自我怀疑。随着人类文明对自身意识的了解越来越多，我们也了解到个人大脑、组织和文化具有自我欺骗的倾向。我们倾向于夸大世界的连贯性与世界的意义，也会忍不住去选择带来便利或令人舒适的信息。事实上，我们知道得越多，就越会强化自己已知的知识，而不是质疑它。[3]

在叙事和解释不再有用时，我们仍然坚持这样的叙事和解释。这些模式有着各种名称，如确认偏差、群体思考和投资效应，我们每天都可以在任何组织中，或者在我们自身和朋友的身上看到这些模式。它们在独裁政权或某些人物身上表现出最极端的形式，例如，唐纳德·特朗普（Donald Trump）总统的前新闻秘书长肖恩·斯派塞（Sean Spicer）在被问及他曾说过的明显谎言时说："有时我们可以不同意事实。"[4]

但这些都是日常模式的极端形式。现代世界有许多令人痛心的发现，其中之一就是，虽然诗人约翰·济慈（John keats）信誓旦旦地说美即是真，真即是美，但实际上，美并不等同于真，两者间甚至没有天然的紧密联系。美丽的东西可以是谎言，也可以是真相，而真相可以是平凡的，也可以是丑陋的。科学家迈克尔·法拉第（Michael Faraday）写道："我们或多或少都是错误的积极推动者。我们没有实行有益身心的自我克制，而总是让欲望决定我们的思想：对于那些与我们一致的，我们友善地接受；对于那些与我们不一致的，我们厌恶地抵制；但是，常识的每个指令都会要求我们反其道而行之。"因此他建议心理自律——"自我教育的关键在于教思想抵制自己的渴望和倾向，直到有证据证明这些渴望和倾向是正确的"。[5]

文明除了制定了因循守旧的战略外，也制定了自我怀疑的战略。每个社会都会复制自身，这种复制是通过社会学家皮埃尔·布尔迪厄（Pierre Bourdieu）所说的"doxa"在思想和制度方面的复制，而"doxa"指的是"不证自明的对各种秩序关系的遵循，因为秩序关系构造了现实世界和思想世界，并与这两者密不可分"。[6]但相反的传统提出了质疑，为的是削弱那些看起来"不证自明"的东西，这些相反传统也许可以追溯到苏格拉底时代，甚至更早。这实际上是睿智的定义之一："睿智并不是了解具体的事实，而是在不过分自信或过度谨慎的态度下了解事实……睿智是一种人们采取的对待自己持有的信仰、价值观、知识、信息、能力和技能的态度，也是一种怀疑自己持有的这些东西是否必然真实或有效，以及它们是否是能够可知的全部东西的倾向。"[7]这可能是一种冷酷的美德——如同以赛亚·伯林（Isaiah Berlin）对自由主义的描述，然而它也是必不可少的美德。[8]

随着我们长大成熟，我们学会了质疑自己的假设，即质疑我们从家庭或社会阶层继承的世界模型——即使我们最终会选择采用这些模型。我们在雕琢智慧时学会了剥离、解构和重建，而健康智慧社会的标志是，有足够多的人能够看到，社会中看起来很自然而然的法律和制度只是一种发明，可以加以质疑，也可以加以改变。

在这里，我想把重点放在如何树立这种自我怀疑上，这是睿智出现之前的怀疑。[9]确定真相的最为一致的策略之一就是找出距离意识最远的、可靠的定位点，从而避免欺骗和自欺欺人的风险。这些定位点是世界的物理事实和数字事实。上述行动采取了对想像有抵抗力的方式，有助于让知识脚踏实地（尽管我们很快就会了解到，数字并没有最初看起来那么客观，其实它在更大程度上受到了语境和权力的影响）。

因此我们将数学，特别是被自然界证实的数学，视为比其他真理更为纯粹的真理。最妙的是那些抽象的预测，这些预测似乎出人意料，但后来对星星或原子进行的测量证实了这些预测。我们钦佩工程师和建筑师的实际技能，这是因为，无论他们的宣传手册印刷得多么精美，无论他们在演讲时表现得多么能言善辩，最为关键的是他们设计的桥梁或建筑物是否经久耐用。

数字也成为一种防止欺骗的手段，这就是为什么现代世界热爱统计学和数据，也喜欢用更新颖的直接方式来观察世界，而不是用过去那种由表达方式做中介的方式（就像我之前提到的，直接测量地面经济活动的鸽子卫星）。[10]自然科学研究开始认为，从遥远的地方观测到的大数字，比近在手边的事物的知识要重要得多。这些观测数据——宇宙论、物理学、化学的世界——成为科学的代名词。数字帮助归纳，生成了适用于那些假定为相似的物体的普遍法则。

数字也可以用来了解局部性和具体的东西，假如当年科学走上了另一条不同的发展轨迹，就可以认真考虑这种想法。正如布鲁诺·拉图尔（Bruno Latour）所说："真正的科学性是拥有足够的信息，这样就不必依赖于结构性规律的近似计算作为权宜之计，而这种近似计算与各个组成部分的真实数据相当不同。"[11] 这可能是现代科学的另一个可选择方向。但是，它很难回答自我怀疑的问题。因此，剥离了具体情景以找到普遍规律的公式占据了优势地位。

随机对照试验（RTC）获得了很高的声誉，因为它是自我怀疑的强力工具。测试一种药物或一个教育方案，让测试组与对照组同时进行并比较结果。这种测试标准要求相当高，而且这种标准很难被钻空子。随机对照试验有许多问题。对于许多问题来说，它们并不适用，而且在医学上，我们常常会看到随机对照试验产生了错误的结果。它们可能会告诉你什么有效，但不会告诉你什么时候有效，对谁有效，在哪些情况下有效（而且许多随机对照试验误导的原因是它们似乎回答了这些问题，但其实没有）。但是随机对照试验有其特殊地位，因为它们内置了有益的怀疑机制。

我们需要这些怀疑的工具，因为权力和身份会扭曲智慧——它们就像磁场引力，会通过人们生存的愿望、想与他人保持一致的愿望、不想孤单一人的愿望起作用。这些都会让我们在看世界时只看到我们想看到的样子，这会使我们看到的世界充满了被证实的事实而没有令人不快的真相。

这些吸引力会影响万物。众所周知,政府以特定的方式看待事物。它们颠覆了空间的生活经验,取而代之的是一种遥远的视角,或者是需要管理和操纵的人的观点。只需要反思一下这两种方式是多么不同:你是怎么看待你的孩子或朋友的?零售商或政府又是如何使用数据来了解他们的?第一种方式是丰富的、有具体情境的、富有含义的,第二种方式是简单的、标准化的、不真实的。

企业看人的方式也是扁平化的:它解读的消费者、细分受众群和人们,是通过他们购买的东西定义的。每当真实的人看到由社交媒体公司或市场调查构建的个人资料时都会十分震惊;这些个人资料就像奇怪的漫画,有一些可识别的特征,却没有真正定义一个人的东西,如身份和故事。数据尤其扁平化,因为它仅捕捉到了行动和偶尔表明的偏好,但几乎从来没有捕捉到真正的意义和情境。官方数据本质上就削减了模糊的边缘,有可能与民众定义自己的方式相背离,例如,人口普查的种族定义。[12]

怀疑是公共智慧的重要工具,但必须是有限制的怀疑——是为了行动可以暂时放弃的怀疑,是有时候智慧学会将其抛诸脑后的怀疑,这是因为怀疑也会颠覆智慧。下文是 20 世纪 60 年代后期一位烟草行业高管的话,那时表明吸烟会造成肺癌的无可辩驳的证据已经出现近 20 年了。他说:"怀疑就是我们的产品,因为它是与存在于公众心理中的'事实体'竞争的最佳手段。"最近,石油行业也使用了类似的策略让公众在气候变化方面感到困惑并迷失前进的方向,该策略聚焦于在任何科学领域中都会发现的模棱两可的情形和无法解释的细节,让全局真相混乱不清。[13]

对抗集体智慧的敌人

智慧常常很难形成，集体智慧更是如此。它会与错误的信息、误判和误解相冲突。这种情况不可避免，因为思考是冲突、战术和战略的战场。深入见解来自真相的线性发现，也来自辩论与冲突。集体智慧在一大群人分享真实信息时自然而然地出现，这种说法很美好，但它缺失了至少一半的真相。

每个真实的团体都结合了多种身份、多种利益和多种意志，它是竞争、博弈与伪装的容器。在一些例子中这非常明显——以编辑一个关于某政治家的维基百科页面为例，在这样一个平凡的例子中，你能看到试图操纵数据或企业利润数字的努力，以及围绕声望的斗争。

集体智慧的敌人包括故意的歪曲和谎言、噪声、错误的观察资料和信息、网络攻讦、垃圾邮件、蓄意干扰、对未知的恐惧、偏见和偏差，以及以过度突出（overstanding）取代理解（understanding）。[14] 现在新加入的敌人还有来自机器的威胁——如人工智能僵尸网络，它使通信系统陷入停顿状态或被病毒感染。

这些是人类（和机器）互动的日常现象的一部分，但这些情况在数字环境中被放大了。当今的社交网络需要防止网络攻击、病毒和蠕虫才能正常运行，同时还要对抗下列各种情况：网络攻讦——针对个人的仇恨性的交流；推特和博客（Blog）用户重视冲突热点而忽略真相；骗子播下虚构故事的种子，在流言与急切分享的大潮中如鱼得水；罪犯传播"勒索软件"或者黑客发起"拒绝服务"攻击，使服务器淹没在信息或者命令的汪洋之中；而所有这些都受到匿名保护。正如彼得·施泰纳（Peter Steiner）于1993年在《纽约客》（*New Yorker*）中所写的那样，在互联网上，没人知道你是一条狗。因此，匿名的情况下，任何事情都可能发生，而且任何事情都在发生。

在这场军备竞赛中，网络已经建立了自己的核查工具库。这些工具包括声誉手段，如易趣或优步（Uber），能将好的交易者与坏的交易者、安全的出租车用户与糟糕的出租车用户区分开来。验证码工具尝试将真人与机器区分开来。另一些手段则是针对垃圾邮件发送者，鼓励用户对垃圾邮件分类反馈，以便从集体判断中受益。迄今为止，人类输入和机器学习的这种集合在与敌人的军备竞赛中保持了领先地位（而且该集合也依赖于对一些东西加以隐藏，例如，不显示垃圾邮件过滤软件的排名——这将使逆转工程能轻松地找到更好的越过过滤软件障碍的办法）。[15] 但还是存在着一些极限：人工智能仍然很难追上人类辱骂花样翻新的速度。[16]

Ushahidi（一个非营利性危机预警平台）团队开发了使用机器学习的算法来对诸如推特账户等来源进行分类，以过滤掉不太可靠的来源。现在有许多工具可用于分析图片是否被修改，或者将人类输入和机器学习结合，以确定照片中是否有正确的光线或地标建筑，例如，用这些工具来检验可能被新闻使用的叙利亚内战的照片或视频。在越容易被质疑的领域，这些对策越重要。

核查工具还包括标识符，这些标识符会追踪"拒绝服务"攻击后的计算机。还有复杂系统可用于废除匿名，这些复杂系统与暗网日趋强大的力量和强大的加密技术进行着艰难的斗争。维基百科有一系列工具，它们可以阻止对战争和有害内容的编辑；大多数网络使用推荐和声誉系统来防止网络攻讦。许多收集客户反馈意见的网站很容易出现欺诈行为——比如餐馆和酒店在网站上给自己的服务打五星好评——但算法工具可以设法发现这些欺诈行为［例如耶普（Yelp）点评网的算法指标，它发现 16％的餐厅评价是虚假不实的，而且这些评价往往比其他评论更加极端］。总体来说，这些工具适度地起了作用，但其成功在很大程度上取决于社区是否建立了强大的社会规范和文化。

我们对积极的网络效应并不陌生——脸书或瓦次普（WhatsApp）通信应用程序的新用户会带来额外价值，结果就是网络的发展增加了网络本身的价值；手机和科学系统是很好的示例。功能性网络遵循梅特卡夫定律（Metcalfe's Law），推特和照片墙（Instagram，图片分享应用程序）等社交软件的爆炸性增长表明，这些积极的网络效应可以有多强大。然而，一些社交网络以及涉及权力和独特信息的网络并没有遵循相同的模式。如果小得多的网络拥有更强的对真相的认同以及相互支持，那么该网络可能会有更高的价值。当网络规模的增大造成其价值或效能减少时，我们会看到负面的网络效应。

我们知道，有证据表明众包数据、分析能力或者存储记忆有很强的正面网络效应，但也有一些证据表明对于审议和判断来说，网络效应是负面的（还有证据表明大型群体可能会做出风险较高的决策）。这部分原因是大型网络对专注的负面影响——大量的脸书请求或不相关数据妨碍了有价值的活动；还有部分原因是责任的弱化。这些情况可能会导致数字工具的其他众所周知的弊病更加恶化，这些弊病包括数字工具往往会促成二元选择，其分类过度简单，匿名制会鼓励攻击行为等。所以，新规范和新技术或许是必不可少的，如限制匿名。

将人们联系在一起的强大工具不会使人们自动产生更高程度的相互了解和相互理解，这应该不是我们意料之外的事。语言学更出人意料的发现之一是人口密度与语言多样性大致相关——这几乎与人们的预期相反。换句话说，我们使用语言，既可以相互沟通，也可以向外沟通，我们使用网络来做同样的事情。

第三篇
日常生活中的集体智慧

在阐述了我们理解集体智慧所需要的概念和理论之后，接下来的几章将着眼于熟悉的领域，说明我们怎样才能理解这些概念和理论，并给出了更好的思维方式。

几乎在日常生活的每一个方面，某种程度上我们都受到周围系统的智慧的影响。这包括：提供工作和商品的经济；代表、支持和保护我们的民主制度和政府；帮助我们理解的大学；以及每天举行的数以百万计的帮助我们与他人合作的会议。

每一章都是一个草图，给我们指出了一些概念和理论，而我希望这些概念和理论在不久之后就发展成为一个丰富的研究领域，在经验证据的支持下，能评价不同领域在观察、理解、创造和记忆方面的表现，并引导它们做得更好。阿尔弗雷德·比奈（Alfred Binet）发明的智商测试方法作为一种诊断工具，可以帮助人们提高智力。我们在集体智慧方面没有任何类似的工具。但我希望通过理论与实践相结合，可以在不久之后发现更有效的诊断和解决方案。

第11章 强化智慧的会议和环境

> 我找遍了所有城市的所有公园，没有发现任何委员会
> 的雕像。
>
> ——《信任或后果》(*Trust or Consequences*),
>
> G. K. 切斯特顿 (G. K. Chesterton)

我们中的许多人会花费很多时间参加的会议，这也是集体智慧的日常表现——带领团体一起思考。但是这些会议往往让人觉得是浪费时间，而且它们也不能充分利用出席人员的知识和经验。奇怪的是，虽然已经有相关知识揭示了什么因素会让会议更有效，但绝大多数商界、学术界和政界的会议都几乎完全忽略了这些知识。

在本章中，我将着眼于已有的知识以及如何使用这些知识。我会解释为什么会议还没有消失——尽管技术的爆炸或许已经让会议变得多余。而且我会提出建议，说明如何组织会议才能充分利用会场内外的集体智慧，然后再转而讨论如何塑造物理环境以促进个人

思考和共同思考。

会议的问题

大多数会议的形式依然老旧，许多组织仍然依赖通常由 5~20 人组成的董事会或委员会来做出最重要的决定。这仍然是福特（Ford）、政治局（Politburo）、绿色和平（Greenpeace）和谷歌等各种组织中的最高决策机构（有时 12 个董事会或委员会成员被视为理想数量）。在国家层面，我们仍然依赖由数百人组成的议会和大会，而会议形式几百年来几乎没有什么变化。对于较为日常性的事务，有委员会、团队或工作场所会议。对于世界主要宗教来说，有宗教仪式、祈祷和歌曲，而它们的形式往往是僵化的。对于知识和思想领域，有会议和研讨会，这些会议和研讨会可能有几十到几千名参与者，但它们的形式与一个世纪或更久以前的类似集会没有什么不同。

我们在很大程度上依赖于这些古老的面对面的审议形式，而跨时空交流技术的进步对于取代它们却无甚作为。

但是，正是我们的依赖加剧了我们经受的挫败。典型的会议很少试图充分利用会场内的知识和经验，声音最大或权力最大的人发言最多，而软弱或害羞的人的声音则被淹没其中，有很多该说的话并没有说出来。

许多公司尝试开发更开放、更有活力的"会议替代品"。有像宝洁公司（P&G）那样的被屏幕所包围的董事会议室，在会议室里整个全球领导团队每周开会（实际会议和虚拟会议），审查销售、利润率或客户偏好等数据。有像爱沙尼亚政府使用的那种内阁房间，用屏幕代替纸张。一些公司为了精简会议议程而无所不用其极，雅虎（Yahoo!）将会议的默认时间设为 10~15 分钟，一些公司站着举行会议。为了对抗无用言论的洪流，有些公司培养沉默的文化。亚马逊要求在会议开始前准备 6 页的备忘录，然后所有与会者默读备忘录 30 分钟后再进行讨论。一些会议尝试给与会者提供按钮，当与会者想让发言人停下来时，他们可以按下按钮——这是一种极好的赋权想法，但令人遗憾的是，这个想法没怎么得到传播。

另一组创新则试图减少人们聚在一起的需要，网真会议和谷歌环聊软件（Google Hang-outs）、允许上千人参与的在线讨论、更小型的网络研讨会以及像斯莱克（Slack）这样的会议工具允许团队在网络上开会和工作。[1]

还有一系列创新使会议从内部发生改变，让会议的正式部分更像是场外的非正式谈话，而这些谈话往往更令人愉快和难忘。正是这种想法激励了几十年前的"开放空间"方法，以及非正式会议（unconferences）、世界咖啡馆（World Cafés）、翻转学习会议（Flipped Learning Conferences）、合弄制（Holocracy）以及其他适用于民主化大型聚会的工具，这些方法和工具旨在推翻传统聚会的僵硬形式，让任何人都可以提议讨论主题，让参与者可以选择参加哪些对话。还有一些创新呼应了四个世纪前由贵格会（Quakers）首先推行的无特定形式的崇拜和沉默的创新性用法。

这些工具可以成为一种新鲜的替代方案，用来取代无效的、过度程序化的由主旨和小组构成的会议形式。但这些工具也可能特别含糊，令人弄不清重点，并使整体小于部分之和；组织这些工具本身就是艰苦的工作，而且它们不适用于持续解决问题。这些创新的奇特之处在于，它们倾向于迅速固化成公式，而且不会随着经验而发展变化。奇怪的是，它们也恶化了糟糕会议的一些倾向，例如：外向者支配了会议。

混合式会议似乎更加有成效，就像荷兰社会关怀组织博组客（Buurtzorg）举行的会议那样，它结合了扁平结构和相当严格的规则，以确保做出决定。最好的会议模式采用了文化理论的想法，结合了层次结构、平等主义和个人主义的要素；而那些过于纯粹的层次结构或者过于纯粹的平等主义（比如开放空间）的表现要差一些。[2]

为什么这么多会议

英国公务员制度构架中并不热衷于会议，要知道几十年前，许多办公楼都没有会议室。它更喜欢详细的报告，这些报告从一个办公桌送到另一个办公桌。相比之下，最近的一项研究发现，现今的组织平均有 15% 的集体时间是花在会议上的，高级管理人员每周花两天时间与三个或更多的同事开会。

这种传播可以被看作是非生产性时间的可怕蠕变。但是更好的理解是，它符合逻辑地回应了当今决策需求日益增长的复杂性。当权力关系模糊不清，问题复杂，决策所处的环境本身正在迅速变化时，如果我们定期聚会一起调整目标、利益和态度，我们会从中受益。

这最容易通过对话实现，当决策者们看不到彼此的社会暗示时难度会加大。由电子邮件造成的误解比由电话造成的误解更常见，而电话中的误解又比视频通信中的误解更常见。也有强有力的证据表明，我们与其他人面对面的互动比虚拟互动更快乐。

即使是最老套的程序化会议也能帮助参与者衡量彼此的利益、态度和关系，这有助于他们更好地协商，也有助于发展共享智慧和文化。而且这种会议也可以帮助层次结构强化顺从性，排除异常行为。跨越许多组织的活动也是如此，例如，正式的伙伴关系、联盟、供应链、网络和合资企业中的会议也起到类似作用。这些组织也需要会议（以及迅速增长的电子邮件和对话）来协调行动，只有小部分问题可以通过正式合同来处理。虽然会议的成本很高（现在有方法可以准确地计算出成本是多少），[3] 但是不召开会议可能会付出更昂贵的代价。

有大量的研究文献精确地分析了会议怎么起作用或者不起作用，分析了与他人交谈时我们使用的微妙策略，还分析了支持性活动（例如：提供议程、文件、会议记录、演示文稿、预备电子邮件和交流等）起的作用。[4] 会议若想卓有成效，就必须克服我们的各种倾向。第一个倾向是我们对社会和谐的渴望，这意味着在团队中，人们往往不会分享新奇或令人不适的信息。第二个倾向是我们的自我往往与想法和建议紧密相联，因此我们更难以发现它们的缺点。第三个倾向是我们倾向于服从权威。而最后一个倾向则相反，指的是尽管我们会判断要尊重谁的见解，也认识到在任何一个群体中，各种贡献的价值会有很大的差异，但我们经常默认平等，同等地重视所有人，这是个令人钦佩的民主倾向，不幸的是它可能意味着质量差的贡献"挤掉"了质量好的贡献。[5] 所有这些倾向如果不加控制，都会导致更糟糕的决策出现和集体智慧退化。

那么什么东西能让会议变得更好？对于有锤子的人来说，每个问题看起来都像一颗钉子，本着同样的精神，大多数组织都习惯于使用一模一样的会议格式，无论他们试图达成什么目标。但通常还有其他很多值得考虑的选择，在这里，我总结了一些关键因素，它们可以帮助团队更像集体智慧，而不是一个无聊的委员会或会议。

可见的结局和手段

第一步是确保所有会议参与者都充分理解会议的目的、结构和内容。会议的目的是分享信息，创造新事物，祈祷还是做出决定？会议会需要不同的形式，这取决于主要目的是什么。

如果与会者能够方便地预先取得会议议程，就能确保宝贵的时间不会被浪费掉，每个人进入会议室的那一刻即可跟上议程（议程设置既可以由最资深的人士来完成，也可以以更开放的方式进行）。人们分享背景文件和材料，这有助于大家对会议目的有共同的理解，而许多数字工具可以让大家看见这些资料。[6] 但这并不意味着所有的会议都是一种手段。有些会议应该是开放式和探索性的，重要的是大家都应该清楚这一点。

主动提供便利和安排协调

即使是积极性最高的团体也很难良好地对自身进行自组织。这就是若想取得良好结果，主持人或协调人角色非常重要的原因。这个角色不一定要由会议室内最有权力的人担任，鉴于它是一种临时性的权威，只要确保会议达到目标并遵守时间，它完全可以由资历较浅的人员担任。

为了做好自己的工作，主持人或协调人需要让会议聚焦在目标上。他们也可以对抗锚定风险（指第一个发言人设定了议程和框架），帮助团队更好地思考。他们还可以努力避免不平等贡献的风险（指地位的重要性高于知识和经验）。还有其他一些方法，比如，留出沉默时间，让团体反思和消化，这可以提高讨论的质量。能达到同样效果的还有：鼓励与会者在会议前写下他们最重要的想法，让资历最浅的人先发言（就像过去在美国最高法院一样），或结合不同规模的谈话（从全体会议到较小团体，再到组对讨论；以及反向进行）。

明确的观点

良好的会议鼓励大家明确阐述论点，也鼓励大家质疑论点，在理想情况下，还会给人们分配角色来质疑论点。这些角色可以正式化，也可以不那么正式。关键是要避免轻率处理分歧中令人不适的一面。

心理学家已经证明，人们有强烈的确认偏见。这意味着，当我们推理思考时，我们会尽量找到支持我们自己想法的论据。在个人层面上，这可能会导致我们做出错误的决定。但从集体角度来看，它可以非常有效，因为它鼓励人们把论证发展得尽善尽美。确认偏见相互抵消，然后推动群体找到更好的解决方案。[7]

于是，使论证结构化成为重要的设计挑战。为了让论证结构化，议会采取的方法是正式辩论，法庭采取的方法是提供证据和询问证人。有趣的是，一些对冲基金会奖励分歧，奖励那些曾经不同意交易的人，而事实证明这些基金取得了成功［正如全世界最大的对冲基金桥水基金（Bridgewater）的创始人瑞·达利欧（Ray Dalio）的总结所言，鼓励人们进行论辩和批评有很大价值］。[8]

为了使论辩起到作用，会议受益于结构化的顺序——例如，讨论的重点首先着眼于事实与诊断，然后再转向解决方案和选项（这往往涉及更多的利益和自我，也更加紧密地与利益和自我联系在一起）。总的来说，有意识的、审慎的过程通常会提高讨论的质量。

多平台和多媒体

最好的会议同时使用了多个工具，它把谈话和可视化、闲谈以及所有人参加的全体会议结合在一起。许多研究都表明，当被多种类型的交流支持时，人们能够更好地学习和思考。以不同形式呈现的信息有助于学习和理解，5 页纸的书面报告、讲演、图像选辑与口头讨论相结合，这些方式会产生不同的效果，但合并起来可以加深对问题的理解。这也就是为什么有些简单规则能够起到作用，比如说：要让人了解数字，需要故事的帮助；要说清故事，需要数字的帮助；讲述事实一定要有模型，而解释模型一定要用事实支持。

数字工具有助于在会议中让复杂的想法形象化，这会使决策更容易达成，例如，允许多人实时直观地整理想法，共同协作创建相互联系的想法网络，或者以更易懂的方式呈现复杂的数据。[9]还有一些很有前景的工具，它们向与会者展示了观点和论点是如何发展的，以及团体思想是如何思考和感受的。

控制外向、固执和强大的人

社会心理学家利用调查和观察技术来衡量集体智慧，结果显示集体智慧仅与集体成员个人的平均智力和最高智力有一定的相关关系。例如，最近的一项心理学研究发现，三个因素与团体的集体智慧显著相关：团体成员的平均社交洞察力（使用了为测量自闭症而设计的测试，该测试涉及从人眼照片来判断照片上的人的感受）；相对平等地轮流对话；以及女性在团体中的比例（这种情况部分反映了团体有更强的社交洞察力）。[10]

会议通常是由外向者主宰的。因此，许多与会者可能对发言感觉很不自在。如果会议形式让每个人都容易发言，限制那些发言最多的人，并让大家有时间在发言之前思考，这种形式可能会带来更好的成效。

强化注意力的物理环境

如果环境条件让与会者更容易关注会议本身和其他参与者，这会让会议受益。这种条件包括充足的自然光线、安静的环境和足够的空间，让人们有机会四处走动（而且不会在会议有任何延长的情况下，让人们呆坐一两个小时）。[11]

物理形状也影响会议的质量。例如，正方形或圆形的会议空间允许所有人与他人有眼神接触，因此鼓励了参与度的提高。传统的会议桌是很糟糕的设计，而传统的剧院式会议厅也一样。

最后，有些组织在会议期间禁止与会者使用笔记本电脑或智能手机，这部分是为了确保他们能全神贯注。举例来说，美国内阁会议要求与会者把手机放在门口。

有意识的分工

最好的会议利用了明确的分工，这种分工有不同的角色，包括提供便利、记录、综合和催化、干扰者和专业怀疑论者。会议结束时，这些任务会被明确地分配给与会者。

对于会议本身，在与会者之间分配角色的方法包括爱德华·德·博诺（Edward de Bono）的"六顶思考帽"，这种方法用不同颜色的帽子作代表，为思考开辟了不同的视角。[12]白色表示处理事实与已知情况；黑色提供谨慎和批判性思考；红色强调感觉，包括直觉和预感；蓝色管理过程，确保团体正解地遵循了程序；绿色促进创造力，推动新想法和选择；黄色鼓励乐观，并寻找价值、利益和优势。该理念认为，这些视角的相互作用会带来更好的成效，特别是当与会者尝试不同的角色，而不是仅仅定在一个角色上时。

大卫·坎特（David Kantor）的"四选手模式"也有类似的做法。[13]这种模式将团队分为四个角色：动议者，提出想法和提供方向；追随者，完善已发言的内容，帮助他人澄清想法，支持正在进行的事情；反对者，挑战发言的内容，质疑其有效性；旁观者，注意正在发生的事情，并提供与当前事物有关的视角，以及人们在谈话中可以采取的一系列行动。在一个健康的会议中，人们会在这些角色之中转换。

设想其他变体很容易，重要的是让差异化的角色形式化（当我们试图做出决定时，我们中的许多人会把各种角色的声音当作内心的声音）。更好的情况是，在会议结束时将任务分配给指定人员，以便能够追踪这些任务。当人们知道会这样进行时，他们就更有可能会集中注意力。

会议数学

对会议而言并不存在完美的数学公式但是经验表明有接近规律的东西——任务的复杂性、与会者的数量、可用的知识和经验、时间、语言共享程度或理解程度之间有相关关系。对于旨在得出结论或做出决定的会议尤其如此。

会议失败最常见的原因是它们不符合会议数学的要求：人员太多或者时间太少；相关的知识和经验太少；过于无序扩展的话题或共

同的基础不足。

如果简单的任务中参与者少，而且有参与者完全理解的通用语言和参考资料，那么任务可能很快就会得到结果。然而，如果任务复杂，参与者多，也没有什么共同框架或参考资料，那么可能需要无限时间才能完成任务，即使所需时间并非无限，也可能会给人这种感觉。[14]

在形成理解问题的框架或制定选择方案时，利用多人智慧会带来巨大优势，而多样性也会带来这样的优势。但是若要将多样性转化为明智的决定，我们通常还需要共同基础或共同文化的附加元素。所以，强大组织试图引入多元化的员工队伍，挖掘其合作伙伴和客户的智慧，然后通过团队形成决策（该团队一般有强大的共识和通用语言，还有深入的相关知识）。人群本身并不聪明。

使会议适当地符合会议数学的要求，这不仅是面对面会议的关键，也是网络会议的关键。原则上，在线会议可以收集更多的智慧——知识、观点、观察和选项。最成功的网络集体智慧项目往往任务相当精确，有足够长的时间完成任务，而且性质更接近收集和集合，很少涉及判断。因此，虽然持续合作项目非常依赖共同框架与细微线索，网络集体智慧项目却并非如此。

好的会议是累积性的

会议很少孤立发生。设计大型建筑或汽车需要大约 200 万小时的工作，其中包括数百次会议。有些复杂的工具可用来协调大型工作团队的努力，也有简单的诸如反馈表格和定期回顾的策略，这些策略将会议与先前同样主题的会议联系起来（通过像会议记录这样的传统方式，或者像数据仪表板和经验教训练习这样较为现代的方式）。我们可以分析社交媒体模式，显示人们在会议后如何互动。我们也可以使用社交网络分析工具，揭示组织内部及组织之间互助的基本模式（例如，调查人们依靠谁来获取信息或完成工作）。[15]

证据表明，在工作场所内部，人们的关系与态度的品质（可由会议前的闲谈质量加以衡量）比起良好的程序本身更能影响会议成效。[16] 与会者对会议效果的看法与"工作态度和福利有着强有力的直接关系"。[17] 如果与会者快乐地参加会议，他们会始终保持高效率，而会议之后他们会更快乐，更高效。适度的工具可以影响这一点。[18] 而简单的策略，例如，鼓励大家同时喝杯咖啡或午餐休息也可以产生同样的效果。[19]

避免事项

无论发生多少新闻，报纸和新闻节目都会安排得满满当当。会议通常也是如此。定期组织委员会、董事会和小组会议，然后觉得有必要占用全部可用时间。这是许多组织产生挫败感和厌倦感的源头之一，因为这意味着许多会议让人感觉毫无意义。可供替代的选项是留出会议时间，但是常常在没有必要开会时取消会议，或极端地缩短会议时间，使其与需要讨论的问题数量和紧迫性保持一致，并且同与会者商议是否需要组织会议，如果需要，会议应该持续多长时间。

通常人们会对取消会议感觉不适，因为害怕这意味着该做的工作没做。同样，大型官僚机构里的人们对不参加会议也感觉不适，因为他们担心自己可能会错过重要的决定，或者未被视为团队一员。与之相反的是一种好方法——把取消或缩短会议视为有效的日常沟通的标志。

让会议卓有成效的因素映射了前面设定的框架。对于一个有着最高集体智慧的会议，组织集体智慧的以下五种方法都需要发挥作用。自主性：会议可以在高度结构化的层次结构内进行，但是如果允许某种自主性，允许在关闭选择和做出决策前的自由探索与开放，才能取得最佳效果。平衡：会议需要根据任务恰当地混合各种类型的智慧；它的主要目标可能是收集观察资料、创造、记忆（例如，综合经验教训）或者判断，如果能清楚界定会议目标以及达成目标的方法，会议会受益良多。焦点：会议的目标明确，这会让大家更易确定哪些影响与之相关，哪些影响无关，并避免偏离正轨。反思性：评估会议是否偏离正轨，是否需要新的思考方法。整合行动：主持人或协调人在整合贡献方面发挥作用，然后把复杂而流动的谈话转变为能指导行动的简洁优美的决定。[20]

虽然还远远称不上一门科学，但我们对让会议起作用的因素已经有了相当的了解。然而奇怪的是，绝大多数的会议都忽略了这些知识，浪费了数十亿小时的宝贵时间。

有些数字技术能帮助我们设计和管理会议，这些技术也许会鼓励人们更渴望利用上述知识。就目前而言，这些数字技术只提供了适度的强化会议的方式：让组织会议变得更容易，把迥然不同的团体聚集起来，最近更是展示了小组的对话如何发展变化。然而，在不久的将来，我们可以更多地使用计算机作为会议协调人，让计算机来控制时间，确保所有的人都有机会发言、提出或运用打破僵局的策略，计算机还可以通过扫描面部来监控情绪，帮助人们避免无谓的冲突。[21] 数字技术也可以很好地指导人们如何处理困难的会议，尽管也许最终我们会选择由非人类机器而不是自利的领导者来履行处理会议的职责。[22]

为智慧服务的环境

会议的形式可以强化或弱化与会者的智慧，但是地址和建筑物也有这样的影响吗？它们怎样才能让人们在集体智慧方面更聪明？几十年来，吉姆·弗林（Jim Flynn）在其作品中向我们展示了世界各地的智慧正在慢慢增长。他的作品曾经引起争议，但现在已被广为接受，尽管增长的步伐似乎已经停滞。它马上带来了问题：为什么会这样？答案是模糊的，但很显然，某些类型的环境往往会强化智慧。弗林的作品表明若人们沉浸在充满抽象、隐喻和模拟的文化中时，人们会变得更加聪明，也更能够在概念上推理思考。激发性强、要求高、让人忙于思考或工作的环境往往会强化智慧，而充满恐惧、不给出回应的环境往往会弱化智慧。[23]

有意识地塑造一个强化智慧的环境，这种想法并非遥不可及。为了实践这个想法，我们可以着眼于为帮助思考而设计的环境。智慧会产生在任何环境中，但它是靠一些事物辅助产生的，例如，小屋或书房的安静氛围，研讨室的集中环境，方形小院的光照以及实验室中近在手边的工具。为什么某些模式在用于思考的地方看起来相当普遍？对此问题已有大量的研究。例如，为什么图书馆或者大学常常选择高高的天花板以及宽敞的物理空间？或许是因为这些模式可以鼓励开阔的思考。散步似乎也有一定作用，这是方形小院在大学里如此流行的原因，也是城市鼓励发展公园、广场和花园（它们结合了温和的启发、多样性和走动的理由）的原因。

最好的环境融合了开放的空间与安静私密的角落，开放的空间鼓励偶然的互动，而安静私密的角落适用于深度谈话或冥想。全开放式办公室的风格并不符合我们的认知，它可能成为思考的阻碍，就像传统的有着过度隔离的房间的建筑也不利于思考一样（在传统建筑中，很难在走廊或门口进行交流）。

在走向极端的情况下，智慧可以直接被植入在环境中。马克·维泽（Mark Weiser）是无处不在的计算机运用的奠基者，他认为，"最意义深远的技术是那些我们看不到的技术。这些技术逐渐交织到日常生活的方方面面中，直到它们与日常生活无法区分。"[24] 我们已经有了能够识别居住者的新一代建筑，这些建筑还能够显示谁正在搬到何处，显示哪些人有互动或者揭示正在发生哪种模式的外部沟通。这是物联网的城市，无摩擦，不断产生关于每一项活动的数据，并有可能将这些信息反馈回去，以帮助人们对自己的想法和行动加以思考。虚拟和增强的现实已经有可能加速学习，并强化大脑的可塑性——例如，让你直接复制和改善网球大师的击球动作。令人好奇的是，如果这些技术完全融合在现实物理环境中，会发生些什么？例如，为了刺激而设计的公园。若是将虚拟世界和现实世界混合起来，将会发生什么？

上述种种可能会因为即使有计算辅助也很困难，才能发挥最好的作用。存在会让动作变得毫不费力和让事情过于简单的风险，结果反而让人变笨了。其效应与儿童游乐区的效应类似——在儿童游乐区内，为了减少伤害风险，会逐渐重新设计，用橡胶代替石头与沥青碎石来铺地，同时避免设备有任何尖角或锯齿形状。但结果却是孩子更难适应他们必须生活于其中的世界，更难灵活应对成长过程中不可避免的磨炼和挑战。所以设计标准再次改变，变回了使用石头和不平坦的表面，但会谨慎校准风险。

对于成年人来说，也有类似的发展变化。20世纪的城市规划者的目标是使城市无摩擦，提升交通或行人在运动中的舒适感，减少城市带来的心理混乱，尽可能让人穿过城市时无须动脑。但是相反的风格也正在萌芽，它包括特意重新引入摩擦和刺激，增加提示（不仅仅是大量广告的心理杂乱），并允许有空间适于沉默和宁静，免受传播污染的影响，也允许有时通过说话的墙壁和引人注目的影像引入新奇感或挑战。

在建筑物设计领域内，我们对物理设计塑造思想，或至少影响思想的方式已经了解甚多。20世纪70年代，托马斯·艾伦（Thomas Allen）在麻省理工学院发现了后来被称为艾伦曲线的东西：距离（两个工程师的位置相距多远）与人们相互交流的频繁程度两者之间的指数关系。坐在6英尺（约1.8米）远的人与你交谈的频繁程度，是坐在65英尺（约19.81米）远的人与你交谈的频繁程度的四倍。在不同楼层工作的人很有可能永远都不会交流，而在不同建筑工作的人很有可能永远都不会见面。当然，可以用许多方法来克服这些边界，比如联合训练、社交活动或者刻意配对。然而最主要的是，距离上的接近会影响互动的数量和质量，并使人们更有可能进行各种非正式互动，而非正式互动会产生更多的随机创意。[25]

还有一个相当另类的观点来自对颜色的研究，例如，如果人们在上午 11 时之前暴露在 480 纳米（一种鲜艳的蓝色）的光线下，那么他们能更加专注。我们知道，圆形的建筑很容易让人失去方向感（人们真的会迷路），如果空间有很多可写的表面，有大量的屏幕，它能变得更有用处。但就目前而言，虽然有很多迹象让人想一探究竟，但几乎没有证据能证明环境可以强化思考，尽管对玩耍和游戏的研究提供了一些线索。我们已经揭示了人们的偏好——例如，在家里我们会偏好白色的门，而在外面我们会偏好暗色或黑色的门（而不是相反）；我们白天活动时偏好自然光线；我们会喜欢成为人们视线的焦点，我们也会喜欢不让别人注意到我们。然而，与之有关的确凿的证据还是非常少。

随着对强化思维环境的理解的发展，我们或许能够预计，与智能城市相关的话语会发生改变。它近年来几乎专注于硬件（例如，追踪汽车、能源或水的流动的传感器），但是如果焦点转移，问题变为：城市怎样才能让其公民变得更聪明？如果城市抑制了智慧潜在的某些敌人，例如扰乱思考的不必要交流，例如枯燥无味的空间，例如恐惧，那么会怎么样呢？如果城市更努力地强化刺激，让在城市中的人们的体验更加舒展和生机勃勃的生活，又会是什么样子呢？这是集体智慧发展的另一条途径。

第 12 章　解决问题

城市和政府该如何思考

也许在 20 世纪，世界上最成功的集体智慧成果就是消灭天花，这是一个罕见的例子，它的解决方案与它所要解决的问题一样复杂。

天花曾造成数百万人死亡，消灭天花的项目精妙而全面。它综合了观察、高度分散的解释、新疫苗的创新设计，以及不断的反馈和迭代，它还包括进行大型协作，形成共同记忆。

大部分功劳应归功于负责设计和运行该计划的官员唐纳德·亨德森（Donald Henderson）。但是，部分功劳也应该归功于一个被遗忘的人，即曾担任苏联卫生部副部长的维克托·日丹诺夫（Viktor Zhdanov）。1958 年，在苏联抵制世界卫生组织 9 年之后，日丹诺夫出席了在明尼阿波利斯举行的第十一届世界卫生大会。日丹诺夫提出了一个长期的、详细的、有远见的建议，即在 10 年内根除天花的提案，这是第一次提出彻底根除某种疾病的提案。这是一个没有先例的项目，但却充满了激情和乐观。日丹诺夫表示，这个问题可以得到解决，部分原因是该疾病是由人类而不是蚊子所传播。他还演示了苏联在该问题上的良好进展，并引用了托马斯·杰斐逊（Thomas Jefferson）写给天花疫苗发明人爱德华·詹纳（Edward Jenner）的信："之前的医学从来没有产生过任何像这样有效的技术改进。"在苏联向贫穷国家提供 2,500 万疫苗剂量，并提供后勤支持的情况下，世界卫生组织改变了立场，赞同根除这种疾病。

这是一个由上到下的根本性变革的例子，权力拥有者指出问题，提出解决该问题的计划，并提供实施该计划所需的资源。然而，它的执行情况取决于我在本书中描述过的全面的集体智慧——一个强大的中心，还有一个高度分散的系统来收集情报，并根据经验调整战略。

人类集体智慧的某些其他重要变化在开始时同样也是从上到下或从下向上的，例如，人权和残疾人权利的进步，或者学会把世界视为一个生态系统。这些都是基本的系统思考的例子，涉及指出问题和解决问题。在天花这个例子中，世界卫生组织必须考虑多方面因素，例如医疗、经济、社会和政治。它还必须创立简易的但立即可用的体系，用于收集数据、解释、分析、创新并快速从实际行动中学习。

本书的前提是，世界可以有更多这样的变革行为，回顾时这种行为看起来像真正的全球智慧的结果：意识到需求，了解必须要完成的任务，有能力动员金钱和智慧，有能力联系思想和行动。

在本章中，我将更详细地探讨像天花这样的复杂问题是如何得到解决的，尤其是在城镇这个级别的规模上，但是在整个世界层面上复杂问题得到解决的情况也越来越多。

城市如何才能更好地思考

许多城市已经发明了新的方式来思考自己的状况和前景，包括第三循环学习。在 19 世纪，研究统计学的先驱发现了新的绘制方法，我们可以用这些方法绘制诸如霍乱等疾病，也可以用它们绘制逐家逐户的贫困状况，这些方法改变了城市看待自己的方式。后来，规划专业改变了城市的宏观形态［从 5 万英尺（约 15.24 千米）长的主干道和缎带郊区的角度来看城市］，还用公园和街道设施改变了城市的微观建筑。城市也学会了如何作为更大群体的一员与其他成员一起。例如,20 世纪 80 年代成立的多方合作伙伴关系——毕尔巴鄂大都市 –30（Bilbao Metropoli-30），它以巴斯克地区的共同身份为基础，协助城市焕然一新。还有很多其他的这种大规模合作的例子，它们常常延续多年［也有很多城市情况糟糕的例子——例如虚荣、懒惰和腐败，俄罗斯的索契奥运会（Sochi Olympics）是一个典型的浪费的例子，当时俄罗斯花了 500 多亿美元建设了一系列不能充分利用的特殊资产，与之形成鲜明反差的是，这些项目周围的居民却陷于贫困］。

我走访过许多城市的政府，这些经历让我确定，它们的思考和决策工具远远落后于运输管理或基础设施等此类工具。太多事项依赖于市长是理解和解决问题的天才，更为理想的是城市应该能调动各种各样的智慧来帮助解决问题，制定政策和采取行动。

几年前，我帮助一个城市进行了一次尝试。它成功了——因为它产生了动力，形成了实用方式，可以组织形成更智能的城市；同时，它也失败了——因为市长换人和出现了严峻的公共开支危机，这导致它在开始运行时被叫停。

"伦敦协作"（London Collaborative）项目把政府分成三层：控制城市大部分公共开支的国家政府、市长和大伦敦议会，以及负责诸如教育和照顾老人等许多服务的 32 个行政区。伦敦协作会议的资金来源是上述三层政府，但其运作却由一组与正式权力保持适当距离的非政府组织进行。[1]这样做是为了鼓励整个城市更有效地共同解决问题。它还旨在创造一种社区意识，把上千名领导层的公共官员和政治家、公民社团和商界领袖聚集在一起，一起面对重大挑战和新兴思想。它成立了跨层次的工作小组，把重点放在解决问题和创新，特别是失业家庭、改造老房子以减少碳排放以及行为改变等方面。年轻的行政人员担当这些工作组的职员，并为首席执行官团队提出了一些建议。面向未来的审视有助于创建围绕以下问题的常识：什么必需？什么可能？一个简易的网站可以使部门间更容易交流并共享信息和想法。

计划中的其他元素还包括开放数据存储以及形成主要公共机构的维基数据，借此共享信息和知识，例如城市各部分的经济状况、帮派和交通信息［情报百科（Intellipedia）就是一个这样的模型——它是个很棒的模型，但不幸的是，它的测试是在美国情报机构中进行的，大概是我们能想象得到的最不合适的领域］。一个更为系统化的信息交流中心服务于主要大学的学术委员会，它包括定期会议，这些会议在诸如公共卫生或帮派暴力等领域上将决策者和研究人员联系起来。此外，还打算形成稳定持续的跨领域问题战略开发程序，最理想的情况是在不同的层级和机构都有着相互透明的计划和共同目标。

尽管许多主要的行政长官都给予了支持，但"伦敦协作"项目还是挑战了一些现有机构的权力，不久后，新当选的市长否决了这个项目。[2]

当时，我请教了世界上许多参与城市治理的人，问他们在面对帮助城市思考和充分利用城市智慧的挑战时，是否有合适的解决方案。许多城市有研究机构，并与大学团体有密切的关系，它们也开始实施复杂的开放数据政策。但是我找不到任何类似于集体智慧系统的东西，而且大多数城市都备受政府层级之间紧张关系的困扰。

协作如何起作用

如果再次开始，我们怎样才可能设计出一种机制或一个集合来帮助城市思考？一个可行的出发点应该是应用早期的框架，评估一个城市观察周围世界的能力。

里约热内卢拥有一个著名的控制室，它是一个现代化的圆形监视室，城市的工作人员可以从中观察道路状况，监测山坡上可能发生泥石流的风险，或者获取公众的推特评论。而控制室中的传感器可以收集与空气质量或噪声有关的实时信息。同时还可以收集统计资料（通常有所滞后，但越来越接近实时）和大量数据，它们既有商业信息，也有公共数据。新方案（例如，联合国全球脉动团队对推特的语义分析）显示，根据人们在相互交流中使用的关键词，我们有望能预测失业水平或消费者支出的减少。[3]

另一些城市已经显示了如何可以有效地组织其他智慧元素。现在已经有数十个城市设有实验室，可以更加系统地组织创造力［例如，纽约市市长迈克尔·布隆伯格（Michael Bloomberg）设置的各种团队，以及首尔市市长朴元淳（Park Won-soon）领导的首尔创新局］。许多城市现在都有数据分析办公室，或者与像位智（Waze）这样的将运输和其他数据整合成有用形式的私人公司进行合作。

然后，我们可以看看适用于其他智慧元素的工具。如何组织记忆储存才能避免重蹈覆辙？注意力是怎么集中在重要事务，而不是紧急事务上的？如何解释新的模式，如何让学习快速跟上行动？我希望不久后，好好处理以上事项能成为集体智慧专家技能的一部分。[4]

问题，问题，问题

对城市来说，最大的考验就是解决问题的能力，或者至少能更有效地应对管理各种情形。

有些人喜欢相信万事皆无可能，但许多显然不易解决的公共问题已经得以解决，如天花、大气中的氟氯化碳、酸雨、某些地方的公共卫生问题、流浪人口问题和高犯罪率等问题。一些社会已经解决了激烈的冲突，还有一些社会则从停滞不前的贫困转向了动态的增长。

不负责任的宿命论声称一切努力都是白费，但事实是 20 世纪全球预期寿命增加了 40 年，贫穷率急剧下降到不足世界人口的 10%，而暴力和战争造成的死亡比例则降到有史以来最低，宿命论与现实格格不入。

然而，还是有许多社会难以应对、难以解决的问题，这些问题包括气候变化和肥胖，还有不平等和种族主义。世界解决问题的能力的提升，有时并不总是显而易见的。

把解决问题当作一项活动

那么，个人或组织如何能善于解决问题呢？在各个领域都有大量广泛的关于解决问题的研究文献，告诉我们如何洞察关键并避免错误。文献指出了第一循环学习（应用现有的分析方法和设计方法）和第二循环学习（生成观察事物的新方法）的重要性，它展示了各种思维方式在解决困难问题时是如何共同作用的，这些思维方式既有逻辑性和分析性的，也有语言性和视觉性的。它也展示了这些方式如何帮助人们发现意外、巧合和矛盾，然后通过分析它们，找到解决问题的新路径。有时我们会用到类比、故事或图像，有时，在我们用到类比、故事或图像，或者利用无意识过程时（复杂的问题常常在我们没有思考这些问题时得到了解决，例如熟睡时），我们的思考最有成效。用逻辑正面攻击问题未必总是最明智的方法。

但是每个创造性的飞跃都必然伴随着怀疑。大部分有关解决问题的文献都鼓励人们和团体在寻求证实数据之外，也要寻求不正确的数据。这些文献也鼓励人们和团体严格查证需要取得什么样的信息或知识才能做出正确的决定。如果我们可能的解决方案会涉及他人，那么我们还需要考虑他人如何回应我们的行动——换句话说，要动态地和战略地思考问题。[5] 要成为优秀的问题解决者，我们需要熟练掌握所有这些方法，知道如何扩展、移植、融合和转化。[6] 我们还需要知道如何发现那些泄露奥秘的线索，或如何想出新颖的点子。[7] 对于寻求更好地解决问题的城市来说，需要汇集所有这些能力，形成一个经过深思熟虑的、既有宽度又有深度的框架。

最适合创造性解决问题的人很可能与典型的官僚有很大的不同。一项关于复杂突破性进展的研究负责人在研究报告中指出，"认知复杂性高的个人往往容忍更多的不确定性，不仅在面对新发现，甚至在面对矛盾的发现时也更能从容自若。而且，这些人有更强的以灰色而不是简单地以黑白二色观察世界的能力……这些人报告说他们在学习新事物和进入新领域时，就像在玩耍一样…… 他们的思考往往更直观，并且有高度的自发性"。[8]

我曾参与过一个很好的实例，它把适合解决问题的人和方法汇集起来，目标是大幅减少 20 世纪 90 年代后期英国城市中露宿街头的人数，这已成为贫穷和不平等的显著象征。它带动了一个由收容所和流动厨房组成的小产业的出现（十几岁后我曾在这样的收容所和流动厨房里做过志愿者）。许多人认为无家可归、露宿街头是不幸，但也是不可避免的生活事实。

为了解决这个问题，我们在中央政府创建了一个多元化的团队，分析了问题的各个方面，开发了新的测量方法（通过定期统计露宿街头的人数），探索多种选择，并把选择范围缩小到一些看起来最有希望的项目。这些项目旨在截住来自监狱、破裂家庭和军队的街头流浪人员源头，并落实案例管理，这些管理不仅能处理流浪人员缺乏住处的问题，也能处理他们的心理健康、毒品和酗酒问题，正是这些问题让他们流落街头。我们建立了一个新团队，根据经验快速行动和迭代，监督了上述所有情况。

我们提出了 3 年内减少三分之二流落街头的人口数量的目标（该目标由总理宣布），实际上，这个目标提前一年实现了，而且露宿街头的人口数量持续下降了很多年，直到 2010 年政策才发生变化（然后数量又开始上升了）。

围绕问题研究挖掘

弄清楚问题的本质是理解问题和有效行动的先决条件。在这个案例中，问题看起来似乎是缺乏住房，但实际上它是一个更多方面组成的综合问题——涉及心理疾病、成瘾和与他人的脆弱关系。

组织往往太急于制定解决方案，而不是花时间来定义问题的本质，也不知道如何设定讨论的颗粒度。因此，解决任何问题的第一步就是围绕问题研究挖掘，然后深入找到问题真正的原因。

自主性使得这种情况更容易发生——不同的思维方式可以自由发挥，为诊断和解决方案创造一种公共资源，不管这种公共资源是限于一个小团体内部，还是由整个系统共享。智慧的不同要素之间的平衡很重要，这指的是集体要充分利用各种观察、记忆和创造力，并在专业性和开放性之间取得平衡。正如组织理论家詹姆斯·马奇（James March）所说的那样，"知识的发展可能取决于让天真和无知的人持续大量涌入"。[9]例如，在露宿街头的例子中，最直接参与的组织对这个问题的看法是相当扭曲的，我们需要引入其他有着更新鲜观点的组织。

对于任何问题，确定事实是有益的：数据显示了什么情况，可以推导出什么样的相关和因果关系。但数据也可能会有误导性，它们与问题的相关性可能有限（存在着这样的诱惑：过多利用恰好存在的数据，管理测量到的数据而不是重要的数据）。如果没有好的假设、模型或者先前情况用于讨论，这些数据可能用处不大。例如，一个城市的青年失业问题是由什么导致的？是国家层面的宏观经济状况、结构性条件、暂时的冲击（如一个重要雇主企业的关闭）、技能差距，还是劳动力市场上的匹配缺陷？错误的诊断将导致解决方案不起作用，这就是为什么好的政策设计的基本原则是以恰当的粒度水平从明确的问题开始。[10]

对于政府或城市来说，同样重要的是弄清问题是否在一定程度上和以下情形有关：总体战略存在缺陷；误解政策；执行管理不善或物流方面管理不善；金钱太少（或太多）；权力不够（不足以指挥或支配）；人们缺乏技能或动力；组织缺乏正确技能和文化；存在竞争者试图危害成功；相反的竞争性诱惑（如腐败）；等等。至少要分解问题并分析涉及了上文所示情形的哪一个集合，才能使解决问题变得更加容易。

匈牙利数学家乔治·波利亚（George Polya）提出了一个处理显

然难以解决的问题的规则："如果你解决不了一个问题，那么会有一个你能够解决的容易一点的问题：找到它。"[11] 在露宿街头的例子中，我们发现至少有十几个较小的问题，这些问题的表现形式都是人们露宿街头。亚马逊的土耳其机器人是另一个工具，它可以将复杂问题分解成数以千计的微小问题，这些微小问题可以一个一个地处理。

或者，我们可以在较高的层次上重新考虑这些问题，把某一小问题识别为一个较大问题的某一症状。正如卡尔·萨根（Carl Sagan）曾经写下的那样："如果你想从零开始做一个苹果派，你必须首先发明宇宙。"这是对万物相互联系性的极端评论。[12]

这个重复问题的阶段也可以让我们弄清楚问题的难度，而问题的难度往往取决于它的维度。如果问题涉及许多组织，跨越了许多领域，没有共享的认知框架，它就会较难解决。有些问题必然会需要大量的金钱或时间才能解决。一些问题会较易解决，这取决于可靠的相关知识体系的存在。当然，如果你有解决问题的权力，这也是很重要的。

围绕问题研究的阶段可以利用分析工具，例如，模拟、模型和场景，还有心理分析、经济学和市场、政治科学。[13] 但是这个阶段的主要目的是以有用的方式重新描述问题，而围绕问题研究挖掘阶段完成的标志是：问题及其维度与适当规模得到了清晰的界定。

扩展

如果一个团体或组织明确了要解决的具体问题，那么就可以将注意力转向解决问题的工具。无须太多的组织精力，即可解决较小和较容易的问题（使用上述标准）——也许解决方法就是让处于一线的工作人员、管理人员或民众有足够的空间来处理问题。或者可能有现成的解决方案可以被轻松借鉴、购买或复制。

人们会发现一些点子，能发现它们的原因不是确凿的证据，而是良好的沟通或方法，所以我们总是得质疑我们的以下倾向：判断某事物一定是好的，因为它很普遍。但是概括说来，对于任何问题，都会有可以很容易进行调整的潜在解决方案，也会有一些没有明确界定的解决方案用于没有明确界定的问题，这些方案会混杂在一起。

例如，在应对露宿街头的例子中，我们能够借鉴许多相邻领域的想法，例如汇总预算、案例管理、预防性干预和城市伙伴关系。

如果问题得到了充分的解释，但没有合适的解决方案可从别处采纳或借鉴，那么解决这个问题的唯一方法就是想出新的解决方案。有很多方法可以进行创造性的思考，策略和提示的各种排列也可以帮助团队生成新地选择。正如莱纳斯·鲍林（Linus Pauling）所说的那样，获得好点子的最好办法就是拥有很多点子，并把不好的点子丢掉。

最好的点子可能以出乎意料的方式出现。与洞察力有关的文献强调，在很多情况下，在发现连接、模式和可能性方面，潜意识发挥了更强的作用。举例说来，20 世纪 20 年代，格雷厄姆·沃拉斯（Graham Wallas）在他很有影响力的论述思考艺术的著作中，将洞察力分为四个阶段：准备、沉思、启迪、求证，而启迪阶段往往在一段无意识的沉思后出奇不意地到来。

这个扩展阶段永远也不可能真正完成。但是，考虑到时间与资源有限，当我们从足够的资源中获得足够多的选择时，即可关闭该阶段。

缩减

我们下一步要做的是将标准应用于可能的解决方案中，或有时将标准应用于直觉感受，借此缩减可选范围并最终选择。有证据表明它们会起作用吗？它们便宜吗？它们在政治上可行吗？大多数机构都有许多工具可以进行合理选择，例如成本效益分析和投资评估，这是理性和分析性政府机构的舒适区。

缩减本质上是一个概率性的行为。无论是否明确说明，缩减过程都涉及评估与所需资源相联系的成功概率，还涉及借鉴过去的知识。从理论上讲，可以用较为复杂的因果推断和结构模型（这些模型可以预测人们和组织如何应对政策变化）来辅助缩减过程。[14]

在出现新的问题或面对真正的不确定性时，缩减更为困难。在这里我们默认会依靠类比或者遵从在位者的决定（无论他们的处理是否得当），有时也会遵从直觉。

缩减可以一直进行到解决方案被确定为止，或者也可以进行到只剩下少数几个选择时。如果有足够的时间和金钱，不妨通过正式的试点或实验、变量的 A/B 测试或者相对非正式的测试来小规模地尝试几个解决方案。在露宿街头的例子中，很容易在不同城市中快速测试出不同选择的效果，并观察哪种选择奏效。

奇怪的是，虽然个别机构相当擅长缩减选项，但在社会层面上，出人意料的是，非常缺少专业机构可以判断什么真正有效以及哪些点子值得资源支持。市场在商业点子中扮演着这个角色，但是，可能有很大社会价值的想法却常常很难找到支持，即使有强有力的证据表明这些想法可以起到作用。

迭代

由于任何问题的任何解决方案都不可能完美，因此需要让它有学习和改进的能力。公共问题不像数学问题，解决方案要么对，要么错。相反，随着时间的推移，随着方案中的缺陷漏洞得到修补，随着技能累积，公共问题的解决方案会变得更加有效。

有很多方法可以保证学习能更好地融入方案实施过程，这些方法包括：仔细测量，收集方案实施者或服务接受方的意见，"质量控制循环"以及鼓励各级人员思考相关改进的其他方法。

但是我们自己的解决方案也可能会带来新一轮的问题。像细菌一样，问题也会对我们的解决办法产生抗药性。所以，在这个 10 年内有用的办法也许在下一个 10 年内不再起作用，这让问题解决更像是一个循环而非线性的过程。

在触发式层次结构中解决问题

真正的智能城市会具备明确的能力和流程来进行上述解决问题

的各阶段——利用广泛的网络来挖掘信息和想法，具有足够专业的知识来设计解决方案，这些解决方案不但可以起作用，而且能够适应可用的政治、经济和组织条件。

把这些观点结合在一起，我们也可以看到城市是如何通过分类来处理问题的。相对简单、可预测、重复的任务会以自动化和标准化的方式进行解决，这包括警察、税务员或教师的日常工作。当问题、丑闻、投诉或新信息等突发性事件发生时，就需要更高层的管理人员介入并解决。这要么会带来良好程序的恢复（第一循环学习），要么会带来新程序的开发（第二循环学习）。当然，许多政府更有可能会给公民和下级单位带来问题或痛苦。这里我描述的是较为合理的可供选择的选项，在许多地方相对真实而言偏差并不大。

作为集体智慧的政府

什么是国家政府？政府有时渴望成为社会的大脑。政府在硬币上印上领导的头像作为象征，提醒人们政府知道得比他们多。政府喜欢观察和调查，部署间谍网络以窃听异议谈话，绘制并划分领土，使用一系列统计工具来统计人口并了解其微妙动向。政府相信自身的记忆能力比其他任何人都强；"控制"（control）这个单词来自拉丁语"contra-rotulare"（依靠卷轴），指的是用于保存记录的卷轴，而每个国家都有其核心档案。英国议会中保存了统计木棍用以记录税收支付额，而《末日审判书》（*Domesday Book*，又名土地赋税调查书）记录了每个家庭和农场的税收潜力。当然，各国都渴望有超强的判断能力以权衡对错。[15]

　　但是现在的国家更有能力接近真正的集体智慧。在一个方向上，它变得越来越像一个全景式的圆形监视室，能够看到、听到、分析一切。这是互联网赋予的权力，现在的互联网不仅承载了公民之间的所有交流，还越来越多地承载了事物之间的交流——它登记了每辆汽车的位置、每个家庭的温度。在这个世界上，国家面临的挑战是如何追踪大量涌入的洪水般的数据，以及如何遏制自己想要知道一切的急切欲望，避免自己逾越界限成为邪恶的利维坦。例如，印度的阿德哈尔（Aadhaar）项目目前已经向 10 亿多人提供了身份识别服务，并为政府提供了大量的数据。

　　但是，也有另外一种集体智慧政府可以利用——政府与公民合作来观察、倾听、分析、记忆和创造的潜力。这种方法让我们回想起几段陌生的历史，看到未来的一种可能性。历史曾见证许多人试图创造更开放和更合作的国家所付出的努力，如 19 世纪的无政府主义者和社会主义者，以及 20 世纪的自由主义者的思想。有时这些想法已经结出硕果，例如，1916 年，威尔伯·C. 菲利普斯（Wilbur C. Phillips）提议创建一个国家社会实验室，让人们参与重塑公共服务。这个提议建立在为教育带来了参与和实验的杜威实验学校（Dewey's Laboratory School）的基础上。16 个美国城市报名，竞标该项目提供的 90,000 美元——相当于今天的 2,500 万美元。辛辛那提（Cincinnati）最后胜出，并在生活实验室中设立了一个 8 人小组。到 1920 年，实验室已经建立了全面的公共卫生体系，并且看上去已经走上了开创另一种政府模式的道路。但是，就像经常发生的那样，一系列因素扼杀了这个创意，其中包括政治紧张关系和官员反对意见。

几年以后，在 20 世纪 30 年代的伦敦南部出现了一个类似的项目——佩克海姆试验（Peckham Experiment），该项目试图处理所有的不良因素，如住房问题、幸福感和饮食问题，由此来改善某个贫穷城市街区的健康状况。它创新性地提出了许多不同的方法来监控和从经验中学习。但是，在数年的努力后，这个项目也被扼杀了。讽刺的是，扼杀它的是一个国家卫生服务机构的诞生，而该机构的医生既不理解也不赞赏与人民分享健康的想法，他们只会治愈被动的、基本上无知的病人群体。

我们现在可能会希望这些项目拥有更好的成功机会。如今，数字技术的持续革新正在改变可供选择的政府组织方式，也许有多新工具可供利用，包括传感器、机器学习、预测算法和众包平台等。这些技术可以强化政府各方面的智慧，例如民主审议、财务规划、灾害管理、公共卫生等。它们让人更容易利用随处可得的密集信息氛围来学习，这些信息氛围包括痕迹和评论。[16]

随着大量的数据涌入公众、企业、互联网和传感器，人们的认识无疑能够得到提高。许多技术正在尝试在政府政策具体化之前挖掘出更多的专业知识和公众想法。[17] 美国联邦政府的 challenge.gov 网站就是一个很好的例子，它调整了开放式创新原则，使其适用于政府。该网站于 2010 年启动，之后 5 年内有 70 个机构使用它，访问次数达 350 万次，此外，它主持了 400 次挑战性项目。

原则上，新的数据输入可以帮助国家更具有同理心。这往往是技术人员和新工具爱好者的盲点。然而正如福特、五角大楼和世界银行前负责人罗伯特·麦克纳马拉（Robert McNamara）所指出的那样，许多最严重的错误正是源于国家缺乏同理心。技术可能有助于抵消这种风险，例如，社交网络分析等工具可以揭示关系的真实情况，例如揭示在地方警务系统中是谁帮助了谁。[18] 其他工具可以帮助人们更具有创造力，更好地记住自己过去的成就和失败，或更好地统筹管理知识。[19]

战略智慧

我曾有一些机会可以实施旨在使世界各国政府更具智能的想法。在这里，我将把重点放在工具箱的一部分（在我的关于公共战略的书中讲到了更多），这一部分试图解决如下问题：在政府的每一部分都在思考、策划和计划的同时，如何确保跨政府的共同视角能被制定，不仅能够让事实（无论该事实是否让人感觉不适），还能让感受与直觉显而易见。[20]

这种运用被赋予了一个很平常的名称——战略审计，但它指出了如何才能更好地将集体智慧整合到政府事业中。在这种情况下，部分任务是分析性的——以新的方式观察真正发生的事情，观察有什么需要注意的，观察在旧问题上取得了哪些进展，以及在新问题上需要采取什么行动。这涉及对承诺和行动的各个方面进行观察，并询问这些承诺和行动是否真的起了作用。然后，我们采取了不同的方式，着眼于部分人口，询问他们过得如何，询问政府行动对他们有什么样的影响。这揭示了一些意料之外的情况，比如，对于相对贫穷的中年女性来说，政府能提供的帮助微乎其微。另一项研究着眼于未来可能的趋势和机遇。把各种运用结合起来，我们绘制成了一副全景地图，更确切地说，绘制成了一系列重叠的地图，其中一些是回顾，另一些是展望；一些是定量的，另一些是定性的。通过这些地图我们能发现新兴模式，比如老年人与世隔绝、伊斯兰激进组织或青少年心理疾病等各种情况的增加。

但最重要的举措是加入情感和价值观，同时将策略与个人感知联系起来。为此，我们在被采访者匿名的情况下分别采访了最高领导团队的所有成员，好让每个人都可以诚实地谈论自己的希望和关注点，这些人包括总理及公务员首脑。一些访谈的时间比预期的要长得多——需要时间对掌权者加以治疗，因为他们常常难以坦率地与同僚对话，担心其话语可能被断章取义。然后，整个英国内阁和高级公务员都能看到采访结果，并以此来指导优先事项。政党的宣言应该是什么？主要的支出领域应该是什么？政策必须在何处改变？

我不打算假装这次尝试是完美无缺的，我略过了过程中的许多粗糙之处。那时正是在伊拉克战争之后，很多人都感觉这次行动会变成一场灾难。但是作为帮助团队集体思考的协调方法，它运转良好，并在后来被其他政府效仿。比起幕后交易，这种行动足够诚实、坦率、成熟，并聪明得多。它帮助形成了一系列公开发布并长期坚持的战略（6年后接手的联合政府继续坚持了这些战略）。

这也是我所描述的组织原则直接实施的范例。它为领导团队创造了一个自发的公共资源，让领导人员能从自我和利益中脱离出来。它特意平衡了从观察到记忆等不同的思维方式，帮助团队集中精力，反思和评估已有措施，并以行动为导向。

　　不幸的是，这是一个比较罕见的例子。大多数政府更像是即兴创作，容易受到利益冲突的影响。但是，这个好例子提出了一种基本的可能性——为了孕育集体智慧，让思考过程可见、有意识和开放。这一运动始于信息自由的立法，并随着开放数据的传播而进一步发展。由此推断，我们有可能设想政府可以公开哪些方面以供检查和改进，以利用更广泛的智慧库：利用取自多个来源的数据，更公开地制定政策和法律，预测可能的影响，并确保对取得的成效进行更透明的审查。上述可能性的基础都已存在——无论是公民生成的数据，还是传感器生成的数据；无论是解决问题的开放平台，还是致力于审查政府行为的独立组织。然而，世界各处这些基石都没能搭建形成一种政府集体智慧的审慎设计。[21]

　　如果开放成为一种规范，那么政治家、职业和相关机构就会更加系统地阐述它们的期望，展示它们的各种看法，比如，这个法律是否可能起作用？这个囚犯是否会再犯罪？这个病人是否会恢复健康？让发生的事实透明可见，那么这会构建出对智慧的重要反思，并将三个学习循环制度化从而更有效地发挥作用。

　　我们已经可以在中央银行以及诸如初级保健等领域使用的预测算法中看到其中的一个因素。我们知道，学习系统依赖可见的目标和手段，也依赖对意外情况的评估，这是一种与浮夸的言论和飞速变化的世界相反的精神。但它显然是符合公众利益的，设想政府能够像 18 世纪和 19 世纪一样，再次成为大规模智慧的先锋，这并不是一种幻想。

第13章　有形和无形之手

作为集体智慧的经济和企业

曾几何时，城镇餐馆可以依靠它们的常客维持经营。食物可能平庸，气氛也可能很沉闷。但尝试新事物是有风险的，很可能轻易毁掉与朋友共处的晚上。

现在市场上充斥着各种信息，当选择一家餐馆吃饭时，你可以浏览顾客评级、网站评比、公共卫生和安全检查结果。好的新餐馆更容易立足，因为潜在顾客更相信餐馆会表现不错。你能够了解餐馆的食物来源、对待员工的方式以及是否盈利。在一些城镇，餐馆联合起来减少食物浪费情况（例如，把食物提供给无家可归者）或资助改善公共场所。[1]

食物是一个很好的例子，它反映了经济是怎样变得更加集体智能化的，这种变化由反馈和更聪明的决策形成。展望不久的未来，可以想象食品经济会变得更加智能化，为消费者提供碳足迹数据，以及顾客先前偏好的相关数据，允许餐馆拒绝接待那些有着过久占用桌位记录的顾客,并使用人工智能设计菜单,测量和追踪食物浪费,或计划员工培训。

这些都是潜在的重大改变,这种改变既是经济上的——经济将会更接近集体智慧的理想,同时,这种变化也是经济学上的——经济学将变得更加实证化,会利用来自实时大数据和小数据的证据,而不再是用假设(这些假设在实际中并不是总能站得住脚)来演绎理论的学科。更进一步,我们甚至可以设想一个经济体系,它能够响应每个人的偏好和愿望,而不是仅仅用钱来表达的简单消费偏好。这种经济体系是我们现在向集体智慧迈出的适度步伐的一种理想的预计。

隐喻与描述性的有形和无形之手

与智慧有关的观点在现代经济学中起着重要的作用,这主要得益于无形之手的概念,这个概念说明了价格信号如何让数以百万计的消费者、工人和企业协调行动。哈耶克写下的最有影响力的叙述之一描述了作为认知系统的经济:"把价格体系形容成一个……电子通信系统,这不仅仅是一个比喻……令人惊叹的是,若某种原材料稀缺,即便没人下达指令,即使只有几个人知道要减少使用的原因,也会有数万人(这数万人的身份通过数月调查也无法确定)更加节制地使用该材料或由该材料制作的产品,也就是说,这些人在沿着正确的方向前进。"[2] 结果是,价格体系也提高了"配置效率",因为它将资源吸引到了最有价值的用途上。

关于这种分析的局限性，我们现在已经有了更多的了解——信息存在不对称和扭曲，这会让完美市场变得非常罕见。

但在包括食品经济在内的所有实体经济中，无形之手都在起着作用。无形之手是如何与有形之手协同运作的，这方面的知识却没怎么理论化。大公司、监管机构、贸易组织和研究中心的有形之手影响和引导着市场的无形之手对变化做出反应。有形之手包括那些在整个经济中具备协调智慧的公司，比如亚马逊和利丰（Li & Fung）这样的平台。[3]

其他的有形之手包括各种监管机构，它们检查餐馆，设立盐或糖的上下限，或监察供应链以确保质量——比如说，马肉不能冒充牛肉。在出现丑闻时，这些有形之手会显而易见，例如，在一些国家出现的食品污染丑闻。但有时这些有形之手的工作并不那么显眼，例如，联合国粮食及农业组织（the UN Food and Agriculture Organization）设立的监督管理我们食物的联合国食品法典委员会（Codex Alimentarius）。

经济中的智慧成分

有形之手和无形之手都依赖于前面描述的所有智慧元素，而这为我们理解实体经济的运转模式提供了良好的起点。换句话说，我们可以在观察、记忆、创造、判断、行为和学习方面，以及它们处理第一、第二、第三循环学习的能力方面，对它们进行描绘。一旦我们这样做了，结果就是，那些把经济描绘成智能自动机制的过度简单的说法的运用范围会相当有限。

要进行观察。现代经济中信息无处不在，这些信息包括关于产出、通货膨胀和贸易的客观数据，以及关于信心和预期的主观数据。然而，即使是资金流通情况最好的企业也很难看到重要事实，例如：客户或员工的真实感受，竞争对手的计划，甚至是实际的盈利水平。政府也是如此。事实上，直到 20 世纪 30 年代，政府还几乎没有什么观察经济活动的方法。它们只能依靠铁路货运量或股市水平。然后，现代经济追踪不同部门的产出，设计了一系列新的测量指标，将它们汇集形成了 GDP。仅仅用一种新的方法看待经济，就有可能完全改变宏观经济政策。

正如我在第 4 章中展示的那样，一些更现代的工具用于直接观察经济活动——例如跟踪卡车运动或观察灯光密度的卫星。其他的新工具从网络抓取信息以了解新兴行业的情况，这是因为软件或游戏领域的新公司都会留下许多数字痕迹，而官方的统计数据却往往使用远落后于时代的划分方式。

观察对象也在变化。近年来的重大转变是我们对无形资产进行了更好的观察，比如对新知识、品牌和设计的投资 ——我们在 20 世纪的指标中基本上是看不到这些的。各种类型的经济数据丰富了经济的日常生活，这些数据有时甚至泛滥成灾，例如谁买了什么，在哪里买的，等等。在公司内部，心理测量工具可以观察员工的性格，传感器可以跟踪身体运动或休息的时长。

然后将这些解释之后的数据进行分配，分给评估机器（贷款申请人的信誉是否良好）以及个人和团队。例如，通过使用高通量筛选,对巨量的分子数据进行自动分析,已经给制药业带来了巨大改变。通过使用算法来指导交易,也使金融业发生了极大变化,有时甚至会出现灾难性的影响。

之后,投资分析师、记者、监管机构和政策制定者也加入了其他层面的分析和解释。从系统角度来看,有趣的是以下两者的组合:一是用于购买和交易的智能机器工具爆炸性的增长(同时常常只有很少的人力投入),二是诸如战略咨询和高管培训等昂贵和高度人性化的功能的推广。

观察已经得到了很大程度的增强,但仍然存在很多盲点,如心理测量学无法发现失控的管理者或不满的员工,预测机制既不能预测衰退,也不能预测消费者因情绪变化导致的偏好转变。类似地,分析也错过了许多目标。能够被审计的企业价值份额已经从高于四分之三下降到五分之一——剩余的价值难以用可靠的方式来衡量,它包含了许多东西,例如品牌价值和员工价值。

这引发了投资波动与周期性衰退的更广泛问题。许多最能创造价值的投资类型(例如专利、信息技术和品牌)被视为常规支出。报告收益把真正的增长贡献与一次性收益和损失捆绑在了一起,结果就是报告收益和股价之间的差距日益拉大,特别是对技术和科学更加重视的公司,这促使人们寻求更复杂的测量指标,并依赖更难以操纵和更为纯粹的测量指标,如现金。[4]

人们在智慧的各个方面有做得很棒的,也有做得很糟的。商业创意组织就是一个很好的例子,有好实例,也有坏实例,还存在着对现有证据的极度参差不齐的使用。企业所使用的方法在很大程度上也受到流行影响，只有在极其少数的情况下，企业才会特意测试不同方法，相互对比以确定哪些方法最有效。

某些方面的记忆（或者说储存）被很好地组织了起来，例如，客户关系管理系统校核整理了公司与客户之间的互动历史，通过这个系统，记忆得到了良好的组织。但是，几十年来在知识管理上的高投入使得很少有企业相信它们知道自己知道的内容。在其他方面，经济可能很不善于记忆，否则不至于每次经济衰退都让投资者和管理者猝不及防。

企业通常会将智慧的不同任务分开，分配给不同的单位或人员：一个团队负责数据，一个团队负责创新和设计，还有一个团队负责管理记录。公司可能会使用一系列工具来进行思考，例如，利用 A/B 测试来对比消费者广告的效果，在数千或数十万个人中测试一种可选的广告方案，而在另一个小组中测试另一种广告方案，以确定哪种方案能促成更多的销售。我们可以利用开放创新的方法来挖掘超越企业范围的想法，也可以利用行为实验室来测试客户的真实想法。

但由于集体智慧的科学仍然处于萌芽状态，公司几乎没有办法知道这些方法有多大成效。目前，除了从销售或股价得到较为迟钝的反馈外，还没有任何标准能够告知公司在创造、记忆或决定方面表现如何。

因此大多数公司依靠直觉和感觉或主观的测量指标来确定自身的认知功能是否良好。大部分公司的内部决策都假定公司行为是理性的，计算权衡一系列选择，根据可用数据做出决策，并估计决策带来的不同结果的概率。然而，对真实的公司行为的深入研究表明，公司会以不同的方式思考——只有较少情况下会通过计算权衡不同选择，而较多情况下公司会通过经验法则思考，直到这些经验法则无效为止。这样做的部分原因是计算成本太高，尝试新方法也很费钱。公司宁愿采用在经验基础上建立起来的更自动化的反应，并把这种反应方式传承下去。

在约翰·梅纳德·凯恩斯（John Maynard Keynes）的代表作《就业、利息与货币通论》（*The General Theory of Employment, Interest and Money*）中，他写到未来是如何不可预知，风险是如何地不可量化，以及人们是如何只得依靠平常日子的叙事和惯例来帮助他们面对未来和风险的。危机动摇了旧叙事和惯例，产生了新叙事和惯例。然而，再多的合理分析也不可能让这些叙事和惯例变得可靠或可预测。

这些叙事可以指导决策，但也起到另一个作用——要让一个企业有凝聚力，就需要维持有用的叙事以帮助人们感觉良好并全身心投入，这可能相当重要，过多的反思或怀疑可能会威胁到这一点。经济领域和其他方面一样，集体性和智慧之间也存在权衡，需要单位和组织付出很大的努力才能维持一种既能看清事物本质，又能同时保持相互认同纽带的文化。

所有的这些模式都突出了交易成本的旧观念的不足之处，虽然该观念仍然支配着经济学的很大一部分。这本来是用于解释公司的极限的。罗纳德·科斯（Ronald Coase）在 20 世纪 30 年代首次提出了一种理论（当时该理论是一大进步）。根据该理论，公司会选择一种方式以达到外部和内部活动的平衡，如何选择取决于处理交易的成本。但是通过更广泛的认知视角来看，很显然，这种观点仅仅捕捉到了问题的一小部分。认知经济学的原理可以帮助解释不同思考的成本和收益，以及怎样才可能更好地组织各种思考。例如，当记忆是隐性记忆，并对公司来说特别重要时，将研究人员和产品开发团队留在公司内部会更有效率。而当解决问题的任务很容易说明，也未限定特定情境时，利用开放式创新的方法，可以寻求更广泛的问题解决者网络的帮助，可能会更有效率。我们也可以引入专业的数据处理、市场研究或设计公司，但这样做也会有一定风险——我们自身可能会丧失相应的解析能力（包括评价能力），以及相关集成能力。

近期衡量经济创造力的相关工作指出了应该如何对经济中的认知进行更细致的分析。随后，在重新设计国家统计数据基础的一项重要研究中，每项工作都按照创造力的五个维度进行评估。这提供了一个严格的方法，让我们可以衡量整个经济过程中创造性工作的数目，衡量创造性工作可以在哪些部门内找到（大约一半的工作存在于创意产业内，如设计；另一半的工作存在于诸如健康或工程等行业内，它们在这些行业的总就业中所占的比例小得多），还可以衡量创造性工作与生产力、盈利能力和薪酬水平的联系。[5]

也可以使用其他工具研究痕迹和数据形成的数字气场——这些痕迹和数据已渗透到经济中，揭示了谁购买了什么，谁与谁分享。这种气场从能源和金钱方面看是非常昂贵的，它依赖于特定的新经济体，在这种新经济体中，我们付出个人数据和注意力，换取自由社交媒体信息；而且这种气场越来越多地取得了我们日常使用的现实传感设备的支持，例如汽车或电话中的传感器。

伴随着互联网的成长，数据呈爆炸性增长，这使一切都显得更加透明。然而，数字化增强的经济的一个重要特征是，现代经济的许多智慧仍然像以往一样晦涩难懂，依赖于私人交谈、秘密交易、关系和人情。在金融服务的高端市场中，利润最高的投资业务中的很大一部分是由关系和获取信息的特权驱动的，而不是由激励机制驱动的。

同时，集体智慧在经济中最有趣的一些方面可以通过以下问题来发现：什么是我们没有看到的？什么是我们没有注意到的？比如，在富人需求之外的穷人需求，数量因素之外的质量因素，以及那些相对容易获利之外的不易获利的事物。

作为耦合系统、循环和触发式层次结构的经济

所有的实体经济都结合了无形之手和有形之手。我们可以将其视为"耦合"系统。它由依靠无形之手智慧的商业市场，以及作为掌舵者、监管者、塑造者、购买者和供货者的国家组成。各国都对整体的经济智慧承担责任，特别是在处于经济危机之时——此时国家和财政部门的指挥中心作用变得尤其重要。事实上，现代经济中到处都是负责纠正无形之手的典型错误的制度。有些制度保护消费者，有些制度确保银行有偿付能力，另外有一些制度可以调整信贷或贸易。有些制度是在企业合作中有组织地发展起来的，有些制度则是为了应对权力滥用情况。经济越发达，就越有可能充满各种中介机构，有的是志愿机构，有的有正式权力。从集体智慧的角度来

看，许多众所周知的关于经济政策的论点，例如，国家与市场的对抗，产业政策与放任自由的对抗，看起来都不合时宜。重要的是上述各种因素都应该相互结合，以及从结果来看，整个系统能否随着条件变化调整适应并重新思考。

现在大多数经济体看起来更像是第 3 章中描述的触发式层级结构，而不是经济学教科书中给出的传统市场描述。价格的变化、新的生产技术或消费者偏好的转变是各种不同的反馈，可以通过在现有模型范围内进行的渐进调整来应对这些反馈，部门经理或团队通常会应付上述情况。

此外，还有一些本质上更基础的冲击或意外。总部可能会参与以解决危机，可能会恢复以前的秩序，也可能会形成新的安排。较大影响的冲击可能会迫使几个大公司或控股公司采取协同行动，或者让投资者参与平衡。最高层的回应几乎总是涉及一个或多个国家在全球层面的相互合作。换句话说，有形之手和无形之手相互依存，相互补充，有时也会相互竞争，就像我们自己不假思索的和有意识的思考与行动一样。

作为常规、创业和创新的组合的经济

集体智慧也为经济如何产生新的选择这个问题提供了新的思路。每个组织都试图在稳定、秩序和例行公事，以及新颖性和调整适应之间找到一个基本的平衡点。效率取决于前者，而生存和适应能力取决于后者。大多数人在大多数时间里运用现有的知识，集中精力做逐步的渐进式改进。但是，必须给出一些人空间让他们创造、想象和探索，让他们可以从规则和惯例中解放出来。可以给出工作人员时间让他们能在内部加速器中发展自己的想法，或者给他们机会让他们深入到客户的生活环境中。他们可以得到架构的帮助，包括战略团队、实验室、产品开发团队，或以颠覆性思维为目标的臭鼬工厂（Skunk Works）式科研部门。

但是，如果这些人的美好想法与组织中的其他部门过于隔绝，那么结果可能会变成陷阱。创造力也许是长期生存所必需的，但如果所有人的工作中心都是大有前景的点子，却没有满足现在的需要，那么这份创造力就会弄巧成拙。如同我之前提到的那样，组织中的第一、第二和第三循环学习能力可能并没有最佳集合。只有在回顾过去的情况下，我们才能足够了解环境的动荡，进而判断应该达到怎么样的平衡。原则上，我们应该将环境变化速度与第二和第三循环学习工具的投资需求的增加联系起来，这不是一门科学而是一门艺术。

类似的考虑也适用于创业。大多数创业并不涉及新颖的知识，绝大多数新业务本质上都是复制——新的商店、餐馆或咨询服务，实际上看起来与现有的同类事物没有什么区别。

然而，总会有一小群企业家创造了真正新颖的和令人惊讶的知识。激进创业可以被解释为二阶学习——为思考和行动创造新的范畴，或者结合其他人的想法形成新事物。这更接近于的索尔·贝娄提出的观点，就像企业家发现了另一个现实，而这个现实"一直在给我们各种提示，如果没有艺术，我们是接收不到这些提示的……

艺术能够在我们注意力涣散时凝聚注意力"。[6]

　　然而要再一次强调的是，想客观判断出什么是真正有效的，这几乎是不可能实现的。企业家可能是精彩故事的讲述者，但是常常会误导他人。在任何领域，成功的最大危险是一种错觉，一种你明白了你为什么成功的错觉。但是除了努力工作和运气之外，任何一个激进的企业家或者创新者都很难知道为什么他们成功了，而别人却在这个地方失败了。同一个激进的想法可以在一个地方及在一个时间段里神奇地成功，而在另一个地方与另一个时间段却会完全失败。密涅瓦（Minerva，罗马智慧女神）的猫头鹰只在黄昏时飞翔，只有在回顾过去时，具备连贯的记述才能说清是什么起了作用。

　　随着新思想和新技术的出现（这常常来自二阶学习），随着现有技术"召唤"其他相关技术，争夺资源和注意力，随着这些连续的对旧体系的破坏，技术变革中也会出现同样混乱的渐进和激进的混合。在经济领域内存在着一些暂时的均衡，在这些均衡情况下，智慧任务变得程序化，但是这些均衡都面临着新想法的不断挑战，而只有在回顾的情况下才能对这些新想法进行可靠的解释。

　　这就是经济演化充满了第三循环学习的原因——全新的思维方式对于理解新型经济形式的出现是非常有必要的。管理会计、经济学本身、商业研究的历史，还有数据的新用途都是故事的一部分，而这个故事常常被隐藏起来，它涉及经济如何了解自身。其中一些工具完全在市场中成长，为企业带来显而易见的好处，可以细分客户的市场研究方法，巧妙处理业务计划的电子表格，以及追踪工作人员流动的植入物都是这样的例子。另一个例子是使用人工智能把招聘程序中的偏见筛选出来。

但是，一些有价值的新工具的出现速度较慢，因为相对于为单个企业或企业家提供收益来说，它们更有利于为整个经济体提供收益——例如技能需求或技术预测的全面地图。

依赖于共享资源的经济

这些类型的工具（例如，结合了开放数据、商业数据和网络收集三者经济活动的实时地图）可以被最确切地理解为公共资源，因为它们为整体提供了益处。它们的部分价值在于能够减少犯错误的风险，经济中的严重错误常常来自未能管理集体智慧的关键组织原则。

最常见的错误是压制智慧的自主性。政府隐藏令人不安的事实或分析（正如希腊在 21 世纪第一个 10 年所做的那样，操纵经济数据），大公司的管理层也会做同样的事［如安然或伯纳德·麦道夫（Bernie Madoff）案例］。激励也可以有类似的效果。如果一个体系中的主要决策者因短期利润而获得回报，那么他们就有充足的理由去压制令人不安的事实和分析，就像 21 世纪第一个 10 年中期整个金融业发生的那样，问题更加恶化，因为这些行业系统化地削弱了纠正机制——它们为各政党提供资金，以便从政府获得更有利和更自由的监管要求。

使用共享度更高的测量指标和标准，及最先进的技术逻辑工具，应该可以起到制衡作用，防止错误的倾向，它们应该被视作公共资源得到资金和保护，避免受到来自既得利益者的压力和影响。

这里有一个更普遍的观点。任何系统如果拥有生机勃勃的有效的集体智慧，它都会有包含着丰富的信息和知识的公共资源，也包含有更多的私有和专有信息。如果没有可供利用的公共知识库，合作、交易和发现会非常困难。一些公共资源是文化性的，比如对待陌生人的规范，或什么才算合同。一些公共资源是信息性的，例如，关于价格或生产模式的共享数据，或谁很可靠、谁有信誉的传闻。一些公共资源体现在人们身上，例如教育系统创造的人力资本。还有一些公共资源通过诸如 URL、条形码和 ISO（国际标准化组织）标准等形式化共享标准，提供了通用语言和看待事物的通用方式。

有些纯粹的公共产品具有非排它性与非对抗性，例如防御准备或清洁的空气。与这些公共资源相比，上述公共资源的边界较为模糊。但它们在发达经济体中无处不在，而且往往能得到专门机构（如标准机构）的支持。

集体智慧可以通过转换视角，让人们更容易理解这些公共资源发挥的作用。我们可以依赖什么样的信息和知识？哪些是有偿的？知识流动有多少？整个行业或公司在突然遭遇意外时应如何扭转局面？[7]

答案构成了更基于无形资产经济研究的一个子集。无形价值往往延伸到企业范围以外；更难控制或管理。在无形资产活动份额较大的经济中，企业的工作更多与收获、采纳和改进他人的想法相关。公司为了同样的原因必须变得更加善于协作，而且除了生产技能外，较大的公司还必须学会集合技能。

致力于证据的商业

集体智能化程度更高的经济体会更好地跟踪和分析影响，包括那些不太明显的影响。在与碳相关的领域中这种情况已经很明显了，如雨后春笋一般出现的很多新方法可以通过供应链追踪碳足迹，此外还出现了许多新方法可以让社会效应和其他效应的报告制度化。

然而到目前为止，对于其他商业影响的分析却几乎没有系统性的关注。在政府方面，我们已经取得了很大的进展，以便更好地收集证据，证明什么是有效的，什么是无效的。我已经提到了各种各样的"什么起了作用"中心，这些中心是相对独立的机构，负责测试和评估从教学方法到警务等所有事物的效力，开放和审查相关原则会带来更好的结果。

但是商业方面呢？如果说强大的政府应该为政策的效力负责，那么同样的原则是否也适用于大公司呢？毕竟，大型企业有时出售产品给个人客户，有时出售给大型公共采购商，深度参与了相关领域，而这些领域一直是与公共政策证据相关的争论的焦点，例如监狱、再次犯罪、卫生保健、教育领域。

我们很容易设想，企业只致力于提供能达到其声称效果的商品和服务，例如，真正能够逆转衰老的面霜和药膏，确实能够改善健康状况的食品，以及真正减少污染的汽车。这在一些行业已是常态，尤其是医药业——在药品出售之前厂家必须对药品进行检测。但在经济的大多数行业中并不是这样的。

期望每种产品和服务都以证据为基础，这是不大现实的。但是，企业自身致力于以透明的方式找出产品和服务是否起作用，这是切实可行的。这种方法在有伤害风险的领域十分重要。但它在时尚领域内是无用的（尽管高级时装中的"什么起了作用"中心是个有趣的想法），它也不大适用于大部分零售商品、电子设备或公共设施领域——尽管所有这些领域的产品都应该经过严格独立的消费者测试，这种测试自 20 世纪 50 年代以来一直在进行。

当企业提供的产品和服务具有公共产品的一些属性，或用公共财产购买，或做出的主张与公共部门内部做出的主张类似，或涉及产品的效力是产品价值的关键部分时，证据是至关重要的。相关例子包括了许多与健康有关的产品，例如，健脑品、维生素、膳食补充剂和戒烟套装。其他的例子包括环保产品，如太阳能电池板和混合动力汽车。

对证据的投入可能会彻底改变食品行业。近几十年来，大量聪明人士都在致力于寻找新的方法将糖注入食物中，然后将其作为健康食物推出市场，通过操纵大脑化学物质来唤起人们的成瘾行为。具有同样操纵性的理论大大影响了社交媒体，这些理论旨在鼓励强迫行为和上瘾行为，而无视了这些行为损害健康的证据。

金融服务不大情愿地接受了基于以下理念的条款：不应该出售对买家有害的产品。但是没有国家制定更严格的法律，规定在知情情况下出售损害消费者利益的产品行为是违法的。教育是另一个特别重要的领域，该领域对于"什么起了作用"这个问题有着零散的证据，对于大公司而言教育领域有许多可轻松把握的机会，它们可以利用父母或教师的信息不对称而获取利益。

有种说法认为商业更应该以证据为基础，但这种简单的想法不会说服所有人。有人会辩驳，政府证据和商业证据之间并不存在相似之处。如果消费者不喜欢企业行为，或者认为企业产品是有缺陷的，那么他们大可以"用脚投票"。"买者当心，概不负责"，也就是说购买者要留意，这句话总结了这种态度。对这种说法的反驳是，尽管公众周围有大量的信息，但他们还是很难获得可靠的证据。而且，公众往往不是货物和服务的直接购买者；在很多情景下，"买者当心，概不负责"在逻辑上相当于辩解说，判断政府政策是否起作用的责任应该由选民，而不是由政府承担。[8]

理想的情况是，开明的管理层和股东应该具备共同的理念：企业应该出售实际上对消费者有效的产品和服务，就像政府应该设法实施对公民来说有效的政策一样。对于一个更具集体智慧，有自我意识，且愿意自我批评和继续学习的经济体来说，这是关键的一步。

第 14 章　大学——集体智慧的典范

　　1793 年 9 月，法国大革命的领袖关闭了全国所有的大学和学院。他们把这些大学视为中世纪精神的堡垒。一年后，大学重新开放，成为基于启蒙原则的学习实验室。1794 年，三所基于医院的"健康学校"在巴黎、蒙彼利埃和斯特拉斯堡开放，它们的目标是通过实验和观察，沿着科学的路线改革医学。

　　正如化学家安东尼奥·弗朗索瓦（Antoine Fourcroy）向法国新的立法机构国民议会（The Convention）宣布的那样，现在的医学将会有不同的教学方式："少阅读、多观察、多动手将成为新教学的基础……践行艺术，临床观察，这些过去缺失的环节现在成为教学的主要部分。"[1] 这仅仅是我所说的第三循环学习的一个例子：整个领域的思考方式的变化，同时，它也是专业学习机构如何将自身与特定领域的集体智慧紧密结合，并把理论与实践联系起来的众多范例之一。

　　许多种类的知识都对文明做出了贡献，有些是抽象的，完全脱离了实践。近乎怪论的是，任何社会都需要没有明显目的的知识。

但从长远来看，大学存在的理由是它比其他机构更有效地产生和传播了有用的知识。

大学使用的方法在 19 世纪和 20 世纪早期已经形成，它们包括学科、研究项目、同行评审和学术期刊。有趣的是，这些方式都是自我参照的：它们自我验证而不需要外部验证。与此同时，大学也是创新之地，它让知识更有生机或更有用，并让知识开放对外部的验证。博洛尼亚大学（University of Bologna）有时被称为欧洲最古老的大学〔尽管它比印度的那烂陀大学（Nalanda University）或开罗的爱资哈尔大学（Al-Azhar University）等学校年轻得多〕，它提供了法律、医学和占星学的第一批学位，作为专注于神学的巴黎大学（University of Paris）和修道院的实用替代品。在 19 世纪，还有一些著名的例子，包括柏林大学（University of Berlin）和伦敦大学学院（University College London），他们把自身视为参与度更高的大学，以替代那些古老大学中暮气沉沉的经院哲学。

随着新形式集体智慧形态的形成，大学得到了强化，但它同时也面临着威胁。资金流量不断增加（其中包括全球在研发方面支出的增加），全球学生人数上升至 1.5 亿人，这些都使大学变得越来越强。但大学也受到了竞争对手的威胁——公司、慈善机构、智库和网络所做工作常常与大学类似，而本书前面介绍的用于观察、分析和解释的新工具是另一个威胁。

你可能会认为这是一个重塑的黄金时代，因为现在的大学要应对以下问题：在知识和智慧更为普遍存在的环境中，如何重新定义自己的角色？但是，如果仔细观察当代大学，你会发现一个悖论。大学是许多主题的研究中心，虽然大学善于将研究与发展的原则应用到其他领域，但对大学自身活动系统的研究和开发却极少，甚至完全没有。大学是伟大的智慧中心，但作为智慧本身的智慧中心，它的表现却平庸无奇。大学善于组织学习，但却不善于学习了解自身。[2]事实上，现代大学中第三循环学习的例子很少，几乎没有人把确保第三循环学习发生视为自己的工作。

一些品质让现代最优秀、最久负盛名的学科脱颖而出，而在涉及大学如何对自身进行思考时，这些品质却往往消失不见。

每所名副其实的大学都能推出一些富有想象力的课程，这些课程尝试了新的教学方法，尝试了让学生参与团队，或尝试了跨学科工作。许多大学都很有创造力，比如美国的西部州长大学（Western Governors University）、奥林学院（Olin College）和亚利桑那州立大学（Arizona State University）；英国的埃克塞特大学（University of Exeter）、考文垂大学（Coventry University）、伦敦帝国理工学院（Imperial College London）和华威大学（University of Warwick）；芬兰的阿尔托大学（Aalto University）；澳大利亚的墨尔本大学（University of Melbourne）；新加坡的南洋理工大学（Nanyang Technological University）；还有韩国的浦项科技大学（Pohang University of Science and Technology）。但总体而言，我们可以看到显著的保守主义：课程、研究和角色的形式相对固定，文化在采用来自他处的想法时行动奇慢无比。虽然学生人数增长了，但大学所采用的模式却已经固化了，结果就是世界上绝大多数的新大学都采用了类似的模式——三年制课程、学位授予、博士学位、大讲堂和由大批教授与讲师提供的配套课堂讲义。

也存在一些例外，在 20 世纪，有些例外甚至走到了极端。威斯康星大学实验学院（University of Wisconsin's Experimental College）开办了一门为期两年的课程，没有时间表，没有必修课，也没有学期成绩，只有一个人文科学的普通教学大纲，以及在远离城镇的大学社区里的真实世界学习（它在 1927—1932 年这一时期内曾短暂繁荣）。在 20 世纪 60 年代后期，文森斯大学（Vincennes University〕其教员包括米歇尔·福柯（Michel Foucault）和吉勒斯·德勒兹（Gilles Deleuze）〕一度随机向巴士上的乘客提供学位，而塞德里克·普赖斯（Cedric Price）的陶思带（Potteries Thinkbelt）项目提议在火车车厢设立大学。然而这些都是与众不同的例外。

这种制度保守主义有一些很好的理由，这些理由包括学术学习的长时间尺度，以及对时尚和潮流的正当怀疑。但是对创新的抵制也有很多糟糕的原因，高等教育机构很少关闭，无论它们的表现差到何种地步。所以，虽然在商业、政治甚至特定学科等领域内，会出现创新性的破坏，为新想法创造空间，但这种创新性破坏根本不会在大学内发生。第二个原因是威望和声望持续的惯性。现在大多数顶尖大学都是上一代人的顶尖大学，它们从捐赠和资助中受益最多，它们最有可能吸引最好的教授或学生，这些都给了在位者强大的优势，它们几十年前的表现可能和现在的表现一样重要。此外，管理模式不鼓励冒险，强大学科中有很多植根于 19 世纪，这些学科垄断了权力和声望（而且学者有很强的动机在已经完善的学科领域内的历史悠久的期刊上发表文章，这加剧了垄断情况）。难怪大学本来可以成为活跃的创意熔炉，但现实情况却并非如此。

　　这样说来，这个问题的部分原因确实是创造性实验不足。但更大的问题是，即使有实验和创新，也缺少以下体系：精心编排的实验方法，我们公认它是成功研发的关键；面对外部思想和外来者的开放性，而这些是大多数真正创新领域的特征；系统性的评估，它可以评估哪些创新有效，哪些无效。简而言之，除了没有研究与开发自身，大学在其他所有领域内都在研究与开发。大学实验了创造知识和教学的新方法，但没有系统性地进行实验，或者说实验时并未像在生物技术、医学或计算等领域内的实验那样，有效地对知识进行综合。

　　上述情况并不意味着每个人都应该不断创新。相反，大多数大学在大多数时候都应该使用经过尝试和验证的方法，这样做有充足的理由。然而，上述情况确实意味着应该给少数人试验的手段和自由。

　　最近创建的课程时代（Coursera）、尤达学城（Udacity）、未来学习（FutureLearn）和可汗学院（Khan Academy）等大型开放式在线课程（MOOCs）是相反的例子。它们既标志着求新求变的实验，也标志着从外部加入的新想法。然而，在更仔细地观察后，我们会看到有些课程既是问题的答案，在同样程度上也是问题的症状。这又提醒了我们，在创新的时候，太多的东西被误解了。互联网技术可能会彻底改变大学的工作方式，给予学生更多的权力，鼓励学生相互学习，并使课程有可能对于专业性强但分散的学生和研究人员群体来说更容易有针对性。但是，许多大型开放式在线课程忽视了数十年来在学习和技术方面什么才是切实有效的经验，并以可预见和已预见到的各种方式走上了失败之路。从加拿大到俄罗斯再到开放大学（The Open University）的世界远程教育的创新者们找到了拓宽学习途径的方式，并尝试了各种混合课程、导师和暑期学校、同伴支持以及高价值的产品内容。他们一次又一次地了解到，纯粹的在线学习需要高水准的动力和毅力，而且大多数学习者在大多数时间内除了在线资料外，还需要与导师或教练直接互动，以及取得同龄人圈子的鼓励。然而，第一代大型开放式在线课程的设计者忽视了这些教训。而且也没有人通过做大量的系统研究和开发来完善他们的设计；相反，他们直接跳到了似乎合理的模型。[3]

到目前为止，大型开放式在线课程形形色色的经验证实，在大学自身的工作方面，我们缺乏运转良好的创新体系，或者说，我们缺乏集体智慧。这些经验也表明，机构记忆的认真编排几乎不存在，对大型开放式在线课程的不同变体怎样才有成效的系统性研发也很少，而且也没有充足相关知识的资金和投资来源来支持真正值得传播的模型发展。

答案和问题

20 世纪早期，托斯丹·范伯伦（Thorstein Veblen）撰写了一本很有影响力的著作，主张高等学校、纯知识研究型大学以及涉及应用的下一层专业学校之间应该有分工。它们的角色不仅明显不同，而且明显相关，并形成了一个层级结构，这个层级结构把抽象和学术置于顶端，把知识置于较低的层级中。从这个视角看，只有超然于这个世界，才有可能发现事物表面下的深层真理。为了促进集体智慧，大学需要它们自己的逻辑、代码、人际关系和社区，并且要冒着被外部世界过多接触所污染的风险。

但总是会有不同的观点——工程界、农业界、医学界和军方就认为知识应该与世界更紧密地结合在一起。为精通这些领域的知识，有必要结合理论，但至关重要的是通过实际应用来发展技能。这种实际应用通常意味着要接触和处理现场问题，也就是说日常实践中的活生生的问题。

最近，这种理念获得了新的动力。[4] 传统大学的组织方式是围绕知识体系和专家的，而现在出现了另一种理念——围绕问题和答案组织大学。因此，本科生至少要在部分时间里努力解决科学或社会创新前沿尚未解决的问题，借此来学习。这种方法在世界上最有想象力的大学中有一些小规模的发展：中国的清华大学，美国的斯坦福大学（Stanford University）和伦敦帝国理工学院。它也成为一些专科大学的指导原则，如麦克马斯特大学（McMaster University）的医学院和欧林工程学院（Olin College）。

这种理念与做法强调团队精神，而不是个人工作——这种学习方法试图从所有来源获取所有的相关知识。这些方法看起来善于激励学生，善于让学生为生活和工作的现实做好准备。但它们正在威胁到现有的缺乏沟通的孤岛式学科。

这种从问题出发，而不是从回答出发的理念也指出了大学作为知识编排者的一种未来可能性。目前的大学模式让学术知识凌驾于任何其他知识之上，但不难想象会有另外一种不同的大学，这种大学会特意追踪、综合和组织相关知识，无论其来源如何，这种大学也会更加有意地将自己置于集体智慧集合的中心位置。这是一段时间以来创新的共同主题,挑战奖〔如18世纪最初的经度奖以及21世纪的现代经度奖〕为创新者提供奖励,无论创新者来自何处。许多企业对于开放式创新的方法也采取了类似的立场,认为最好的想法很可能会在高墙之外找到。

类似的方法把大学更加明确地视为更广泛的思想和实践网络中的一个节点。例如,考文垂大学的"#phonar"(摄影和叙述)课程指出了一种未来的可能性:完全向所有人开放的免费在线本科课程(所以除了亲身上课的学生外,还有数千人可以通过互联网加入课程),同时也鼓励来自世界各地的专家和专业人士通过网络成为学生作品的评论员。

如果大学的任务不仅仅是传播知识,而是编排集合知识与深入见解(无论这些知识和见解可能位于何处),那么大学会需要运用不同的技能和工具。例如,大量工作正在进行,以更好地对技能和能力的描述进行分类和编排,这是为了更容易找到具有解决问题所需技能的人员。大学应该有条件领导集体智慧的显著进化,但是这要求大学挑战它们自己的假定,即任何起源于学术来源的知识在本质上都优于其他任何知识的假设。

那么需要做到什么?如果大学要建立更先进的创新体系和更成熟的集体智慧,需要什么建筑要素?这些要素可能反映在其他领域内发现的东西中。它们包括资金流向、人员、机构和流程,这些要素共同形成任何成熟的创新系统所需的组件:发现和实验、评估,然后扩散。[5]

这可能是一个革命性的步骤，但只会是一个开始。对于大学中任何严肃的集体智慧课程来说，目的问题都回避不了。新知识本身从来不是必定有好处的，创新可以是好的，也可以是坏的。所以激进的创新不可避免地提出了以下问题：大学应该为什么而存在？当大学作为教师这一角色时，它们主要是发挥信号作用，还是实际上为毕业生提供他们所需的知识和能力？大学应该在多大程度上被视为经济的仆人，在多大程度上被视为批判性反思空间——反思权力和金钱的力量是如何组织的，以及如何以不同的方式组织它们？在多大程度上我们应该把大学视为无知海洋中的美德与知识的城堡和守护者？在多大程度上我们应该把大学视为是扎根于社区的？大学如何能够促进社会流动性和机会，或大学是否满足于服务于精英，满足于教育它们教育过的上一代人的孩子？

这些并不是新问题，牛津大学巴利奥尔学院（Balliol college）的教师 A. D. 林赛（A. D. Lindsay）在一个多世纪以前就警告说，"知识越来越多，但知识传播却局限于越来越小范围内的人，正在成为一种公共危险，"大学需要了解政治、社会和价值观，以此作为技术技能的补充。大学必须促进共同认识，而不仅仅是促进更精确的分工。

最好的创新强化了大学作为社会仆人，而不是与社会隔离或自我服务的机构角色，而且，过去最伟大的改革时期总是以强烈的使命感为标志——传播知识、开放社会、扩展机会。

第 15 章　民主大会

议会或国会是最明显的象征智慧的集体。这是团体同自身对话、评估、决定和行动之地。至少在理论上，它是一个集体智慧，它试图综合整合它所代表的数以百万计的个体智慧。

在现代民主诞生之前，托马斯·霍布斯（Thomas Hobbes）在其作品《利维坦》（Leviathan）的封面上描绘了一个由许多人组成的国家，他写道："一群人经群体中每一个成员同意、由一个人代表时，就形成了单一人格。"[1] 在乐观主义的观点中，现代民主国家代表着这群人，不仅是通过让一个领导者成为他们的化身，而且会把我描述过的各种智力元素制度化，让这些元素相互之间有一种创造性的张力。立法机关是新思想出现的地方；司法部门会根除偏差，设计它是为了服务于怀疑主义，此外，希望它也能服务于智慧；行政部门守护记忆；而执行部门负责整合行动；等等。

然而，无论把民主视为认知系统还是代表大多数人观点的系统，它都有着深刻的缺陷。选民选择政党更多是由于身份或忠诚，而不是政策立场。他们只能调整自己的观点以适应他们的忠诚，而不是相反。他们对无关的影响做出反应，例如，与现任当选者优点无关的全球衰退或爆发性增长。甚至在媒体无处不在的社会中，他们的知识也可能被严重扭曲。[2] 即使选举制度运转良好，选民代表也可能仍是腐败的，无知的，或者是被误导的，这些代表或许会忽视已有的良好知识，胡乱决定政策，同时，公共决策仍然会被众所周知的各种弊端所困扰：官员被收买、寻租、投票交易——这还只是举出来的几个例子。

有人希望技术能为上述问题提供答案，这种想法很吸引人。但是，最近出现的许多民主改革使用了数字工具，这些改革通过永久公民投票和请愿，虽然有可能弥补这些缺陷，但同样也有可能强化这些缺陷。那么民主怎么可能会成为集体智慧的良好实例，能够起到扩展而不是钝化社会智慧的作用呢？

在本章中，我将探讨如何使民主更接近集体智慧的理想，并展示了两位喜剧演员起的出人意料的作用，他们看到了某些可能的未来，而政治的局内人却看不到这样的未来。

在过去 2,000 年的大部分时间里，民主一直被认为是集体智慧的敌人。人们尝试过民主，这种尝试很有趣，但都失败了，而且往往导致暴民统治和混乱。正如约翰·亚当斯（John Adams）在两个世纪以前评论的那样："没有一个民主国家不是以自杀而告终的。"[3] 因此，在有大会和议会的地方，会员资格被严格限制，只能由贵族、财产所有者或受过高等教育的人取得。

但是在 19—20 世纪，民主得以生存并繁荣起来。它不只是作为一个单一的思想而传播，即它不只是作为一种民有、民治、民享的政府的想法而传播，更多情况下是作为设计和制度集群而传播，这些设计和制度中有一些指向相互矛盾的方向，而且所有的设计和制度都在不断发展。

这些设计的目的旨在容纳和扩大权力。作为历史事实，民主主要是作为一种保护方式发展而来，它是受到压迫、征税和欺凌的人的安全来源。因此，在它的现代形式下，它制定了一系列规则和制度，这些规则和制度可以被理解为：权力分割、透明度和竞争，这些都让绝对权力变得不太可能出现。它们把孟德斯鸠（Montesquieu）的"权力应该制衡权力"的意见制度化了。

但民主也旨在放大和反思。对美国 20 年数据的一项研究得出了以下结论："普通美国人的偏好似乎对公共政策的影响微乎其微，近乎为零，即在统计上几乎没有差别。"[4] 这是一种夸张，因为大多数民主国家的管理方式并未远离公民意见，而且通过一系列在民主中用于反映民意的各种工具，从投票到民意调查，在许多问题上至少可以达成大致的一致。然而，投票并不是沟通偏好的一种特别有效的方法。事实上，很难解释为什么在选民的单张投票影响结果的机会很小时，还会有这么多的人费心去投票。[5]

关于民主的辩论大多集中在如何更好地将数百万人的观点传达给做出决定的地方。有很多人倡导建立一个乌托邦式的直接民主制，在这种制度中，人民绕过代议大会，而真正的民众智慧取代了议会中的冒名顶替者。一些最近的设计进一步接近了这个理想，这些设计有网上请愿（由 change.org、avaaz.org 或与总理和总统关联的网站协助），还有数字化公民投票。

上述设计的问题是，这些现有的选择是二元的，而且往往在选择的性质，或对持不同意见的原因等方面没怎么教育公众。从这个意义上讲，这些设计是非黑即白的而不是辩证的，把具有细微差别的微妙意见变成粗糙的两级。

这一点很重要，因为从 20 世纪 90 年代民主的扩展中，人们获得或再次获得的重要教训是，民主不仅包括竞争性的选举，也同样依赖强大的公民社会、独立媒体、中介机构以及信任和相互尊重的文化。

如果我们把民主看作不仅是一种流行观点的表现方式，而且还是一种集体思考的过程，那么就会有不同的结论。从这个角度来看，审议的质量和参与人数一样重要。

管理理论家长期以来一直鼓励民主的这种认知，包括越来越广泛的选举权，越来越公开的会议，越来越公开的辩论以及民间社会越来越多地参与形成可选方案，但是，它得以进入更多的公众视野，要感谢无处不在的数字化工具。[6] 认知民主这个术语被发明出来，是为了将这种民主意识作为一种生成知识和挖掘公民智慧的方式，而不仅仅是提供选择的工具。

对民主政治持怀疑态度的主要原因是担心其形式是愚蠢的，它不如良好的专制政府那么聪明。未受教育的公众代表缺乏良好管理所需的教育水平，大众会议会轻易受到口才和情感的影响。那些有权力的人会利用腐败来维持暴徒的支持，贿赂特殊利益集团，并给予煽动家充分自由。[7]

然而，现实的民主在实践中却避免了这些弊病中的绝大部分，这是因为正式的决策过程被补充性的思考系统所包围。民主与自由媒体、科学、社会科学以及不断成长的公民社会形成了联盟。民主也与专业政府，即 R. H. 特威尼（R. H. Twney）所谓的"服务性的公仆"和平相处，而专业政府在大多数情况下可以容纳政客和政党较为激进的念头。因此，民主的讨论形式允许辩论，也允许传播其他可选方案。

在司法领域，陪审团已经表明，人民可以信任，而且常常比法官更聪明、更公平，也更不容易腐败和被收买。围绕陪审团发展的各种设计是智慧自主制度化的一个很棒的例子：审议保密，以便可以有真正的辩论；超脱利益关联（解散与决定有利害关系的陪审员，或与被告有联系的陪审员）；确保不限制决策所需的时间。[8]

这些设计也强化了详细设计的重要性。更多并不总意味着更好，克里斯托弗·亚琛（Christopher Achen）和拉里·巴特尔斯（Larry Bartels）认为，今天我们太容易屈从于民主的大众理论，在这种理论中，人民总是正确的，而政治家的工作只是响应民意。[9]然而，在很多实例中，更多的公众参与导致了明显更糟糕的决定，或是未来更有可能会后悔的决定。这些实例包括反牙齿氟化处理投票和税收全民投票等。开放决策可以很容易地赋予一些人比其他人更大的权力，并给了特殊利益集团和最有号召力的人很大的活动范围。只有当民主的详细设计放大深思熟虑的意见，并限制不那么有建设性的意见时，民主才能起作用，这正如陪审团制度的运作良好得益于规则防止了集体愚蠢。

这说明，民主需要一种制度生态，它服务于集体智慧，致力于提高我们可以称之为"民主公共资源"的事物的质量。这个生态包括致力于智慧自主和服务真理的机构。在英国，我帮助设计了一系列组织，向系统输入更多事实和证据。其中包括数千人参与生成和使用证据的有效证据联盟（The Alliance for Useful Evidence），十几个政府支持的"什么起了作用"中心，以及政党会议、公务员机构和慈善机构的活动方案。这些组织的作用不是强迫不情愿的系统提供证据，而是打击虚假主张，确保任何决策者都能了解知识是否合用，无论这些决策者是班主任还是政府政策制定者。其他国家也有类似的机构，包括技术评估和预算责任办公室。它们的作用是帮助民主更好地记忆，从而能更好地判断。[10]

服务于这个公共资源的其他机构则着眼于创造力和可能性，例如，芬兰议会的未来委员会（The Committee of The Future）。事实上，芬兰更深入一步，创建了开放部（The Open Ministry），让公众提出立法建议，并对想法加以评论。在全世界范围内，许多实验性项目试图让民主更像对话，在这种对话中，事实、推理和情感都可以充分沟通，民主不再像是一场不时伴有选举的独角戏。[11] 我的组织英国国家科技艺术基金会在英国支持了 D-CENT 的开创，D-CENT 是一套工具，它允许政党、城市与议会（在西班牙、芬兰和冰岛）让公众更系统地参与提出议题，建议政策，评论以及投票。

我们之所以能够这样做，很大程度上归功于两位喜剧演员所起的作用，正是他们的主意指出了大众决策新形式的潜力，也指出了其局限性。这两位演员中的一位是冰岛雷克雅未克市市长乔恩·格纳尔（Jon Gnarr）。当 2008 年灾难性的金融危机使冰岛的政治精英失去信誉之后，他成立了"最棒党"（The Best Party），最初该政党只是一种讽刺，政党计划包括为所有游泳池提供免费毛巾，为雷克雅未克动物园儿童区提供一只北极熊，消灭所有债务。但是，他赢得了选举，当选为市长。而事实证明他作为市领导人相当称职，在他的守护下，这座城市支持了一个名为"您的优先事项"（Your Priorities）或"更好的雷克雅未克"（Better Reykjavík）的平台。该平台开创了新的民主制度，允许公民公开自己的想法、评论并投票，而且可以比较数百项提案。到 2016 年底，约百分之十的公民就一项数百万美元的预算提出提案并投票。该网站要求人们写出赞成或反对的论据，这意味着人们不能简单地辱骂与自己意见不一致的人。然后，网站对论点和选项进行排序，并对网络攻讦和辱骂行为采取了严格有效的控制措施。类似的模式已经被许多其他城市采用。例如巴黎，市长安·伊达尔戈（Ann Hidalgo）为这类参与式预算分配了大量市政资金，2016 年有 16 万公民参与了涉及 200 个选项的投票。这些模式的目标就是把城市治理变得更像一场公开持续的与公民的对话。

另一位开拓性的喜剧演员是意大利的贝佩·格里洛（Beppe Grillo）。就像在冰岛一样，危机破坏了民众对政治精英的信心。在互联网思想家吉安罗贝尔托·卡萨雷乔（Gianroberto Casaleggio）的帮助下，格里洛于 2009 年创立了五星运动党（MoVimento 5 Stelle 或 M5S）来挑战现任政党。五星运动党是为互联网时代设计的，党派成员会就法律内容、党派策略和候选人做出决定。在很长的一段时期内，它常常在选举中赢得 20% 到 25% 的选票，并于 2016 年在罗马和都灵当选。类似的党组织模式已经被其他地方采用，例如西班牙的"我们可以"（Podemos）党，它在 2015 年赢得了西班牙几个最大城市的控制权，并通过其平台"我们可以广场"（Plaza Podemos）让超过 30 万人参与了政策制定。

这些模式都还没有成熟，新一届政党对承担权力的责任仍然感到不安。他们有太多工具表达性强，认知性弱。而且，更直接的民主形式仍然在与旧的民主形式竞争。

冰岛是一个有趣的例子。其国民议会通过网上发言和代表委员会，让公众参与改写宪法的开放过程。重新修改后的宪法在公民投票中获得通过，但在大选改变议会成员构成后，它最终被议会否决。

但是现有的工具正在迅速发展，特别是在向议会和大会提供新的信息输入方面，而议会和大会可能会保留最终的决定权。因为技术的发展带来了许多其他生活领域的变革，例如购物、音乐、节假日和金融等，民主领域不大可能长期抵制变革，尤其在它希望让在数字世界中长大的年青人参与民主的情况下。

为了让我们理解民主如何才能变得更像集体智慧，如何才能放大社会美好而不是丑恶的一面，我们不妨把民主过程分解成一系列的阶段，每个阶段都有不同的文化和要求，而且在最好情况下，这些阶段可以结合开放网络的广度和集中决策的重点。这些阶段如下：

- 提出问题，确定什么问题才是值得关注的，确定通过什么样的视角来看待该问题（例如，气候变化问题是否重要，是否可以解决）。
- 确定并提出可能适合采取行动的议题（例如，住房怎样才能为减少碳排放做出贡献）。

- 生成可供考虑的备选方案（例如，如何改造老房子）。

- 仔细检查备选方案（例如，使用成本效益分析或分析分配效应）。

- 决定如何行动（例如，是否实施补贴或减免税收，或者引入新的规定）。

- 仔细检查已完成的工作，并判断它是否起了作用。

　　这是一个简化的说明。但这有助于表明，直接的在线民主在不同阶段其意义是不同的，比如，早期阶段本质上可以是开放的。像鲁米欧（Loomio）这样的在线平台允许在较小的团体之间进行对话，而像"您的优先事项"和"民主操作系统"（Democracy Os）这样的平台允许较大的团体进行对话。这些在线平台在确定和产生想法这些阶段发挥着最重要的作用。

　　然而，任何一个系统越接近决策，问责制越重要，参与者匿名的接受程度越低，而知道特殊利益集团是否插手也会变得更加重要。可以在大规模尺度上确定一些优先次序，但只有在担负明确责任的小组中，才能更容易做出涉及权衡的艰难决策。另外，在最后一个审查阶段，公民社会、大学和独立组织显示出了其重要性。

　　民主可以是开放的、混乱的，它可以尝试许多事物，然后让经验筛选，留下好的、公平的，去掉坏的、不公平的。但是将这些阶段分开可以带来更好的决策，比如，在许多有争议的话题上，最好将分析及备选方案生成阶段与主张阶段区分开来。如果每个人都能在自我与立场紧密联系之前，就主要事实和情境大致达成一致，那么最终结果可能是一个较好的决定。处理养老金改革和气候变化等问题时采用了这种方法。在气候变化问题上，国际气候变化小组（The International Panel on Climate Change）发挥了首要作用，而把在各备选方案之间做决定的工作留给了政治家。另一个例子是，最近英国议会在关键问题上进行了在线"证据检查"的尝试，并在辩论备选方案之前，利用更广泛的专家团就主要事实达成了一致。

在国家和地区层面，有关的当代开放民主实验的例子包括基于巴西议会的黑客实验室（the Hacker Lab），法国的集体舵手（Cap Collectif，它让 21,000 人参与起草 2015 年的数字法案），以及葡萄牙的国家政府试验项目（它允许人们通过自动取款机访问参与式预算）。

这些例子中的很大一部分都反映了局外人的影响。冰岛的尝试源自 2008 年的金融危机背景以及随之而来的"厨具革命"（Kitchenware Revolution）。西班牙的激进行动是由"我们可以"（Podemos）运动发展而来的，而"我们可以"运动本身就是抗紧缩 15-M 运动的接班人。在爱沙尼亚，围绕党派政治金融的丑闻为爱沙尼亚公民大会（Estonian Citizens' Assembly）的诞生创造了条件，而大会又反过来带来了 Rahvaalgatus（一个公民倡议平台）。

所有这些尝试都旨在让更多的人参与决策。最好的那些尝试既涉及在线决策，也涉及线下决策。[12] 但是这些尝试都面临着找出以下问题答案的挑战：什么样的议题最适合什么程度的参与？涉及根深蒂固的理念的议题可能不会有利于深思熟虑的审议，更多的网络公共宣传可能只会加剧敌对情绪。同样，还有很多议题人群根本不大了解，更不用提人群智慧了，而且，任何在开放决策上走得太远的政治领导人都会很快失去公信力。

例如，与本质上更具技术性，并依赖高度专业化的知识的议题（如货币政策）相比，有着广泛公共知识，但也有强烈争议价值的议题（如同性恋婚姻）需要的东西大不相同。一个有争议的议题会带来积极性很高的团体，而这些团体不太可能因参与而改变他们的观点。新的辩论平台可能会使先前不同的观点更加分化，而不利于议题审议。

与此相反，涉及专业性议题时，若人们广泛参与辩论，则可能会鼓励不明智的决定，而这些决定随后将会被选民拒绝（请考虑一下，在多大程度上您希望由公民同胞决定货币政策的细节，或决定如何对威胁性的传染病做出反应？）。因此，比起政府能马上利用的知识，一些最有用的工具能动员更多的专家知识，并筛除那些基于意见而非知识的信息。

直接民主的经验也指出了许多其他不太明显的教训。例如，大规模的对话需要一张人脸来协调、响应和综合。这张脸可以是市长、部长或总理，也可以是媒体的某个人物。然后，有必要让人们知道决定的内容和原因。对民主程序的满意似乎更多取决于上述教训，而不是取决于我们自己的建议是否被采纳。良好的数字化形式，与良好的会议一样，除给予爱发言的人空间之外，也会给予安静内向的人空间，它也会日益表明谁的观点具有代表性，谁的观点没有代表性，以及谁与他人有良好的联系，谁被大众孤立。

有些议题会刻意避开日常政治的关注焦点。相反，各机构的设立与各国政府和议会保持合理距离，以便这些机构能够取得更专业的实践智慧。中央银行、监管机构和科学基金会都被设计成长期负责的机构，这隔绝了政治和公众舆论的直接压力。

同时，对于既涉及伦理，又涉及高度专业知识的科学选择来说，公开的公众审议可能会很重要，它既能教育公众，又可以让决策正当化。干细胞研究、基因组学、隐私和个人数据都是这种类型的问题。围绕线粒体研究的争论是成功的公众参与的最新实例，而机器智能的监督管理在不远的将来可能是一个重要的案例。

我们已经很清楚地知道，审议的质量和数量一样重要。一人一票原则通常被认为是民主的绝对要求。但是，许多其他可选方案也有优点，至少对于决策的某些阶段来说是这样。有些人提倡能分辨感情强度的系统——比如，想象一下，如果你有 10 张选票，可以选择是把它们全部集中投给一个候选人和一个党派，还是把选票分散开来。有些人试图复兴 19 世纪的论点，认为专业知识应该给予一些人更大的权重。这种做法出现在互联网的其他部分，尽管它与公平的基本原则相冲突。总的看来，最好的做法可能不是从绝对原则推导出来的单一系统，而应该是一个集合。

这在跨国民主方面更加引人注目，例如，如何帮助欧盟的 5 亿公民有参与感？如何开放联合国的决策制定？[13] 在决策的早期阶段，比如，影响议程的内容，提出想法和审查各种备选方案时，这些新的民主方法的效果好得多。然而，在决策的关键阶段，很难让这些方法起作用，一部分原因是参与的人数不足以达到合法要求，另一部分原因是公共辩论、政治代表和大众媒体之间的互动在国家内部促进了民主，但在全球范围内协调则要困难得多。

上述对民主创新的概述指出了一个基本的结论：民主体系的最终目标应该是反映所有类型的智慧，而不应仅仅专注于投票。它需要能够好好观察从经济事实到生活经验的现实，不被神话迷惑，不被逸事误导。它需要能够使用辩论和审议来推理和考虑，它需要专注于重要的问题，创造性地探索各种可能性，记忆，然后做出明智的判断。

议会只靠自身是不能履行上述全部职责的。相反，它们需要依靠周围社会生态的力量——媒体、运动和大学的力量。政治有独特的思考、观察和记忆方式。部分方式在生成备选方案方面可以发挥良好作用。但是这些方式常常也会简化、减少并钝化证据。竞争政治助长了把注意力从难题上转移开来的民粹主义风格，鼓励了错误信息和最糟糕的确认偏见。未来的领导者不仅需要证明他们有良好的判断力，还要证明他们有现成的计划，这导致他们会投身于愚蠢的想法中，无法脱身。即使系统中本应最有用的部分也可能成为问题的一部分，例如，华盛顿智库行业的产出价值已经超过 11 亿美元，但其产出的很大一部分循环利用了基于观点的研究而不是相反。

政党应该是问题答案中较好的一部分。在最好的情况下，他们擅长理解公众的经验和感受，编排协调政策选项，然后把复杂的问题整合成综合的形式。但是现代政党的绝大多数机制都是专注于竞选活动而不是思考，只有少数例外，例如德国政党（他们获得了慷慨的国家资助来帮助他们思考）。这是以下问题的众多原因之一：为什么主宰了 20 世纪政治的党派模式早就需要重塑？为什么西班牙、意大利和其他地方的试验至少指出了未来人们可以怎样更有意识地设计政党，让政党能够思考，而不是成为职业政治家的拉拉队长？

对改革者来说，政治家的角色尤其具有挑战性。怎样做比较好？是拥有一群高技能的统治精英，就像有的国家通过数十年的强化培训来让领导人做好准备的那种方式？还是统治者真正代表他们所服务的人民，包括反映了人民的多样想法？是促进较高的人员流动率，例如通过任期限制？还是鼓励一批熟知系统工作方式的专业政治家成为骨干？

在我看来，应该对领导者进行评估，了解他们是否为工作岗位做好了准备，还应该培训领导者以弥补其不足，领导者也应该在工作中系统学习。我们应该要求系统足够开放，在任者能够被解雇，同时又不能太过于有流动性，以免系统由不专业的人运行。这意味着教育在领导者岗位上需要发挥更重要的作用。然而，在西方，这是非常稀罕的观点。

这是在不同规模上可能找到不同答案的许多问题之一。像雷克雅未克这样的小城市可以运行一个成功的在线工具，让公民提出想法和评论。这种方法提出的观点直接而现实。而在另一个极端，像美国这样一个有着 3 亿人口的国家，或者像印度这样一个有着 13 亿人口的国家，必然很难运用网络参与的办法，因为资金充足的游说团体可能会更善于操纵网络参与这种系统。在上述较大的规模上，更系统的规则，更多的对管理的管理，以及中介和代表发挥更大的作用，这些是不可避免的。民主不是分形的；相反，它是一种现象，就像生物一样，较大的规模需要不同的形式，而不仅仅是城镇或社区系统的比例放大。

民众可以帮助完成许多事情，但是他们特别不适合设计新制度，制定激进战略，或者将零散的政策结合形成连贯的计划。他们善于提供数据和想法的输入，但不善于做出判断。

因此，在设计看起来更像是集体智慧的新型民主时，设计师们所面临的挑战就是要注重细节。出现的新型民主很可能是一种混合物，融合了具有代表性和直接的因素。而且当选人民代表仍然责无旁贷。换言之，最能发挥作用的并不是从几个绝对原则推导而来的纯粹的民主形式，而应是一个集合，它能够根据经验发展进化，在未来回顾时，它能够经受考验——扩大而不是钝化了社会集体智慧。

第 16 章　社会如何作为一个系统来思考和创造？

并不是当你面对了，任何事情都能改变。但是，如果你不肯面对，那什么也改变不了。

——詹姆斯·鲍德温（James Baldwin）

整个社会如何自下而上或者自上而下地思考？如何设想激进的新选择？系统如何从系统的角度进行思考？

我们从中很容易看到约束激进思想的因素：惯例的拉动、强大利益的影响，以及对反映了这些利益的心理框架加以强化的惯性。一个人越专业，他／她就越难看到其他可选项——这就是"初学者头脑"这样的概念有很大价值的原因，这也是我们为了学习需要忘记的原因。知识可以给予力量，但也可以给予限制，因为突触模式会变成习惯性的模式。

然而，社会确实会进行激进型思考。通常，取得了丰硕成果的各种实验和创新在前沿发生，在这些前沿地带，人们创造并推广新的生活和工作方式,或者企业家创造新的业务方式。在极少数情况下,他们掀起了大规模革命。在更常见的情况下,他们的各种想法的传播是由较为靠近权力中心的转化人员进行的,正是这些人发现、投资和推广了这些新方式。政党是把外围的能量转化为权力、优先权、法律和宪法语言的一种方式,社会运动可以发挥同样的作用。在某些时期,大学在创造替代选项方面发挥了重大作用,当面对艰巨的挑战时,政府领导人可能会任命一位杰出的教授,组织专家团、顾问团和委员会来设计答案。

上述方式中最好的是有意识的批判性思维。批判性思维没有受到我们周围世界的自然性的欺骗,而是将周围世界视为一种非天然的、可变化的人造建筑物。它看待历史时,不仅着眼于胜利和著名的东西,也着眼于被压制或被忽视的东西。它以同样的方式看待现在——让其他观点和被忽视的利益浮出水面——并将未来看作是可能性。

这种批判性思维已经改变了我们的社会看待社会性别与物理性别、种族与殖民主义、残疾与环境的方式,各种批判性思考的衡量标准就是思考新思想和认识新真理的过程可能会令人深感不安。

每种批判性思维都涉及重新发现和解构,然后是创造和塑造的艰苦工作,把深入见解转化为法律或制度。有种观点认为,这种工作只能由直接受到影响的人来进行,而且激进分子有充分的理由想要扩大边缘人群的声音,这些边缘人群常常被忽略,偶尔人们注意到他们时,也仅仅把他们看作抽象概念、类别或数字。然而直接经验并不是相关思想的先决条件,纵观历史,已经有过很多没有直接经验的人承担过社会设计的工作，他们对于试图解决的问题并没有直接的经验，也几乎没有真正的正当性。但是这并不能阻止他们的工作卓有成效。在科学和技术领域也存在同样的情况。

批判性思维的每个要素都有不同的验证原则。如果要验证重新发现的另一版本的历史，采用的验证方式可以与验证其他历史所用的方式相同——有证据、著作、文物，还有不这样解释就无法解释的难题。当前的事实也可以这样验证：比起其他思考方式，批判性思考能够以更深入、更丰富、更强有力的解释能力指出当前的真相。然而，提议改变的建议不能以这种方式来验证。要想验证这些建议，唯一的方法就是实践——尝试实施建议，并在实施过程中学习。没有人可以事先证明一部新法律或一种新的社会管理方法实际上可行。相反，对任何人而言，最好的做法就是集合各种元素——实验、例证和类比，这些元素聚合起来形成一种不同的运转事物的方式。[1]

激进的系统

我想将上述论证应用于以下问题：系统如何作为一个系统进行思考？我们生活在各种维系生命的系统之中，这些系统为我们提供能源、交通、医疗、教育或食物。通常这些系统将多种组织和角色结合起来，并依赖于法律、法规、文化和行为。

举个例子，请想象一下，如果要支持一位 80 多岁的体弱老妇人在家居住，并帮助她生存下去，这种支持系统会是什么样子的？它会包括医院和医生，当她摔倒或需要开药时，医院和医生能够帮助她。这个系统也可能包括来访的社会工作者和卫生随访员，他们会协助她，满足她更为日常的需求。她亲密的家人可能会拜访她，给她买东西，并给予她情感上的支持。如果她足够幸运的话，她可能会得到一些专业的服务，例如，瑞典的"修理工斯温"（Fixer Sven）可以帮助她完成一些简单的任务，如挂照片或更换天花板灯；或者美国的 ITN 可为她提供搭车服务，或可安排一位与她住同一幢大楼的门房照顾她。

上述各种小型系统形成了一个松散的大系统。但这些小型系统很少作为一个大系统运转。它们不会相互交谈、分享信息，或就提供的帮助互相协调。它们与集体智慧相去甚远，那种集体智慧可能对她更有用，能够预测她的需求，并能迅速、友善和高效地满足这些需求。

那么系统怎样才能作为一个系统来改变自身，并避免一些根本性的失败呢？它怎样才能更像一个集体智慧呢？

系统为谁提供服务

一个刚过 80 岁的孤身老妇人生活在一个相当繁荣的西方城市，这个例子突出表现了系统的人性化是多么困难。她很可能有多重健康问题，疾病反复发作，危机多次出现，这让她进出医院多次。她可能缺少亲密的朋友和家人，从国家的角度看，她很可能是"高风险"、高成本的。她极有可能对自己的情况很不满意，虽然她与许多正式系统有互动，但这些系统没有一个真正了解她。即使系统的各个元素运作良好——例如，当她呼叫时，救护车会飞速到来——但各种各样最优化元素的净效应明显未达到最优状态。如果系统能帮她更好地预防各种危机，在她自己家中对她进行更好的照顾，给她更多的日常情绪支持，对小危机快速做出反应，这些都会使她的生活更加美好。她需要的是善于观察、记忆，有更好的同理心和判断力的集体智慧，这种集体智慧可以维护与她状况有关的知识，但是现有系统很难提供上述服务。

这个问题是现代城市的典型问题。大规模的行政部门已经比较善于处理标准化的需求和任务，例如提供初等教育和税收等。然而，它们并不善于处理这些较为复杂的任务，这种任务涉及多个机构，涉及生理需求和心理需求的集合，涉及多种原因造成的影响。[2]

自我认知

系统第一个任务是认识自身：谁是系统中的一部分，谁又不属于系统？简单的答案是用以下问题来确定界限：谁能够对问题的可界定部分产生重大影响？在上述例子中，计划外的急病住院患者可以提供一个重点观察对象（以及可测量目标的来源，例如，我们如何将这些数字减少50%？）。系统的界限可归结为：谁把问题视作是自身的问题，或自己可以有所贡献的东西。[3] 但是，边缘上可能有模糊不清的地带，特别是当我们在识别家庭和社区的角色时。[4]

有些工具可以反映谁在系统中。例如，社交网络分析方法可以调查相关人员，询问谁对他们有帮助或他们从哪里获得信息。这为系统的日常运作创建了一个更真实的系统日常工作地图，而这副地图通常与正式机构或高层视角并不一致。

接下来我们转向识别：这里要解决的问题是什么？国家可能把她看作是提供医疗护理的问题，目标是让她的急性病迅速被发现并得到治疗。但是她谈到自己的需求时会说些什么呢？从我自己对孤单体弱的老年人进行访谈的经验表明，他们给出的说法与系统给出的不同，比起临床治疗，他们更加重视支持、护理和友谊。

民间社会和媒体在不断重复的主张和争论中扮演着各自重要的角色，而这些主张和争论把个人经验变成了公认的公共问题。社交媒体作为社会问题的传感器，变得越来越重要。80岁老人的独居率的上升成为公认的问题，这是一个很好的例子，它已经从一个纯粹的私人问题转变成了一个部分程度上的公众关注问题，助长这种变化的是人们担心老年医疗服务成本上升，同时基于医院的系统认识到身体和心理疾病与长期孤独相关。常见的情况是，任何数据都没有捕获到最重要的现象，尤其是官方数据。孤独就是一个很好的例子，它是不能测量的，并且常常不是因为存在，而是因为不在才被注意到的，例如那些没有接听电话的人。

然后问题必须转化为格式正确的问题，也就是说，容易采取行动的问题。这通常意味着将它们转化成经济的、社会的、行为的、政治的或法律的等各种可识别的形式。[5] 在孤独老人的案例中，我们可以看到同一个问题的几个表现的汇合：对于医学界来说，这是一个糟糕的健康状况问题；对于政府和财政部门来说，这是一个成本问题；对公众而言，这可能是一个不幸福的问题。

接下来要做什么？在某些情况下，存在可用的知识库。例如，有与患有多种疾病的 80 多岁老人相关的大量临床证据，以及关于如何对服务加以组织的相当数量的证据，在诸如科克伦协作网（Cochrane Collaboration）的项目中收集了这些证据的一部分。然而，令人惊讶的是，在这个特殊的案例中，系统层面的知识并不多；大多数证据侧重于特定干预而不是这些干预的集合。

鉴于知识上的巨大差距，该系统需要找到途径来创造新知识以填补这些空白，并正式组织创新——激发理解、寻找选项和运行试验，而这些创新要么侧重于离散的干预途径，要么侧重于系统。[6]

外部压力能够迫使系统采取行动，但调动情绪也可以激发行动，并提醒相关专业人士，为什么提供更好的服务对他们来说非常重要。以下情况下系统更容易采取行动：系统领导（比如地方政府或者卫生服务部门的领导）有明显的承诺，或存在一种紧迫感（比如 90 天或者 100 天的成果目标），或存在鼓励个人责任感的同伴压力。[7]

如果我们对文化动态有所理解，会相当有益。团队文化理论（Grip-group theory）认为，所有组织、所有系统内部都包含着相互矛盾的文化：层次结构、平等主义、个人主义和宿命论。如果其中任何一种文化变得过于占据主导地位，就会导致病态。因此，成功的系统可以找到各种方法来调动不同类型的忠诚——来自对层次结构的认同和服从的忠诚（如在医院内部），感觉自己是群体中的一部分（比如与病人群体合作的医生）的忠诚，以及来自物质激励的忠诚。再为那些可能抗拒的人加上宿命论，这样你就得到了许多真实系统的可识别的图像。[8]

最近有些试验使用了按成果付酬的方法，即对孤独状况的减少加以奖励。这些试验结合了上述三种主要文化，等级制度的层次结构支持了这些试验（如上述例子中的地方议会和卫生系统）；筹集的资金动员了志愿者，志愿者们想帮助团体的愿望激发了他们的积极性；而参与的组织也会严格根据范围内的可衡量的改善得到经济报酬。[9]

从长远来看，真正系统性变革的大多数实例都涉及相互加强的因素——技术、商业模式、法律和社会运动都指向相似的方向。20世纪的一个很好的例子就是对待垃圾的态度的巨大变化，这种变化使我们所有人分担了处理生活垃圾的责任，并促使了资源回收的巨大进步，这取决于自上而下的命令和法律、自下而上的忠诚和横向的市场激励三者的相互作用。有可能我们可以看到各种系统会有同样巨大的改变，这种改变会使用新的辅助技术、商业模式、日常规范（关于子女或邻居的责任）和专业实践，让老年护理成形。有些国家展示了一种极端做法——用公共摄像头来识别哪些孩子没有去看望年老的父母，然后直接给他们发消息（而且可能会扣减他们的"社会信用"分数加以惩罚），其他国家可能会选择更轻的同侪压力和激励组合。

然而，在任何情况下，为了系统能够良好运转，并能真正服务于本章开始所描述的孤独的80多岁老人的护理问题，就需要借鉴在其他类型的集体智慧中所发现的模式。系统需要创建一种自主智慧，或者说一种公共资源，它反映、描述和理解正在发生的各种事物，包括日常经验和更客观的事实，例如计划外的患者入院人数。[10]系统会需要各种相互平衡的能力以观察、创造、记忆和综合。它也需要能够聚焦——以个人经验为焦点，以推动系统处理真正重要的事情。它还需要一种反思能力——从个别的失败案例中学习，并发展自己的思考系统。

这一切本质上都不是困难的事，这些任务远不及设计加速器来发现亚原子粒子，或者把太空船送进遥远的星系等任务费力。但是只有很少的智慧致力于解决这些任务，所以我们只能对付着使用这些仅算是集体智慧的苍白影子的系统，结果导致千百万人的生活都不是那么健康和快乐。

第 17 章　知识共享时代的兴起

它为所有人服务

互联网的设计完美适用于共享——让人们可以免费获得数据、信息和知识。它是公共资源的纯粹表达，或者说，是人人都可以使用和分享的东西这种想法的纯粹表达。它同样也是不受传统权力控制的集体智慧理想的纯粹表达。

但是，主导互联网的许多组织都是按照几乎相反的原则组织起来的，它们作为私人公司运作，向第三方出售访问路径、定向广告和个人数据，这些做法为企业家和投资者带来了巨大的财富收益。然而，像优步、脸书和易趣这样的公司所采用的模式并不是唯一可用的模式，而且在最糟糕的情况下，有可能会使任何智能社会所依赖的信息和知识的质量降低，而算法会操作和扭曲决策，在最负面的传播情况下，会更容易吸引谎言，而不是令人不舒服的真相。

我们需要不同的模式，而一个网络化的世界需要多元化、竞争以及多种形式共存。在本章中，我着眼于各种公共资源，这些公共资源能够并越来越应该支持集体智慧，它们成为了帮助整个系统思考的新集合的一部分。实体公共资源面临的主要威胁是被过度使用，而虚拟公共资源面临的主要风险是生产不足。在这里我将展示该如何克服这种风险。

什么是公共资源

我们依赖的许多东西都是公共资源，这些资源可供任何人免费使用，比如清洁的空气和水、森林和公共图书馆，以及大部分科学。在过去的几十年中，公共资源的新成员已经崛起，它们是数字技术的产物，可以提供零边际成本的服务，这让它们非常适合作为公共资源。

互联网和万维网就是实例，像 GitHub 这样的开源软件和资源库也是如此。其他公共资源则存在于医疗护理、证据汇集、知识和经验等领域。脑部对话（Brain Talk）是一个很好的例子，它提供有关神经系统疾病的知识，并主持小组讨论和评价。通过互联网提供的许多其他服务也具有一些公共资源的属性，即使它们并未按照公共资源的组织方式来组织。多一个人使用谷歌搜索引擎或脸书的成本接近于零，并且谷歌搜索服务与脸书服务是免费提供的，它们能迅速成为共享资源，尽管它们是经由广告融资——通过广告把关注度与点击率转化为金钱。还有一些数字服务是更为明显的公共资源，它们由义务劳动支持（如维基百科），或由慈善事业资助（如可汗学院）。有些数字公共资源是由政府支持的，还有一些是由特殊税收支持的，例如英国广播公司（BBC）。

前几代通信技术也具有一些公共资源的性质。当这些技术出现时，发现新经济模式的蓬勃创新也随之而来——有税收，有执照费，有受监管的垄断，还有重新定向资源，这些创新都支持了新出现的通信技术［例如英国的第四频道（Channel 4），最初主要是通过主要商业频道的广告收入来取得经费］。一些最成功的解决方案是作为公共资源取得公共资源经费——也就是说，特定的服务由集体而不是某个人支付。这样的结果就是出现了相当多元的广播和电视经济的混合体。相反，互联网的到来并没有促进这种创造力，原因很复杂，与意识形态和心理上的偏见有关。每个城市中心都是结合了公共资源、私有资源、商业资源和民用资源才能繁荣，而互联网还没有找到相应的平衡点。

那么什么是公共资源？这个词被用来指价值可以公共占有或共享的东西，或可以共同拥有、管理和融资的东西（但不是由国家运营）。在经济理论中，"公共物品"（public good）这个术语通常用来指非竞争性和非排他性的资源，例如空气和防御。一个人使用公共物品，不会减少其他人可以获得的公共物品，而且公共物品这类资源就其本质而言，很难用清晰的边界将其限定。而"公共资源"（commons）这个术语更常用于非排他性但有竞争性的资源：如果我利用公共土地进行放牧，那么对于其他人来说，剩下的可用公共土地会变少，而电磁波段也是如此。然而，若更仔细地进行观察，就会发现这种区别会变模糊——甚至清洁的空气也不是真正非竞争性的，因为我的汽车造成的污染会降低他人获得的空气质量——而在数字世界里，公共资源和公共物品混杂在一起。互联网可能看起来是非竞争性的，但它依赖于昂贵的服务器、频道等。同样，虽然像维基百科这样的服务，还有像互联网这样的工具是以非排他性的方式组织的，但是没有任何东西可以阻止数字技术被付费墙所包围。就这一点而言，它们不像空气或水那样"类似公共资源"，但仍然具有许多公共资源的特性。

如果定义的第一部分涉及事物的性质，那么第二部分涉及它的组织方式，公共资源由人们共同拥有，并由人们共同管理。传统的公共资源可能由一个村庄、信托机构或特定的社区（如林农）拥有，而传统上，森林、湖泊或放牧场地是作为公共资源来取得经费并经营的——也就是说是集体支付，或通过集体和个人的联合支付（有个经济学分支学科就是研究公共资源的，该学科由诺贝尔奖得主埃莉诺·奥斯特罗姆率先提出，并已经发展壮大）。公共物品往往通过税收取得经费，或由政府提供经费，但有很多公共物品是由公共联盟而不是由政府组织的，例如，为某个行业或地区提供保护的安全服务，或者街道照明，并没有规定说公共物品必须由政府提供经费。

根据这些定义，我们至少可以区分四种相关的现象，而我将在后面更详细地讨论这些现象。头两种现象明显符合公共资源的定义：传统的自然公共资源，如空气、水和森林，以及行为方式和明确的组织方式都与公共资源相符的"真正的"数字公共资源，如维基百科。其他两种现象与纯粹的公共资源有所重叠，但它们不符合第二个标准：一种现象是提供部分公共资源价值，但不是作为公共资源来组织的服务，例如谷歌或脸书。我称其为价值共享资源（value commons）；另一种现象是公共物品，例如，由纳税人和国家（可能是民主、独裁专政，或在任何意义上都不是作为公共联盟而管理的帝国）资助的广播服务。

新的数字公共资源

数字技术使信息或知识公共资源成为可能，而这些公共资源帮助我们以接近零的边际成本获得信息。互联网本身是一个传统的公共资源。TCP/IP 协议（传输控制协议 / 因特网互联协议）使用的算法会分配资源，并防止任何一个用户过度使用容量。其他的例子则是处理信息或知识的工具，如搜索引擎。谷歌可以被理解为一连串公共资源——它复制整个网络上的链接并在共享服务器上建立索引，然后提供免费搜索引擎来与个人数据相交换。可以说，尽管谷歌不是作为一项公共资源运营的，但是却提供了历史上最成功的公共资源服务，它普遍性地提供了一项免费服务，大大地帮助了数百万人参与各种数字项目。

最近一些类似公共资源的数字服务是网络交换平台，例如易趣、阿里巴巴或亚马逊，它们其实有点类似于一种传统的公共资源——城镇中心的市场。有些数字服务是知识来源，比如开放数据，学术研究出版物，或者取名为数字共享（Digital Commons）的组织，它们为教育资料提供存储资源库。有些数字服务是处理身份的方式，比如开放授权（OAuth）。还有一些数字服务是技术工具，比如区块链，人们用它来创造新型的资金和验证模式，而不需要中央当局介入。

整个数字通信"堆栈"可以被认为是一系列的层次，每个层次都具有一些公共物品和公共资源的特征，也有一些私有物品的特征——从提供连接的基础物理层，到数据、网络和传输，再到应用程序和服务都是如此。"堆栈"反过来依赖于其他的公共资源：卫星使用的对地轨道和手机使用的频段。

公共资源脆弱吗

人们常常认为公共资源很脆弱，这是源于加雷思·哈丁（Gareth Hardin）在 20 世纪 60 年代后期发表的一篇极具影响力的文章——"公共资源的悲剧"（tragedy of the commons）。他称，由于缺乏产权，公共资源的使用者总是会对公共资源过度开采。以这种视角来看，过度放牧和过度捕捞是可预测的模式，这需要通过强大的国家意志或强大的产权制度来解决。

但数十年的研究表明，这些悲剧并非不可避免，主要是因为这个理论大大低估了社区的智慧，只要社区有足够的时间建立信任，有大量的机会进行沟通，人们就能够非常智慧地管理共享资源。

在数字世界中存在着类似的担心，这种担心认为反社会行为、网络攻讦或犯罪活动可能会毁掉新的公共资源。然而，与自然公共资源的情况一样，监管和治理规则已经发展到能够制约许多最严重的违法乱纪行为。

信息和数字公共资源与常见的自然公共资源之间的最大区别是它们所面临的风险本质。正如哈丁指出的那样，自然公共资源面对的最大威胁是过度使用导致的资源枯竭，因为个人用户有很强的动机取用超过公平份额的资源。但这对于可以以低成本无限复制的信息来说并不是问题。相反，信息和数字公共资源最大的风险是供给不足，因为知识和信息很难封装起来，很难变成商品，因此可能在系统层面上出现供给不足。人们创建了许多制度以支持各种专利、版权和知识产权，旨在通过给个人提供报酬以回报其共享行为来解决上述问题。然而，在数字环境中，复制变得如此容易，以至于让保护和监管各种专利、版权和知识产权变得更加困难。这实质上体现了当代数字经济的最大问题，许多本应非常有用的服务在传统的竞争性市场中根本无法实现。

作为企业的数字价值公共资源

近来具有某些公共资源特征的数字平台和服务大多数都是从私人企业成长起来的，它们具备经典的商业所有权模式，包括公司的上市。因此，企业管理者不得不把精力集中在赚钱并向股东分红上。这些数字平台和服务的管理方式看起来不像传统的公共资源，与此同时，虽然近代数字技术往往鼓励信息和知识的最大限度的流动，但这些私营公司所使用的商业模式却常常依赖于创造人为障碍来获利。

所以当微软销售软件时，它必须构建更复杂的安全屏障来防止被复制（虽然它本可以像 Linux 操作系统一样选择将其作为开放资源）。网飞公司（Netflix）或电视直播应用"天空"（Sky）必须将可能成为公共资源的东西（如传统广播电视）变成传统商品，这些商品被昂贵的障碍和收费壁垒所包围。其他的公共资源依赖于从次要活动取得收入的商业模式，谷歌继续通过销售有针对性的广告来获取约 85％的收入（该数字在 20 世纪初期为 98％）。脸书每个月拥有近 20 亿用户，同样严重依赖于广告，以及各种收益分成安排。有些公共资源规模巨大，例如品趣志（Pinterest）是非常有效的公共资源，它分享了从家庭装饰到时尚的一切与设计有关的东西。有些公共资源很小，例如分享针织和编织信息的"编织人生"论坛（Ravelry），这是一家由广告取得经费的营利性公司，但是对于对针织和编织有兴趣的人来说，它就是事实上的公共资源。

还有其他更传统的商业模式，比如，对交易抽取小额佣金的商业模式（例如爱彼迎、移动钱包服务 M-Pesa 或亚马逊）。但是，数字经济的核心业务模式中很大一部分要么依赖于降低技术的效用，要么依赖于一种间接模式，在这种模式中，表面上的客户并不是真正的客户。谷歌或脸书很少会向用户说明它们的商业模式，大概是因为如果太频繁地提醒用户，公司的真正客户是广告商，用户会感到不安，这与购买一块面包或付钱在电影院看电影不同。过去许多媒体企业都采用类似的方式，《伦敦时报》（*London Times*）的头版直到 20 世纪 60 年代都布满分类广告，包括电视观众也一直不得不忍受广告，但是现在不匹配的程度要大得多了。

公平地说，新的数字业务别无选择，它们在没有其他选择的情况下选择了实用的答案。众所周知，在投资者即将迫使谷歌将其数据交给一个纽约广告代理商之时，谷歌为自己找到了处理好此事的办法，而新的数字创业公司正面临巨大的压力，得证明它们能取得看起来合理的收入——这些收入有时来自直接支付，但通常来自广告销售或各种使它们的服务更具排他性的付费墙。

先发优势和网络效应相结合，给少数几个进入新领域的企业带来了巨额资金的收获。从这时开始，这些公司收集数据的能力超过了其他任何公司，并且获得规模经济和范围经济的优势，这些都为其他公司进入市场造成了障碍。谷歌的首席科学家彼得·诺维格（Peter Norvig）评论说："我们没有比其他人更好的算法；我们只是有更多的数据。"

一些数字公共资源采用不同的模式取得了成功。有少量数字公共资源由慈善事业资助，并得到大量义务劳动投入的支持，维基百科就是其中之一。知识共享（Creative Commons）既是把信息作为公共资源提供给用户的法律工具，也作为慈善资助的公共资源而运行，而 P2P（个人对个人）基金会与各种免费/自由和开源软件基金会也是如此，如阿帕奇软件基金会（Apache Foundation）。可汗学院是非商业性方法的又一个案例，它给用户免费提供大量的教学工具，它的经费来自拨款资助，尤其是比尔·盖茨（Bill Gates）的拨款。像 Change.org 这样的竞选平台所用方法又有所不同，它们作为私人企业运行，依赖从非政府组织收取的费用，尽管要对商业投资者负责，它们仍是"演讲者之角"（Speakers' Corner）的现代版本。而像伦敦交通网（Transport for London）这样的交通信息服务又采用了不同的方法，它由公共机构提供服务，与传统的公共资源类似。人们对交通信息服务是否应该收费进行了激烈辩论，但是免费提供服务引发了新的交通应用软件的爆炸性增长。英国广播公司以有趣的方式围绕公共资源进行了创新，特别是通过 GitHub 对新软件开发做出了贡献。[1]

但互联网上的大部分经济活动遵循不同的原则，谷歌和脸书总共占据了所有网络广告 85% 的份额，并极大地压缩了报纸等相关行业的生存空间。为了做到这点，它们在很大程度上依赖个人数据的销售和再利用，而这种行为却没有取得用户明确的或有意识的授权。公司向广告商销售服务，而不是向用户销售。事实上，公司在向第三方提供利益。正如一位评论员所说的，给和牛按摩是为了让牛肉更鲜嫩可口，而我们其实就处在和牛的位置上。[2] 就像牛一样，我们的利益是非常次要的考虑因素。

随着技术在越来越大的规模上吸收和分配数据，这种不平衡只会变得越来越糟。谁会拥有纽约第五大道所有零售店或数百万台闭路电视（CCTV）生成的面部识别数据？谁拥有智能手机收集的数据，可以用它来识别餐馆或酒吧中的人？对于自己被识别，且大公司有能力绘制人们内疚或愤怒的表情图谱等情形，人们应该在多大程度上保持轻松的心态？

为什么经济模式的创新如此之少

无线电发明之后的时期，与今天有些相似之处。和数字网络一样，无线电技术应该如何取得资金来源及其试验研究等方面，也存在很大的不确定性。有些人认为公众可以通过短期租用，为无线电提供资金。马可尼公司（Marconi）尝试了新闻订阅广播，美国有 200 所大学申请无线电执照来创造教育媒体，政策制定者考虑"广播费"

和设备税，人们花了很长一段时间才意识到这是一对多而非一对一的媒介。然而不久之后，世界跌跌撞撞地发现了一系列解决方案，例如，插播广告、赞助、捐赠，还发明了执照费，而且非常多的公共广播机构最终无须通过税收取得经费，并拥有不同程度的独立性。

其他领域在公共资源方面也出现了重大创新，其中包括利用大范围什一税和其他税收为河流、海滩、森林和公园的管理提供经费。最近的例子包括经济开发区，也就是由投票决定对公共区域进行改善，并用对市中心的企业征税的方式提供资金。

互联网的无处不在衍生了各种寻找新融资模式的创新浪潮，人们发挥非凡的创造力努力收集数据为服务提供经费，有的将点击率和关注度转化为收入，有的致力于创新订阅模式，有的利用众筹，还有的利用小额支付技术。但是，这些努力极少能带来将公共资源公有化并取得经费的方法，基本上还是将私有数据变成商品进而取得经费。当然，许多模式都是高度掠夺性的：聚合平台从一方取得内容而不付费，向第二方收取广告费，并允许第三方免费使用内容，这大概就是谷歌在数据库中数字化几千万甚至上亿本书籍时发生的情形。

历史学家将最终评估为什么这些经济模型会扎下根来。一个明显的答案是，企业家和企业自然会去做那些他们能够不用付出代价的事。然而，更全面的答案必须包括新自由主义意识形态的主导地位，这意味着不会有人赞成在商业上入不敷出的模式。更全面的答案也包括硅谷的影响，硅谷往往会给予传统的商业投资模式特权（同时又依赖于基础研发的巨额国家补贴）。我们都认识到，虽然我们愿意为汽油或罐头食品付款，但是我们不应该为投票权付费，犯罪受害者也不应该因受到警方帮助而付费。公共产品取得经费的方式最好与商业服务不同。然而，数字世界的创造者和完善者在很大程度上都忽视了这个事实。

一个实际的结果是，许多数字平台依靠风险投资提供经费，这往往会促使它们偏好于快速的收入增长，同时导致行为模式的协作性差，掠夺性强（因为只有一个重要的成功标准：利润）——矛盾的是，这种模式常常会破坏其经营的长期可持续性。[3]

缺口：缺失了什么

把零边际成本的产品和服务变成一个可行的经济模式，这是一个艰巨的挑战。艰巨意味着许多可能对集体智慧有贡献的新公共资源并不存在。它们不存在是因为它们需要以公共资源取得经费。但没有人愿意或能够提供经费。

超本地化媒体就是一个例子：新闻服务在几千个街区范围内运行，告知你什么事情正在发生。许多国家的公众对邻近地区发生的事有着浓厚的兴趣。然而，这样的超本地化网站如何融资？答案并不明显。传统的答案——同时也是地方新闻的传统答案——是分类广告。但是现在，分类广告领域成了其他公共资源——谷歌和脸书的自留地，这让新的地方性组织难以与其竞争。因此，真正能满足人们需求且供应价格相对低的公共资源却在系统层面上就供给不足，目前只能依赖于热心的志愿者。[4]

另一个例子是有关健康的可靠知识。如何治疗疾病或对病症进行良好调理显然非常有价值。它也是传统的公共资源，因为任何基于证据的指导都依赖于大量的综合数据和知识，其中部分指导通过公共卫生系统（如英国国家卫生局）和某些项目（如科克伦协作网）提供。相比较而言，市场上近 20 万个健康应用以及报纸和杂志上提供的健康信息有着不同的可靠性和质量。我们很容易看清真正的健康知识公共资源可以创造出的价值，它以有用的方式聚集了所有可靠的知识，对于自身的基础证据强度有清晰的指南，但是除了通过政府或慈善机构几乎没有简单有效的办法可以为这种公共资源提供经费。[5]

另一种不同的缺口是为在线活动提供可信赖的身份。创造和管理身份的真正可靠系统是传统的公共资源，它创造了巨大的价值，不仅直接服务于个人，也服务于整个社会和经济。这是一项既不适合于私营公司，也不适合于政府的任务，除非它们取得人们的信任（尽管印度的阿德哈尔生物识别身份认证项目在大规模尺度上运转良好）。[6]

像教师这样的从业者领域的有用证据也属于这一类。尽管全球教育支出规模巨大，但没有人认为：向数百万计的老师提供精炼知识，说明什么有效什么无效的工作是自己的责任。英国的教育捐赠基金会（Education Endowment Foundation）是最近的一个试图填补这个空白的例子，它以在约翰·哈蒂（John Hattie）这样的人物带领下的开拓性工作为基础，运转良好。它是一种集实验、分析和知识综合于一体的集合，其他新的"什么起了作用"中心也将尝试提供类似的知识。[7]

更重要的也许是在主流媒体上提供真实的评论。许多组织坚定地投身于报道真相，例如英国广播公司、《金融时报》（*Financial Times*）和《纽约时报》（*New York Times*），现在还有许多志愿博主自行开展调查。但令人惊讶的是，有许多媒体机构并不重视真相和准确性，而经济压力常常可以解释这一点。此外，为严肃的调查性新闻事业争取足够的经费也非常困难。最近的许多举措都试图填补这一空白，独立非营利性的 ProPublica（新闻网站）是其中之一。对话（Conversation）是另一个有趣而罕见的反例：它是一种新的公共资源，也作为公共资源来取得经费，它借鉴大学学者对各种事件的发言和评论，并使用现代新闻的最佳方法编辑材料。它通过大学和慈善机构的拨款（适度地）取得经费，然而它凸显了互联网时代令人惊讶的真相：讲述真相的经济基础是如此脆弱。如果媒体聚焦于积极的社会变革例子而不是强调灾难，它也会面临类似的挑战。[8]

更为严重的是社交媒体的设计，社交媒体使用了强化人们已有的想当然和社交网络的算法，根据信息传播的距离对信息进行奖励。其中一个结果就是，人们经常为自己身处社会所站的立场而感到惊讶——这与他们在自己的社交网络中听到的声音（常常与自己看法相同）是不一致的。一些明显的谎言（如教皇声称支持特朗普、"9·11"事件的阴谋论）这些信息没有得到任何核实就被广泛传播。这再一次体现了现代商业模式的直接结果——它将本应是公共资源的平台当作获取点击率的重要手段。[9] 2016 年，美国总统选举期间人们对假新闻的极度愤怒可能会变成一个转折点，并迫使脸书、谷歌和其他企业认真对待这个问题。这种愤怒也会鼓励旨在将真实性内置于搜索引擎的举措，例如信托项目（Trust Project）。社交媒体平台的规模夺走了其他媒体的光彩，在脸书拥有 20 亿用户的同时，全球最大报纸——日本的《读卖新闻》（*Yomiuri Shinbun*）只有 900 万读者，而美国有线电视新闻网（CNN）、福克斯（Fox）和微软全国广播公司（MSNBC）的每日收听人数仅为 310 万。然而，目前尚不清楚，互联网巨头或其他组织是否已经找到了在大规模尺度上为大众提供真实信息服务的可持续的经济模式。

法律及其实践是另一种传统的公共资源。虽然法律本身是由集体决定的，但是法律的解释和实践却并非如此。大型律师事务所在昂贵的专有知识管理系统中组织法律知识，并销售这些系统的产品。对于公众来说，个人律师或法律咨询中心的技术知识能够提供一些帮助。

但是，利用现有技术，法律可以以更有效的方式组织起来，使更多的法律知识能够作为公共资源被人们使用，并把有偿服务集中到有建设性的解释和建议上。所有的法律和判断都可以以机器可读的形式公开化，允许开发软件来预测案件的可能结果。像 BAILIE 这样的平台可以访问英国和爱尔兰的法院案件，这些平台向正确的方向前进了一步，但它们的原始数据是封闭的。技术也可以用于开放访问法律信息的路径，例如，基于人工智能的法律机器人 DoNotPay 已经在英国赢了超过 16 万件案子，而机器人则正在被用来提供廉价的法律咨询。同样，合同的世界可以开放，模块化，并有可能建立在区块链技术上（例如，洪都拉斯宣布它将使用区块链创建一个安全的土地登记处，但实施过程却不怎么顺利）。然而，这又是一个必须作为公共资源来融资的公共资源。

最令人感兴趣的未来公共资源之一是城市交通数据的汇总。在未来的几十年内，人们将有可能彻底改变出行的组织方式。原则上，城市中的车辆交通可以组织得像电信网络一样。司机提供目的地，但是网络会选择最佳路线，协调交通以最大限度地利用系统。在卫星导航系统的帮助下，上述情形在一定的程度上已经实现。如果未来出现无人驾驶汽车，我们又会前进一大步。然而，人们能否共享系统改造的全部红利，这将取决于所有数据是否汇总为公共资源，而很大程度上会涉及同时存在的多方利益的管理和协调，以及明确如何提供和使用数据的规则。

我们已经能够明显地看出，无论是地方还是国家甚至在全球各个层面都可以找到公共资源，一些最有价值的知识性公共资源本就是全球性的。我们还应该清楚地看出，这些公共资源是集体智慧必不可少的组成部分；的确，即使在微观层面上，任何一种集体智慧都需要依赖于某种知识的公共资源。[10]

当无线电以及后来的电视出现时，新的经济解决方案主要来自国家层面，通过税收、执照费和质押金，还有广告和赞助等方式来取得经费。各国政府也可能在帮助新的数字公共资源取得经费方面发挥决定性的作用，也许可以通过重新定向广告收益，让一些收益从汇总平台转到公共资源上（这种模式被用于为部分公共服务广播提供经费），也许可以通过新的税种（比如，对机器人或传感器征税），或者通过对使用个人身份征收微型税。

在全球范围内，有很多实例利用全球资源来为全球公共资源提供经费，例如，对地球静止轨道或频谱征收执照费，用它来支持诸如健康等领域内的内容产品和有用知识的创造与维护。

处理由公共资源发展而成的新的数字化垄断

20 世纪最受欢迎的解决自然垄断问题的办法是把它们变成上市公司，或使私人所有的垄断公司处于公共监管之下——美国在公共事业设备领域使用了这种模式，如美国电话电报公司（AT & T），而英国使用了这种模式来处理独立电视公司（ITV）。理论上讲，这样做可以从垄断经济的规模和范围中获得收益，同时防范垄断公司剥削消费者的风险。政策的目的是确保公司以合理的价格和质量公平地提供这些服务，并可以长期持续。近几十年来，由于诸如让·蒂罗尔（Jean Tirole）这样的人的工作，我们对寡头垄断或近乎垄断的市场竞争动态的理解有了极大的提升，而且这些理解显示了细节的重要性。

也有其他组织性的解决方案，包括对消费者加以管理，或由雇员共同拥有公司。有慈善机构或信托机构（在过去往往用这种机构来融资和经营如桥梁等设施），也有公共垄断，通过民主代表负责（这种是邮政和电信运营商的传统模式）。还有混合型机构，例如英国广播公司或开放大学（这种机构是具有部分信托特征的公共公司）。这些形式很少被用于新一代的数字公共资源中。

在新的商业数字平台或公共资源的发展阶段，是否存在垄断看起来并不重要，我们都会从它们的工作中获得回报。它们成长越快，成本就愈低。所以我们似乎得到了美好的免费午餐——就像谷歌这样的免费互联网服务，以及像爱彼迎或者优步这样的廉价新服务途径。我们可以用明显的低价得到有用的公共资源。但在第二个阶段，经济逻辑可能会推动所有这些平台提高价格并利用其垄断地位取得回报，商业利益与公共利益会形成更激烈的冲突。这种情形可能不会发生，但要相信这不会发生，就需要对所有者、管理者和股东的利他主义倾向有相当大的信心。

多元主义与避免单一文化

数字经济给商业、风险投资和广告提供了广阔的发展空间。但是，多元主义要求这些只能是更复杂的生态环境的一部分，这就像电视业最后是公私混合经营，而且电视业受益于各种模式之间的竞争，而不仅仅是私营公司之间的竞争一样。

目前，我们面临着单一文化的风险——互联网只由一种组织（上市商业公司）主导，行业基础只固化一个地方（加利福尼亚州），只使用有限的几种商业模式（要么出售广告，要么出售个人数据）。这样不可能拥有良性发展。我们有可能在茫然不觉中步入困境：主宰地位已不可能被后来者挑战，而这种主宰地位会在集体智慧本应大步前进时逐渐削弱集体智慧。所有公共资源的教训（以及伟大的公共资源分析家奥斯特罗姆的大部分作品）都表明，公共资源需要积极的对话、谈判和管理。过于一般性的规则起不到良好的作用，过于刻板的规则也是如此。

21 世纪可能是新公共资源的伟大时代。现在，我们正处在革命之中，而这种革命建立在最终的公共资源——信息和知识的基础上。
但是这些公共资源现在却正被塞进为烘焙咖啡豆和汽车销售而设计
的组织模式中。相反，我们需要将技术的想象力与相匹配的社会组
织想象力结合起来。

第四篇
集体智慧扩展的可能性

最后一篇将在更广泛的政治和观念背景下展开论述。世界将如何应对日益变强的机器智能？我们如何才能使机器的学习能力和人类智慧投入到真正重要的事务上？而不是像现在这样，暴力和琐事消耗了太多的机器和人类智慧。

然后我转向讨论一个更宏大的问题，即谈论意识如何进化和意识可能发展的样子是否合理。增强的感受、解释、预测和记忆能力已经在改变我们看待这个世界的方式，也在改变我们思考的方式，尽管有时候看起来意识正在倒退，但还是有明显的演化模式，而这种演化让我们更加以全局性的方式置身于世界之中，让我们感受到"此时"的更宏大的意义，还有"此处"的更广阔的意义。

对于机器智慧的看法，既有福音派的肤浅乐观主义，也有严峻的悲观主义——认为增强的机器智慧是敌人，会威胁我们珍视的一切东西。在整本书中，我一直努力在这两者之间找到一条平衡之道。在最后一篇中，我试图阐明关于机器智慧是人类的福音还是敌人只是一个选择问题，而不是命运或注定。

第 18 章　集体智慧和意识的进步

乔瓦尼·皮克·德拉·米兰德拉（Giovanni Pico Della Mirandola）在其著作《论人的尊严》（*Oration on the Dignity of Man*）（1486 年出版）中把人类描述成这样的存在：人类的本质就是有能力"把我们塑造成任何我们偏爱的形式"，通过这样类比，他证明了人类与上帝的类似属性。从那以后的几个世纪里，当人类征服了环境、科学和其他人民时，这种似神的本性一再让我们兴奋莫名，也让我们惊骇不已。

在这本书的开头，我描述了集体智慧似乎总是带来了类似的东西：既有对可能性的更深入的认识，也有对风险和不稳定的更深入的认识。这是知识的祝福，也是知识的诅咒，无论对个人还是对团队都是如此。这就是为什么有着强大能力的世界只能带给人类极少的安慰，尽管对于人类这种由思考能力定义的物种来说，这是符合逻辑的演化；尽管人类的文明对死亡有所了解，对超越能隐约一瞥，而且已在应对伴随而来的存在性挑战。

太多的关于智慧演化的评论过于自信，同时过于线性化，也有太多评论会让人想起过去几代精英专家和工程师错位的信心。亚历山大·赫尔岑（Alexander Herzen）在 19 世纪中叶写道："历史没有剧本。"这确实是历史教训。我们不能想当然地认为我们一定会大步向前，走向连接更紧密、更有思想的社会。这就是为什么在最后一章中，我会更深入地探讨集体智慧的政治和哲学，并首先处理政治问题，然后转向讨论集体智慧中睿智和判断所起的作用。

智能机器的政治

我的儿子曾经告诉过我，他觉得我太笨了，做不了机器人，智能机器的进军很快就会让我过时。他的话反映了智能产业化对就业潜在影响的许多预测。在接下来的 20 年里，机器也许会替代或改造现有的一半工作。[1] 整个部门可能都会被瓦解、改造和颠覆，因为机器人的大部分工作——通过传感器观察，移动肢体，或提供分析和储存能力——会继续内置到智能手机、家庭用品、汽车或衣物中，从而影响我们的日常生活。例如，在美国的许多州，最常见的工作是卡车司机，非常明显，这样的工作或许会被自动驾驶汽车所替代。

但是历史表明，变化发生的各种辩证性方式远比未来学通常认识到的多得多。变化引发其他变化，潮流引发反潮流。新的权力集中会激起削弱这种集中的联盟和社会活动。因此，简单地认为技术只会抹杀就业机会，这种线性预测是具有误导性的。

这在一定程度上是经济问题。到了机器人或智能工具确实取代现有岗位时，相对价格效应就会起作用。那些生产率显著上升的行业将会出现降价，而开销将转移到那些难以被自动化的领域中，例如私人

教练、导游、老师、护理人员和工艺人员，这些工作的相对价格可能
会上升（同样价格上升的还有监管领域的高技能工作，也就是确保机
器人运转的工作，尽管这些工作也会随着时间的推移而减少）。过去
的两个世纪已经证明劳动力市场是动态的，这个市场会应对大量就业
机会的消失，同样也会应对大量新的就业机会的出现，没有明显的理
由能够断定为什么更加自动化的社会必然会有更少的就业机会。[2]

我们也需要辩证地对需求加以思考。经验表明，在一个更自动化
的经济体系中，我们想要的东西不会和我们现在想要的东西相同。我
们很可能愿意花很多钱到真正智能的机器人上面，让它们来服务我们，
替我们驾车，或者给我们领路。但是自动化也会提高无法被自动化的
东西的地位和吸引力。手工艺术现在正蓬勃发展，这在一定程度上要
归功于机器人。在高端领域，设计师工艺价值不仅体现在完美之处，
也会因为不完美而获取高价。手工制品现在是抢手货，人工栽培的农
产品也是如此。这些高价值的东西，在经济发展的早期是被视作次等
品的。我们应该预期我们会变得更珍视人力，面对面的服务已经比商
品更为昂贵，但是在过去曾经较为便宜过。然而，并没有丝毫证据说
明教练、培训师、按摩师和美容师的需求已经饱和。事实上，当自动
化的进程能进一步将可支配收入释放到其他领域时，将会进一步将经
济平衡转向各种服务，尤其是高技术的个性化的服务。

但辩证思考的最重要原因是政治。大多数的技术专家和未来学家
都含蓄地表示，公众是愚昧且被动的，他们会在他们无力影响的大潮
中随波逐流。200 年来的技术革命本应教会我们，技术决定论总是具
有误导性的，这主要是因为人们具有智慧和兴趣。人们竞选、游说、

辩论并组织，他们可能需要一些时间才能摸清新的技术。然而，不久之后，他们就成了代理人而不是受害者。这就是那种阴谋论观点——把机器人的扩散视为终极资本主义梦想（只有消费者而没有工人的经济）的阴谋论观点——完全是幻想的原因。

如果没有人得到报酬，那么也会没有人购买机器人生产的产品。亨利·福特（Henry Ford）必须付给他的工人足够的酬劳，他的工人才有钱购买汽车。同样，一个高度自动化的经济必须找出某种产生需求的方式。从理论上讲，每个公民都可以成为资本家，只需从机器人公司获得分红，然后将分红花到机器人生产的消费品上，或者他们可以依靠政府的救济。酬劳可能会集中在少数人的手中。重点是，在任何情况下分配问题都会出现，这些分配问题会开启明显政治性的选择。

任何新技术都会引发政治斗争，而斗争的中心问题是哪些人获益，哪些人受损。内燃机的诞生引发了新规则的出现，例如限速；也引发了新工具的出现，例如公共汽车。电力催生了大型公用事业、公共服务保障以及庞大的安全规则。机器人和无所不在的机器智能将引发新的讨论，这些讨论不仅涉及法规法律，而且涉及其他一些相关问题，例如，是否应该向机器征收和人类工作人员差不多的税，或者是否任何人都对机器人有一定权力等。

考虑到不确定因素的数量，很难预测在所有权、隐私和条款这些问题上我们最终得出的结论是什么。然而，激烈的政治争论最可能导致的结果是，我们不仅要求机器人为我们服务，还将要求把机器人的一些能力整合到我们身上。事实上，如果人类有理智的话，他们会要求得到机器人所拥有的最好东西——假肢、合成眼和扩展记忆——以便自己能够保有那些有趣的工作，以及工作带来的地位和报酬，而不是让它们被分配给机器人。

既然最好的理解方式是把机器人看作具有各种可分解的能力的物体，我们当然会要求得到这些能力中最好的一部分，并用我们自己的大脑进行部分聚合工作。这就是为什么人类强化运动比任何一种"奇点"都更有可能发生，这样的社会运动可能会在身体和基因方面强化我们自身，利用生物工程设计出更优等的基因，使我们的子孙后代具有更高的智慧，从而能够在可能的竞争中对抗人工智能。[3]一些社会可能会选择仅仅根据支付能力来分配这些利益，而且由于这些利益中的一部分非常昂贵，所以成本会将数字化强化及基因强化的精英与与其他人区分开来。但更有可能的是，这将成为政治的核心问题——如何以公平和看起来公平的方式分配这些非凡的能力。

辩证模式更可能是这样的：人为主，机器为辅，两者合成形成强化人类，并与各种形式的集体智慧连接。所以当我的儿子说我太笨，做不了机器人时，我的回答是："是的，现在是这样的。"但是我希望我会足够聪明，能获取机器人的优势，而机器人会足够愚蠢，不会阻止我这样做。

如何创建集合

集体智慧的演化可能会向类似的方向发展——那就是混合人类链接到无数的混合集合中，通过集合来协调智慧，而这些集合有时是特意联合而形成的，例如谷歌地图和哥白尼计划（Copernicus

Programme，欧洲委员会的全球环境与安全监测计划）；有时是通过有机发展而形成的，例如循证医学。

在最好的情况下，这些集体智慧结合了智慧的所有关键要素：它们观察事物，例如世界水资源或森林的状况，或城镇餐馆的可靠性；它们分析和解释；它们充当记忆的存储器；有时候它们还有创造新形式的能力；而且它们总是要么组织系统，要么为系统提供数据输入，以便于对行动做出判断，然后从这些行动的结果中学习。

在每一个阶段，它们都依赖于组织原则——包括验证原则（什么是真正的观察或准确的解释？）——并服务于一个实践团体。它们可以在组织内部构建，成为一种微型公共资源；它们也可以在更大的规模上构建——如果它们由问题或者实际问题向外扩展而形成，并相对独立于公司或国家权力，那么它们会发挥极大作用。

这样的集合本应有很多，但目前的数量相当稀少。最引人注目的集合，例如谷歌地图或维基百科，只关注了智慧的一个或两个方面（谷歌地图是观察方面，而维基百科是解释和记忆方面）。只有少数几个集合结合了观察、研究、知识综合、解释和创造力等各方面，例如 MetaSub 或癌症登记处（the Cancer Registry）。那些更松散的网络集合的情况也类似，例如像医学科学这种领域中的集合。

这些在本质上都是公共产品，但只有很少有可靠的资金基础。谷歌地图是一个例外，它由营利性公司的资金支持。

集体智慧数量稀少的另外一个原因是缺乏集体智慧学科，或缺乏专业的技巧来设计和运转它们。但我的希望是，未来几年和几十年会产生一批新的"智慧设计"专家，他们善于将硬件与软件、数据和人类处理联合起来，使大规模思考有效进行。这个专业会处于计算机科学与心理学，组织设计与政治，商业战略与领导各领域之间。它需要一个技能和工具库。为了将世界的智慧元素更好地联系起来，并做出更好的选择以至于让我们未来回顾时不后悔，它也会需要强烈的使命感和精神气质，就像所有最好的职业一样。

智慧的错误分配

"智慧设计"的使命应该是充分利用人类和机器的智慧，这就把我们带到另一个与集体智慧有关的集体智慧的政治问题上，也就是社会将稀缺的智慧引导至何处的问题。如果我们对智慧及其重要性的认识更深入，一定会让这个问题明朗化。不难看出哪些行业和活动会从对智慧技术和人类智慧的重大投资中获益，这显示了资源会对少数几个行业有分配上的倾斜：首先是军方（在美国，军方会从用于研究与开发的公共资金中的一半以上获益，而在法国、英国、印度和俄罗斯，这个比例也很高），其他能以极高比例利用高技能智慧的部门包括金融和银行领域、制药和计算机等少数行业，以及企业内部的营销等职能，这些领域结合了高竞争的环境、高回报和高地位。一个组织相对于另一个组织来说只要具备很小的比较优势即可带来巨大收益，因此，任何组织的合理选择是在智慧上大力投资，即使智慧可能只会带来一点小小的优势。而且，就算每个组织都大力投资，其净效应在最好的情况下也只是适度的总体效益。军备竞赛在这方

面表现得最为明显——每个国家都需要越来越努力，才能保证自己
不被别人超越。

但是，没有人能够确切地声称，这些领域是最需要智慧的领域。
如果询问任何一群公众、科学家或政治家，应该优先考虑的是什么，
你会得到截然不同的答案。选择卫生保健的人通常会最多，选择新
能源或食物，或更好的教育的人可能会远远多于选择军事的人，而
选择军事的人又远远多于选择金融的人。对于公众来说，最关键的
问题是，我们自身将如何受益？所以，更有自我意识的、更开放和
更民主的关于智慧应该被引导至何处的讨论，肯定会建议某种重新
定向。同样重要的是，它将引发对智慧本身的研发方向的重新定向，
让研发以这些优先事项为方向。当今新型智能机器的巨大驱动力一
方面仍然主要来自军方和情报机构，另一方面，主要来自竞争性企
业。用于管理全球环境或改善个人健康的新智能工具的发展远远落
后，这反映出我们在如何给智慧提供资金方面存在着更广泛的扭曲。

集体智慧的深层政治

对于一个保守的人来说，智慧存在于存活下来的东西上，也存
在于我们周围的东西上，例如制度、遗迹、习惯和规范，这些东西
通过重复和世代累积而得以完善。存在于世间就是智慧的证据，能
否存活是唯一的考验标准。

激进分子的想法不同。对他们来说，世界之所以存在，只是为
了通过理性的思考来重塑——通过可以引发行动的抽象和蓝图、计

划和理想来重塑，通过政党、社会运动和思想潮流中具体化的集体想象力来重塑。现存的这些东西，也就是说我们周围的世界，不可能是最好的世界。

对集体智慧观点的采用表明了一种综合立场，它挑战了上述两种立场。它表明社会通过富有想象力的一再试错会更好地演化。现存的东西肯定不是最好的，对于那些天生贫穷或天生无权无势的人来说更是如此。但是，可能的东西永远不会以完全成型的形式诞生；它需要通过经验的测试、磨炼和重铸。换句话说，进步必须用辩证的方式来孕育，必须通过实践而不是纯粹的智慧来孵化，而进步中的一部分就是不断质疑理论的抽象——诸如"市场""国家"或"社会"之类。

这些观点一起表明了一种政治立场，这种立场超越了传统的两极，也就是说，一方面，超越了狂热的立场，另一方面，超越了恐惧的立场。相反，一种更成熟的政见将会争取更广泛地获得智慧工具，也会争取将这些资源更好地分配在重要的事情上。这种政见要求我们的制度发动所有个人和团体智慧的全部潜力，在经济方面动员生产力，在民主方面汇集所有智慧，在私人生活方面扩展个人和团体的代理人。未来趋势可能是从技术中得到权力的精英阶层与较为被动的穷困阶层之间的鸿沟日益扩大，但上述政见计划可以成为另一种可能性，它会成为最广泛大众的伟大代理人。这将是世界上最重要的力量分化。

智慧的演化

本书提出的更深层次的政治问题是，智慧是否有能力真正进步，而不仅仅只是处理速度或机器学习能力提高。正如我已经说明的那样，这个问题考验的会是，人类无论单独还是一起，是否能够提出更好的备选方案，做出更好的选择。这关乎科学更关乎智慧。

加拿大诗人丹尼斯·李（Dennis Lee）曾经写道，如果我们就像我们居住在"更好的文明的早期"时那样思考、工作和生活，那么我们有可能得到更好的生活慰藉。[4]不难设想我们在科学和技术领域取得不断进步——从微观到宏观，从人体到外太空，从新材料到高速运输的各领域内，人类发展了越来越广博深入的知识。我们可以从20世纪的经验推断出未来会有一个更先进的文明，这个文明拥有更多知识，可以控制更多事物，更不容易受到威胁。

但其他类型知识的类似进展却不那么容易想象。对不同文明和时代智慧的研究已经证实，对于怎样才算睿智，怎样才是睿智的最高水平这些问题的答案，已经出人意料地趋向一致。其中包括从长远角度观察的能力；伦理与思考决定的整合；注意具体情境的细节而不是简单地应用规则或探索法。人们一般认为睿智是指避免固定的方法，避免思想和实践的僵化，避免与此刻本质相冲突的思考方式。

一个更睿智的文明会将科学的普遍知识与更基于具体情境的知识结合起来，甚至可能会千方百计地设计出能帮助人们在这种意义上变得更睿智的机器，例如，某种机器展示决策可能带来的长期影响，或者让伦理明显可见。

也许，从过去对睿智的研究中获得的最根本教训——一个对未来的睿智具有明显意义的教训——就是睿智必须超越自我，或身份与归属的界限。它涉及以宇宙的立场来思考与行动。因此，作为集体智慧容器的集体会成为过渡性的手段，也许它一度有用，但最终只能被抛弃，或者至少与集体智慧之间的联系减弱。我们可以想象，任何先进的集体智慧都会意识到自身是独立于其他东西的，是存在于时间和空间之中的自我。任何先进的集体智慧都有自身的利益，它有把自己看作更大整体一部分的自我感，对于这个更大的整体它也许应该承担义务。这就是今天经常看到的睿智——当领导者承认他们的公司是部门和经济的一部分，或者他们的城市是国家和世界的一部分，或者他们的军事组织是一个维护和平的更大系统的一部分，或者他们的个人和团体依赖于生态圈时，我们在领导的身上看到了睿智。

集体在边界内运转，这种边界部分上是一种必要的错觉，它为思考提供了容器，为各种备选方案提供了制定者。但在理解边界时，最好把它们理解成手段而不是目的，如果人们能认识到如何不被边界困住，就可以算得上是高智商。在这里，关于全息心理（holonic）或单子（monads）的概念是相关的。这些都是不完善的词汇，用来描述反映整体属性的部分，这些部分同时具有个人和集体的特质。我们大多数人很可能更像这样，而不是像传统的自给自足的政治和经济理论上的个体。

然而，当前和近在眼前的事物的诱惑，以及人们想在更长的时间尺度上进行更宏大的思想与行动的渴望，这两者之间存在着一种不可避免的紧张关系。事实上，集体智慧的融合程度与开放程度更高时，会瓦解自我界限。但很多人对这种想法可能会感到不舒服——这种集体智慧对我们太过了解，它能看穿我们的弱点，并挑战我们对永恒的幻想。社交媒体已经培育了一代新人，这代新人的大部分生活都是公开的，可随时接受他人的注视，伴随着这种生活方式而来的是它所有的优点和它带来的焦虑，对于这种生活方式，这代新人感觉会较为自在。比起充满压迫的国家，人们可能更难抵抗信息完备的社会。就像太多地使用社交媒体似乎已经破坏了独创力一样，某些种类的集体智慧可能会威胁到创造力，也会威胁到对传统的颠覆。

有种更乐观的看法是期望我们学习相应的文化习惯，能更好地成为集体智慧的一部分。也就是说，形成更能分享、倾听或轮流行动的习惯。这种视角也希望我们能够集体学习如何处理对立面的智慧，换言之，我们要明白对真相来说怀疑是必需的，对希望来说恐惧是必需的，对自由来说监督是必需的。

我们很容易会将集体智慧未来可能的演化与过去我们已知的演化联系起来。在描述生命复杂性演化的八个主要转变时，约翰·梅纳德·史密斯（John Maynard Smith）和厄尔·赛兹莫利（Eörs Szathmary）提供了这些过程最好的总结之一。[5] 这些过程是从染色体到多细胞生物，从原核生物到真核细胞，从植物到动物，从简单繁殖到有性繁殖。每一次转变都涉及一种新的合作和相互依存形式（结果是过渡之前的东西可以独立复制，而之后只能作为"更大的整体的一部分"复制），也涉及新的交流方式，即信息的存储和传递方式。

如果说未来的智慧演化将具有可比性，也就是说，有新的合作和相互依存形式，也有处理交流的新方式，能带来对外部和内部世界更深入的理解，这看起来完全合理。意识演化的想法既显而易见，又令人怯步。很明显，意识确实在演化，而且在将来也能够继续演化。但是社会科学害怕对其加以推测，而与这个主题相关的许多文字都是抽象和空洞的。在电影和小说中，我们可以看到机器具有显著增强的计算、观察和反应能力。这些机器或善良或邪恶（当它们邪恶时，反而会更有趣），但当我们看到它们扫描面部情绪，击落密密麻麻的来袭导弹或者操纵复杂的网络来引导人们时，我们能够读懂它们的态度。

然而，请谨记，在漫长的历史长河中，计算量或智慧的变化总是伴随着质的变化——伴随着我们思考方式的变化，也伴随着思考能做到的事情的变化。这些变化给我们带来了新的看待世界的方式，比如一个由科学法则统治而不是由魔法支配的世界，人们作为主权公民的观念，人类依赖于全球性生态系统的观念，或自我是综合的、因情况而异的、部分上虚幻的东西的观念。[6]

由此可见，未来对智慧的任何改变都将同样地结合数量和质量。历史告诉我们这样的转变：人类将走向更大规模、更全面的国家形式；文明的兴起和伴随而来的能够与城市中的陌生人互动的文化；还有可以根据死亡率统计和日常接触来衡量的暴力减少。

即使这种变化不是线性的、必然的，或可预测的，但我们有证据表明总体趋势是沟通的增加，以及双边智慧规模的扩大——它往往也意味着更多的共享规则和协议，更多的同理心，愿意将边界视为有条件的，并且不再用魔术或命运解释世界。这些都得益于更广泛的读写、交流和其他思考方式，以及致力于公开辩论的社会机构的广泛存在，这提升了理解整个系统的能力，以及看见时空万物相互联系的能力。

曾经有许多人尝试将这些变化放入整齐的周期序列中。这是 19世纪的一种时尚［例如约翰·斯图尔特·密尔（John Stuart Mill）和卡尔·马克思（Karl Marx）］，并且在涉及发展阶段时，像沃尔特·罗斯托（Walter Rostow）这样的人物主张这样做；此外，在范围收窄到涉及意识时，像 20 世纪后期的肯·威尔伯（Ken Wilber）和克莱尔·W.格雷夫斯（Clare W. Graves）这样的人物在作品中也这样主张。[7] 通常，作者将自己置于演化的最先进的一端（很奇怪，他们似乎缺乏谦卑，不愿或不能提出远超他们自己才智的进化）。

这些周期序列简单而有吸引力，并常常与文明发声的方式大致相当。但是，更详细地阅读历史证据，我们就会怀疑这些分期的整齐性。这些分期相互重叠，而且变化方向并不是线性的。17 世纪和18 世纪的专制君主在某些方面比 16 世纪倒退了一步。20 世纪的极权暴君比起他们的前辈来说又倒退了一步，他们使用了当时的技术，尽管是为了集权并大规模扩展权力，但是他们采用了一种完全垂直的、等级森严的方式。这些因果机制还完全不清楚，因为我们在生物学上与 10 万年前的祖先别无二致。关于表观遗传学的知识也许可以解释为什么不同的背景会产生不同种类的人和文化。然而，我们现在就是不知道。

对理论家来说存在一个非常困扰的问题是：为什么那么多最能

体现较高意识水平的著作可追溯到 2,000 多年前？最近的思想家还没有超越佛陀、耶稣和老子的智慧和见解。事实上，几乎所有其他的人类智慧领域，或者说，科学、艺术和文学领域都已经见证了逐步累积的进展，但意识领域没有。

人类个体也存在类似的不确定性。类似的，人们已进行了多次尝试，想搞清楚人类单一个体的发展路线，这个路线应该由可预测的连续阶段组成。线性发展的著名理论家包括让·皮亚杰（Jean Piaget）、亚伯拉罕·马斯洛（Abraham Maslow）、劳伦斯·科尔伯格（Lawrence Kohlberg）和简·卢文格（Jane Loevinger），他们都写过关于认知和价值观的阶段性发展的文章。

他们指出了重要的真相，但他们的理论并不是相互协调的，而且证据也很模糊。所有这些理论都说人们极度渴望找到模式，就像这些理论家自己渴望找到模式一样。

所以我们能够想象甚至幻想一种更先进的集体智慧吗？这种智慧也许是一种超越了自我幻想和人为边界的集体智慧，它把思想看作是通过我们出现的东西，而不是我们发明的东西，在这样的集体智慧中，主动智慧的气场在各个地方和各种谈话中清晰可见，提供了对世界的反馈和评论，这些反馈与评论不只存在于我们的脑海中，它们也存在于我们之间。我们能够想象一个我们的思想和感觉都集中到机器智能的世界吗？在这个世界中，意识的每个方面都可能被放大，被引导，被联系起来。当人类智慧和数字智慧相互结合并产生新类型的意识时，我们怎样才能深入探索内部空间的景象呢？

没有一种可靠的意识演化理论是可实行的，因为这种理论会出现在一个与它试图解释的文化与意识相比而言较不发达的文化和意识中，而且只有经过很长一段时间后才能证明该理论是对还是错。但我们有可能想象、探索和推广那些增强意识，并化解自我和独立身份的人为幻觉的意识形式。

这样的前景会让很多人惶恐不安，但是其实任何更高级的意识形式都会这样。不如这样想，就像威廉·巴特勒·叶芝（William Butler Yeats）说的那样："这个世界充满了神奇的事物，它们耐心地等待着我们用更加敏锐的感官去感知。"[8]

后 记

作为一门学科的"集体智慧"的过去与未来

圣奥古斯丁（St. Augustine）叮嘱说："坦白地承认你不知道，好于过早地声称你知道。"[1] 集体智慧就是这样一个领域，它的魅力在于我们已具备的相关知识，也在于我们未知的知识。但是，我们可以借鉴大量的可以提供方向的文献。文献范围变动很大，从无限宏观到非常具体，应有尽有。各类文献天马行空向四面八方发散，却很少有落于实处的。很难总结这些文献，尤其是因为它们几乎没有使用共同的概念或框架。最近有人试图创造一个更统一的领域。然而，大多数情况下，每个学科谈到这个话题时都会把它当作一个全新的话题，或者用不那么好听的话说，每个学科谈到这个话题时都只会从自己的孤岛出发。每个学科都为新兴的集体智慧领域提供了有用的资源，而这将为理解大规模思考提供一个较为严格的框架。然而，集体智慧还远远没有成为所有这些学科可以反过来借鉴的持久综合领域。在这里，我总结了一些线索，这些线索不仅有极端抽象的也有非常实际的。

集体智慧文献简述

在广泛意义一端，俄罗斯的矿物学家弗拉基米尔·维纳德斯基

（Vladimir Vernadsky）脱颖而出。他提出世界会分三个阶段发展。首先出现了无生命的岩石和矿物组成的世界形态，然后是有生命的生物圈，最终是一个全新的具备集体思想的意识王国，他［以及后来的法国神学家泰尔哈德·德·夏尔丹（Teilhard de Chardin）］称这个新的王国为"人类圈"（Noosphere）。类似地，H. G. 威尔斯（H. G. Wells）描写了一个网络孕育出的"世界脑"（world brain）。集体智慧这个短语似乎是在19世纪由医生罗伯特·格雷夫斯（Robert Graves）首次使用，那时这个词指的是医学知识的进步状态，而政治哲学家约翰·普姆罗伊（John Pumroy）又单独用它来指人民主权。

最近，许多人都用集体大脑或集体思想来做比喻。马歇尔·麦克卢汉（Marshall McLuhan）在他的著作《理解媒介：论人的延伸》（*Understanding Media: The Extensions of Man*）一书中，把技术描述成扩展我们的感觉并将这些感觉联系起来的东西，进而提供了使用这个比喻的一个框架。彼得·罗素（Peter Russell）在他的《地球脑的觉醒》（*The Global Brain*）中使这种观点更进一步，他比较了大脑中神经元的相互作用，以及通过大众媒体和网络连接的人与组织的相互作用。格雷戈里·斯托克（Gregory Stock）的作品《梅塔人》（*Metaman*）把人类文化和技术描述为一种行星的超级有机体，能够聪明地处理人类的共同问题。皮埃尔·莱维（Pierre Levy）在21世纪初写了一本以集体智慧为主题的很有影响力的书，把集体智慧看作是网络空间的一个部分。[2]

同样雄心勃勃的尝试包括霍华德·布鲁姆（Howard Bloom）关于群体脑的作品，它应用了约翰·霍兰（John Holland）开发的复杂适应系统和遗传算法，借鉴了对细菌群落和昆虫的集体智慧的描绘，试图展示人类社会中的相似之处。其目标是形成分析智慧是如何出现的元描述。[3]

这些想法无疑都有启发性。但是所有这些作者都苦苦挣扎于定义和界限，而且在这些想法中，我们都搞不清楚他们主张了什么，驳斥了什么。

在实际意义较强的这一方面，到目前为止，计算机科学广泛使用"集体智慧"这个术语，用它来指小组合作开发软件（如 Linux 操作系统），编排知识（如通过维基百科）或创造新想法的方式。[4] 人机交互的先驱之一道格拉斯·恩格尔巴特（Douglas Englebart）还曾谈到过集体智商（collective IQ）。其他人则以此为基础来解决蚂蚁合作问题，或电脑和机器人群体合作问题。埃里克·雷蒙（Eric Raymond）的书《大教堂与集市》（*The Cathedral and the Bazaar*）提供了核心文本，赞美了开放源代码软件在没有层次结构或产权的情况下利用许多人脑智慧的方式。类似地，从计算机科学孕育而来的网络科学将互联网作为集体智慧的大型实验，它需要新的概念和实证研究，比如理解是什么激励了人们对项目的礼物经济（如维基百科）做出贡献。詹姆斯·索罗维基（James Surowiecki）写了一本很有影响力的书《群体的智慧》（*The Wisdom of Crowds*），书中提供了一种共同语言和典型观点：大型团队会更为准确地思考，甚至比起某些个人专家做的更好。

网络理论有许多潮流，其中有斯图尔特·考夫曼（Stuart Kauffman）和经济学家托马斯·谢林（Thomas Schelling）的著作，还有哈里森·怀特（Harrison White）和马克·格兰诺维特（Mark Granovetter）关于网络社会学的著作。当自然科学家强调多领域的通用模式，用定量的方式把链接视为数据的交流时，社会学家则会把这些链接看作充满了意义和信任的关系。在某些领域，这两种观点相互重叠，比如在优先连接（preferential attachment）理论中，一个节点找到一个新链接的概率与它已经拥有的链接数量相关；再比如，在同质性（homophily）研究中，也就是研究人们如何与他人联系起来的领域中，也存在观点相互重叠的情况。

在计算机科学的边界上，已经有很多种说法涉及一种可能性——在某一时刻，也许数字媒体不仅会相互联系，还会成为有能力代替人类思考的超级智能。这种即将到来的奇点的概念是由弗农·文奇（Vernon Vinge）创造，并由雷·库兹韦尔（Ray Kurzweil）推广的。与人工智能的推广者类似〔例如，马文·明斯基（Marvin Minsky）鼓励我们把网络智能看成是一个"心智社会"（society of mind）〕，这些作者往往倾向于预测从现在开始起约20年内的变化，却似乎完全遗忘了他们早年的预测极少成真的事实。

这些传统极大地影响了当代文化，同时也帮助人们思考大范围的感知、分析和发现模式的过程。它们的弱点一直是倾向于过度夸张，而且对人们现实生活中的组织方式缺乏兴趣。结果就是，一系列想法虽然起源于计算机科学的严谨性，其主要影响力却在于其泛泛的隐喻。

在另一端，在集体智慧更实际的方面，一个大型行业已经成长壮大。我指的是管理信息系统、数据管理服务、测绘和采矿服务、决策支持工具的销售者和提供者，以及与创意、创新和变革有关的顾问。有时它们的承诺很美好，现实却不如人意，尽管如此，它们却尽力满足许多组织的迫切需求。这些组织知道，能否智能地处理大量数据和信息，关系到组织的存亡。最出色的人物有：带来了知识创造组织（knowledge-creating organization）理论的野中郁次郎（Ikujiro Nonaka），关注变异、改进和系统思考，并挖掘员工洞察力的 W. 爱德华兹·戴明（W. Edwards Deming）和许淳（Chwen Sheu），以及关注整体论的彼得·圣吉（Peter Senge），等等。像詹姆斯·马奇（James March）这样的人物的决策理论也很有影响力。

在抽象和实际之间，也有许多其他学科尝试弄清集体智慧的各个方面，尽管这些学科很少相互交流，而且大多数学科都不使用集体智慧这个术语。这些学科包括一部分生物学家，他们对如何才能在简单生物体中找到智慧感兴趣。这些简单生物体在应对环境、合作和群集时显示出"萌芽阶段的"智慧迹象。人们了解细胞是如何聚在一起形成生物体的，也了解生物体（如蜜蜂或蚂蚁）又是如何聚集在一起创造复杂社会的。人们甚至也很了解生态系统如何调节自身的代谢。生物体能够凭借有导向的学习模式在环境中找到正确的路，例如，细菌能学习如何趋近糖源，这种模式可被看作与文化的学习方式有密切的相似之处。[5]

政治学家一直很关心大型机构如何做出决定，而且他们自己也有很多种方式来理解判断理智和非理性。最近有意思的转变之一就是重新解读民主，把它视作利用大众的良好感知力，对复杂的选择做出判断的方式（认知民主新领域）。[6]集体智慧成为政治制度的任务之一——如何充分利用各种智慧来解决系统性问题或世俗问题。另一个传统是研究集体行动的动力学，以及为什么集体行动会非常困难。[7]

经济学长期以来一直对信息很感兴趣，从莱昂·瓦尔拉斯（Leon Walras）的完美均衡（the perfect equilibriums）理论，到罗纳德·科斯（Ronald Coase）的试图说明为什么公司内外会发生某些类型的思维的交易成本理论（transaction costs）都表明经济学长期以来一直对信息很感兴趣。许多经济学理论使用了无形之手的隐喻，研究了市场中的信息模式、信息不对称性和信息决策，聚焦于把这些因素视为汇聚消费者和企业家智慧的方法。这些经济学家包括亚当·斯密、弗里德里希·哈耶克、本华·曼德博（Benoit Mandelbrot）、约瑟夫·斯蒂格利茨（Joseph Stiglitz）。最近的潮流一直关注经济知识，以及体现在企业或部门中的知识，这种潮流继承了 19 世纪卡尔·马克思的普遍智力理论。

历史上有许多传统理论，它们关注点在不同的社会知识如何创造、聚集和传播方面。例如，厄恩斯特·莫基尔（Ernst Mokyr）有关工业革命的作品，以及把数学、工程和商业联系起来的技术怪才们（tinkerers）。而加布里埃尔·塔尔德（Gabriel Tarde）开创的强有力的社会学传统，着眼于模仿和创新的双重推动，主张集体思想和集体的作用远远大于个人聚集的作用。塔尔德的竞争对手埃米尔·杜尔凯姆（Émile Durkheim）的理论近年来表现不佳，也许是因为他把集体定位于整个社会层面，但其理论也试图理解宏观思维的形式：整个团队如何思考，以及如何把表面上的个人选择更好地理解

为集体信仰的表现。与他几乎是同代人的罗伯特·米歇尔斯（Robert
Michels）因其在寡头政治方面的经典著作而闻名。但他的作品实际
上涉及了集体生活（Gruppenlebens），以及一种趋势——所有的团体
创建某些机构，然后这些机构用自我保护的本能来取代集体目标的
趋势。最近也有一些作品提供了与集体智慧的未来学科有关的想法，
这些作品包括费尔顿·厄尔斯（Felton Earls）关于集体效能的研究，
该研究显示了相互的责任感和集体感是如何有助于降低犯罪水平的。

　　人类学家也在"机构如何思考"方面取得了进展，尽管那些
较为大胆的尝试，例如，克劳德·列维–斯特劳斯（Claude Lévi-
Strauss）计划创造的研究社会思考的科学，并没有成功地将智慧的灵
感转化为持久的洞察力。玛丽·道格拉斯（Mary Douglas）的著作
着眼于"社会秩序基础中的认知过程"，以及"个人最基本的认知过
程如何依赖于社会制度"。事实证明这种视角非常有用，[8] 其结果就
是理解组织日常生活的强有力的工具会将常常将处在不稳定平衡中
的层次结构、竞争和团体结合在一起。

　　心理学已经对团体和会议的思考方式给出了评估。卡尔·荣
格（Carl Jung）的集体无意识与各种人群思想的观点（例如，塔尔
德关于个人和团体相互渗透的理论）百花齐放。最近，有很多工作
在心理学和计算机科学的界限上进行了研究，比如托马斯·马隆
（Thomas Malone）。桑迪·潘特兰（Sandy Pentland）重新启动了
早些时期进行过的创造社会物理学的尝试，以实现一种可预测的、
可计算的人类行为理论。而德克·赫尔宾（Dirk Helbing）的论述
大规模系统的作品也是过去尝试的重启。[9]

在理论领域，布鲁诺·拉图尔（Bruno Latour）的"行动者网络理论"（actor network theory）其实不完全是理论，而是一种方法，它鼓励把人类和机器看作密不可分的整体，两者都在网络中发挥作用，这与当前数字时代的情形非常吻合。克里斯托弗·亚历山大（Christopher Alexander）的论述日常生活模式的著作在计算机理论和其他领域之间搭建了桥梁，影响了建筑和计算机软件（如维基百科）的设计。

最后，许多哲学和心理学的分支都可以提供一些相关知识，例如，安迪·克拉克（Andy Clark）的论述网络存在（cyberbeings）的作品，还有尼克·博斯特罗姆（Nick Bostrom）的讲述超级智慧（superintelligence）的作品，后者警告，若是创造出有征服人类的动机和手段的机器智慧，人类将会面临巨大风险。在哲学与心理学的另一个分支，新兴的睿智研究领域在时间和空间上表现出显著的一致性，一直以来的着眼点是对睿智判断的过去和当前的分析，以及睿智判断的模式。

有许多相关学科分析了信任、身份认同、群体联结、两极分化等因素如何影响群体运作及其思考的能力。伊曼纽尔·托德有关家庭结构与意识形态之间联系的著作，仍然是展示社会结构如何塑造社会思考方式的最令人印象深刻的尝试（例如，父权制家庭孕育了独裁主义世界观，而均分继承的做法鼓舞了平等主义的意识形态）。

来自这些学科的集体智慧的研究非常有洞察力，我也借鉴了其中的许多研究成果。[10] 但是，上面总结的各学科仍然是在分散的领域，没有形成共同的概念和因果机制，在大多数情况下也没有形成可供试验的假设。

事实上，这些研究包括了许多相互矛盾的主张。经济学通过无形之手看到了智慧，这种智慧很大程度上存在于组织之间，而组织理论却认为这种智慧存在于公司内部。基于个人主义的理论把个人视为唯一有意义的单位，而另一些理论则认为集体具有自己的性格、个性、兴趣和意志。

以截然不同和互不相容的概念维持不同的学科，这可能是处理像集体智慧一样广泛的主题的最有效方法。毫无疑问，许多人会热衷于维护学科的界限。然而，如果我们着眼于跨越这些不同学科的模式，我们就有可能取得重大进展，取得可以增进理解和改善行动的新的见解。

一个新兴学科

集体智慧作为一门独特的学科欣欣向荣，这种愿景不仅需要机器智能技术的进步，还需要远远超越技术本身的其他因素。它会需要更好的理论——这种理论可以融合我们对集体的认识（例如，是什么让团体能够和谐地凝聚、思考、决定或行动），以及我们对智慧的了解（包括智慧的各种维度——从创造到计算，再到判断，以及智慧的多种多样的层次结构和领域）。

有些元素可以从现有的学科中直接采用，有些元素可能需要稍加调整。经济学可以逐步发展出认知经济的新概念，处理不同认知形式的成本和收益，无论它们是处于组织内部，还是处于网络和市场之中。人类学为理解组织和团体内部的思考文化提供了工具。计算机科学为理解各种处理逻辑、模式识别和学习提供了严谨的方法。心理学提供了理解群体动力学的方法，并明确了应如何增强或削弱个体智慧。哲学提供了思考的工具。我希望，在未来的几十年里，将出现与现在不同的综合领域，有些综合领域能利用本书阐述的概念，为分析系统、思维模式、问题解决方式的新兴研究领域提供助力。

实验与研究

新兴学科的大部分日常工作都应该是描述性和分析性的：观察"自然环境下"的集体智慧，以弄清楚机器、组织和团体如何一起思考，以及为什么有些集体智慧比起其他集体智慧能更成功。但是为了有效推进，这门学科也需要实验。在过去的 10 年里，计算机领域的集体智慧研究者已经做了大量的研究——理解开放源代码软件的文化、驱动力和实践方法。与此同时还存在着更广大的实证研究空间，例如平台如何影响协调、创造或行动；在像维基百科一样的例子中，奖励如何作用于协作，以及如何作用于持续分享的挑战；还有从实验室、加速器项目或开放式创新工具中汲取的实践经验。关于群体心理学的研究也有很多，尽管部分研究有着与最近的大部分心理学相同的弱点：过分依赖于北美大学生的小组实验，用这些大学生来代表整个人类，尽管有大量的证据证明他们代表不了整个人类。

因此，我们应该希望出现更积极的实验、新的学科和分支学科以反映这种社会形式的现状。我在过去几年中参与的一些项目指向了这个方向。[11] 数以百计的其他项目正在科学、医学、社会科学和民间团体等各领域中进行，它们为研究人员提供了丰富的研究资料。

研究集体智慧的一条途径可以是一系列可推导的公理和知识。

这是现代经济学、物理学和其他一些学科的目标。 然而，我期望这个领域将以一种相当不同的方式前进，期望它能够基于相同的基本概念绘制出复杂的社会形态，并详细描述各种模式，这更像是沿着化学路线而不是物理路线前进。这样我们才能了解是哪些集合起了作用，以及对于哪些任务起了作用。这种方式会比发现一些定式公理更加费力，但它在面对我们的过去和未来时会更有解释力。

结　语

集体智慧是团体做出正确决策的能力——它通过人力和机器能力相结合，选择要做什么，和谁一起做。在本质上，组织智力的方式在很大程度上是分形的，从朋友群体到组织，再到整个社会，类似模式在多个尺度上出现。

在每个尺度上，集体智慧都依赖于功能性能力（functional capabilities）：包括观察、分析、记忆、创造、同理和判断等，每种能力都可以通过技术来强化，相应的每种能力都会有成本。

这些能力得到了基础设施（infrastructures）的支持，而基础设施让集体智慧更容易形成，它们包括：共同的标准和规则、体现智慧的实体、可以集中精力思考并获取所需资源的机构，以及较为松散的思想社团网络。最近一些最重要的基础设施是大规模地协调、整合机器和人类智慧的混合组合。

是否能够充分利用这些能力和基础设施，取决于组织模式（models of organization），这些组织模式集合各种能力和基础设施，并为持续学习留出空间。最成功的那些组织模式具备五个特点：它们能够自主创造知识并将信息共享，能实现功能性能力的适当平衡，能成功聚焦，能协调系统性的反思，能整合行动。组织和社会中的各种强大倾向——包括利益冲突——在上述特点上都施加了反作用力，这就是集体智慧很罕见的原因。

然后，日常的智慧过程（processes of intelligence）在多个层次上进行，这些层次相互连接形成层次结构：使用现有模型处理数据的第一循环，产生新范畴和关系的第二循环以及创建新思维方式的第三循环。这三个循环可以组合形成触发式层次结构。

上述各种因素都具备时——拥有各种能力的平衡、有效的基础设施、管理三个循环的系统性方式，并愿意将资源投入到结构化思考的工作中，以利用超越自身界限的大思维，并对各种方法保持清醒的自主意识，这样的团体和组织就能够卓有成效地思考。

但是人类活动中最重要的领域缺乏关键因素，这导致很多领域本来可以有高度的集体智慧，而现实却并非如此。互联网的普及，随处可见的分析、搜索和记忆工具相结合，极大地提高了人们对世界的思考能力。然而，比起合作性领域，更多的资源被投入到了竞争性领域中的集体智慧上，世界除了面临机器智能外，还面临着极为严重的人类智慧的不合理配置（misallocation of brainpower）。

如果我们想要更好地理解集体智慧的成功案例，就最好将它们理解为多个要素的集合。发现哪些集合最有效，这需要各要素之间不断地重组，因为功能、基础设施和组织模式必须与环境共同演化。然而，包括政治、教育和金融行业在内的一些最重要的领域都缺乏这种迭代重组的能力，因此它们的配置变得极为僵化，其效率也低于应有的水平。

在全球层面上，需要新的集合来调配全球集体智慧以应对全球性任务，例如处理气候变化、预防大型传染疾病、解决失业问题、应对老龄化挑战，等等。以医药和环境领域中的观察、建模、预测和行动等一些最新举措为基础，我们可以推想出这些集合可能的样子。创造这样大规模的、具备迎接挑战的能力的工具，并培养出具有"智能设计"技能的人才，将是我们在21世纪面临的重大任务之一。

注 释

序言　巨大的挑战：集体智慧

1. 关于个体智慧的文献浩如烟海，这些文献涉及了它是一样事物还是多样事物；它在什么程度上由遗传决定，又在什么程度上由教养决定；它对启发方法和捷径的运用等。这些文献的作者包括许多主要的思想家，例如罗伯特·斯滕伯格（Robert Sternberg）等。关于人工智能的文献也非常多，例如尼克·博斯特罗姆（Nick Bostrom）最近出版的以超级智能为主题的杰出著作。但是，在把智慧看作集体事物这个方面，几乎没有相关概念、理论或数据。（尽管在本书结尾处，我提供了一些有关文献的概览）。

2. 预计到 2020 年，这个数字将上升到 200 亿。

3. 深度思维（DeepMind）公司将其使命描述为解决智慧问题，然后在解决智慧问题后，再解决其他所有问题。我并没有做出任何这样大胆的断言。但是，更好地理解所有形式的集体智慧可能具有广泛的适用性。

4. 在过去的 30 年中，在这个问题上，几乎所有与互联网有关的最有影响力的作家都形成了一个片面的看法。当时，他们把重要的真理与现在回顾起来更像童话的东西结合在一起。确实，他们声称技术必然会让世界变得更自由，更民主，更平等，这可能会使许多人偏离真正实现这一目标所必需的艰苦工作。

5. 类似的不均衡分布也出现在以集体智慧的新工具为中心的技能上——它们包括数据、机器学习、在线合作等各种技能。这些技能高度集中在精英群体中，主要只存在于全世界的少数几个城市中。21 世纪的政策制定者必须找到更好的答案来解决以下问题：如何将人类智慧和机器智慧引导到最需要它们的地方？如何拓宽途径以取得强化人类智慧的最佳工具？

第 1 章　智能世界的悖论

1. William Gibson，*Neuromancer*（New York：Berkley Publishing Group，1989），128.

2. Sherry Turkle，"Artificial Intelligence at Fifty：From Building Intelligence to Nurturing Sociabilities"，2006 年 7 月 15 日，新罕布什尔州汉诺威，达特茅斯人工智能大会（Dartmouth Artificial Intelligence Conference）发表的论文。访问时间：2017 年 4 月 13 日，网址：http://www.mit.edu/~sturkle/ai@50.html。

3. 一些金融界人士认为，他们的决定并不愚蠢：因为其他组织（主要是政府）基本上担保了风险，所以投资者和银行鲁莽行事是明智之举。

4. *Journal of Medical Internet Research* 是很好的来源，显示了社交媒体上的指导的可靠性在稳步增长，也显示了世界各地的主要文化差异。

5. Maria Frellick，"Medical Error Is the Third Leading Cause of Death in the US"，发表时间：2016 年 5 月 3 日，访问时间：2017 年 4 月 13 日，网址：http://www.medscape.com/viewarticle/862832。

6. Evgeny Morozov，*To Save Everything*，*Click Here*（New York：Public Affairs，2013）；Nicholas Carr，*The Glass Cage：Automation and Us*（New York：W. W. Norton，2014）.

7. 在处理集体智慧真正重要的问题上，过去的某些时代可能做得更好。比如，想一想"二战"后发生的国家建设浪潮，它重构了日本、德国、韩国和中国，或者想一想那个时期的全球机构，例如布雷顿森林体系和联合国。至少，我们不应该太自满。

第 2 章　理论与实践中集体智慧的本质

1. 伊斯兰学者主导了这种思想的很大一部分。请参阅：Herbert Davidson, *Alfarabi，Avicenna，and Averroes，on Intellect：Their Cosmologies，Theories of the Active Intellect，and Theories of Human Intellect*（Oxford：Oxford University Press，1992）。

2. 关于如何避免被这些隐喻所困，以及如何在不陷入过度的人类中心主义陷阱的情况下评估智慧，有份很优秀的综述。请参阅：José Hernández-Orallo，*The Measure of All Minds：Evaluating Natural and Artificial Intelligence*（Cambridge：Cambridge University Press，2016）。

3. 有无数关于智慧的定义。我喜欢罗伯特·斯滕伯格（Robert Sternberg）的一个早期定义中："智慧行为包括适应环境、改变环境，或者选择更好的环境。"我们还可以在他的著作 *Wisdom，Intelligence，and Creativity Synthesized*（Cambridge：Cambridge University Press，2007）中发现更多对智慧的定义。对于另一组不同的定义，请参阅：托马斯·M.马龙（Thomas W. Malone）、迈克尔·S.伯恩恩坦（Michael S. Bernstein）编，*Handbook of Collective Intelligence*（Cambridge，MA：MIT Press，2015）。智商理论家把智慧定义为执行一系列认知任务的能力；《大英百科全书》（Encyclopaedia Britannica）将其定义为一种适应环境的能力，而心理学家霍华德·加德纳将其描述为解决特定文化中被重视问题的一系列能力。请参阅：Howard Gardner，*Frames of Mind：The Theory of Multiple Intelligences*（New York：Basic Books，1983）。

4. Thucidydes，*The History of the Pelopponesian War*，3.20，访问时间：2017 年 5 月 31 日，网址：http://www.gutenberg.org/ebooks/7142。

5. Daniel Dennett，*From Bacteria to Bach and Back*（New York：W. W. Norton，2017）.

6. 决策理论家试图定义好决定的必要条件是逻辑完整，并且所选择手段与期望目标一致。这是一个苛刻的标准；甚至更难证明所选择目标有其正当性，也很难证明为什么这些目标优于所有可能的其他目标。

7. 法律领域正在进行一场类似的辩论，探讨人工智能是否有可能产生自动适应环境变化的"自驱动"法律。请参阅：Anthony J. Casey 和 Anthony Niblettr，"Self-Driving Laws"，期刊：*University of Toronto Law Journal* 66，4（2016），访问时间：2017 年 4 月 13 日，网址 http://www.utpjournals.press/doi/abs/10.3138/UTLJ.4006。

8. 这种未实现的可能设想借鉴了 Roberto Mangabeira Unger 的著作，特别是他的 *The Self Awakened：Pragmatism Unbound*（Cambridge，MA：Harvard University Press，2007）和由 Alex Nicholls，Julie Simon，Madeleine Gabriel 编辑的 *New Frontiers of Social Innovation*（Houndmills，UK：Palgrave Macmillan，2015）中的社会创新方面的论文。

9. 星球试验室（Planet Labs），访问时间：2017 年 4 月 13 日，网址：https://www.planet.com。

10. 这些工具可以达到一定程度的经济透明度，而这种透明度更难被扭曲和愚弄（尽管像任何度量标准一样，它们有时还是会被愚弄，比如说伪造的卡车，这类似于我们纵观历史时能看到的一种情况——许多军队制造虚假的营地、营火和声音以迷惑敌人）。

11. 虽然其中绝大多数可能性建立在互联网以低成本分享信息的能力基础上，另一类的创新围绕有能力移动、储存或保护有价值的资产（如金钱、选票、头衔、契约或艺术作品）的区块链技术，让陌生人能够相互信任，并以新奇的方式编排世界的记忆。区块链可能最终会成为一种过渡性技术，被其他更灵活的分布式账本取代。但是，一般透明原则和公开验证原则，以及使用自动化工具确保数据没有被篡改，并确保数据按协议政策使用，这些元素可能会变得更加普遍。在不久的将来可能会有很多种"分布式账本"，在这种账本中，可以添加数据但是不能清除数据。原则上，数据在输入后不能再被篡改，并且不需要依赖于单个储存或主副本。智能合约就是一个很好的例子，它具有"可执行代码"，可自动以特定方式进行操作（例如，在特定操作完成时向指定账户注入资金）。但是，目前尚不清楚以下问题：这些技术将会如何演化；它们将在多大程度上依赖于中介；它们是否会复制比特币的模式，依赖许多计算机，还是只会依赖于少数几个计算机；它们将如何避免被黑客攻击或被接管；它们是否真的会以更有效的方式来组织记忆，从而增强世界的集体智慧。

12. 美国的情报先进研究计划署（Intelligence Advanced Research Projects Activity）资助了皮层网络（Cortical Networks）项目的机器智能，目标是观察动物对任务进行学习，并描绘那些用于创建更好的机器学习的连接。

13. Iyad Rahwan，Sohan Dsouza，Alex Rutherford，Victor Naroditskiy，James Mc‑Inerney，Matteo Venanzi，Nicholas R. Jennings，Manuel Cebrian，"Global Manhunt Pushes the Limits of Social Mobilization"，*Computer* 46（2013）：68–75，doi：10.1109/ mc.2012.295.

14. M. Mitchell Waldrop, *The Dream Machine*：*J.C.R. Licklider and the Revolution That Made Computing Personal*（New York：Viking Penguin，2001），书面封套。

15. Tim Berners‑Lee，Mark Fischetti，Weaving the Web：The Original Design and Ultimate Destiny of the World Wide Web（New York：HarperCollins，2000），172.

16. Francis Heylighen，"From Human Computation to the Global Brain：The Self‑Organization of Distributed Intelligence"，*Handbook of Human Computation*（New York：Springer，2013），897–909.

17. 切换为开放 API 在一定程度上由保罗·雷德玛奇（Paul Rademacher）促成，他为了独立创建房价的"混搭网站"（mash up），还原了谷歌地图代码（即反向工程）。

18. 它起源于欧洲核子研究组织（European Organization for Nuclear Research）中心的一个角落，但与其竞争对手地鼠程序 Gopher 不同，它作为开放代码可以免费取得。而 Gopher 是明尼苏达大学（the University of Minnesota）创建的基于文本的信息链接系统，它变成了一种收入来源——这是贪婪带来自我毁灭的标志性案例。

19. Daniela Retelny, SébastienRobaszkiewicz, Alexandra To, Walter Lasecki, Jay Petel, Negar Rahmati, Tulsee Doshi, Melissa Valentine, Michael S. Bernstein，文章："Expert Crowdsourcing with Flash Teams"，访问时间：2017 年 4 月 14 日，网址：http://hci.stanford.edu/publications/2014/flashteams/flashteams-uist2014.pdf。混合事物在商业上很常见。帕兰提尔（Palantir）公司主宰了美国安全和情报领域，但同时它也以其数据分析而知名。它部署工程师与情报分析人员紧密合作，以便他们能够更好地理解情报分析人员的需求，在后台建立大型数据库，同时前端不断调整，相当灵活，这是为了让分析人员能够编写任意查询程序，并有很大机率获得有意义的回应。

20. 维基房屋基金会（WikiHouse Foundation），访问时间：2017 年 4 月 14 日，网址：https://www.wikihouse.cc/。

21. 健康领域有很多类似做法。C-Path 系统是一个例子。乳腺癌的预后过去主要依赖于医生通过显微镜来确定三个特定特征，借此估计患者的可能存活率。C-Path 程序测量乳腺癌和周围组织中的更多特征（近 7,000 个），并且在分析和评估图像方面表现比人类好得多。它发现了未知的特征——后来事实证明这些特征是更好的预测因素，于是人类可以更好地筛选癌前组织。然后这些特征允许该系统改进底层模型。但是这个系统一直在不断吸收医生系统用户的反馈意见。

22. Jon Kleinberg, Jens Ludwig, Sendhil Mullainathan， "A Guide to Solving Social Problems with Machine Learning"，*Harvard Business Review*，发表日期：2016 年 12 月 8 日，访问日期：2017 年 4 月 14 日，网址：https://hbr.org/2016/12/a-guide-to-solving-social-problems-with-machine-learning。

23. 有个很棒的关于算法误差的经济学的介绍，请参阅 Juan Mateos Garcia 的博客，访问时间：2017 年 5 月 31 日，网址：http://www.nesta.org.uk/blog/err-algorithm-algorithmic-fallibility-and-economic-organisation。

24. 所有这些也会遇到计算能力的限制问题。随着引入更多的变量，复杂性呈指数级上升。专业人员和算法之间的互动是关键：算法对专业人员提出挑战，指出他们没有想到的例子。但是专业人员的经验也有助于指导算法。

25. Michael Nielsen, *Reinventing Discovery：The New Era of Networked Science*（Princeton，NJ：Princeton University Press，2012）.

26. 在所有这些作品中，有两个具有讽刺意味的情况引人注目。其一，我们越是试图用机器智慧来复制人类，我们就越需要提出一些更基本性的问题——智慧是什么？其二，为了让机器更像我们一样思考，我们必须更像机器一样思考，也就是说，用算法式的贝叶斯方法思考（同时在日常生活中的方方面面，为了与自动化机器共生，人们也必须变得更像机器人一样）。

27. "Limits of Social Learning"，麻省理工学院媒体实验室（MIT Media Lab），访问时间：2017 年 4 月 16 日，网址：http:// socialphysics.media.mit.edu/blog/2015/8/4/limits-of- social- learning。

28. 我们可以粗略地总结，在"什么起了作用"这个问题上，我们了解多少；以及如果我们扩大参与解决问题或完成任务的人员或机器数量，这样做会有什么优缺点：

   ·任务定义：很大程度上取决于当前任务的性质。它需要以多快的速度完成？有哪些可用的资源？它有多新颖（是否有现成的解决方案）？

   ·数量：参与任务的人类智慧和机器智慧的最佳数量是多少？答案会在权衡之后出现，例如，选择标准的简单性和数量之间的权衡。简单的选择标准（这让人们可以很容易地看出问题是否已经解决）让人们更容易达成更大幅度的开放。而选择标准模糊或模棱两可时，更多的参与者可能仅仅意味着更多的噪声和混乱。

   ·质量：类似的考虑涉及正在运用的人类智慧或机器智慧的质量——他们的知识、经验和能力。一些专门的任务可能最好由少数高技能人员或机器来完成（尽管这里也会有权衡：对相关知识了解很多的人可能会很难设想新的答案）。

   ·组织：最后，结果在很大程度上取决于各种智慧资源是否得到了良好的组织。这将包括分工、任务顺序和协调。又一次，会有权衡。如果环境发生变化或者任务全新，可能很难进行有效的组织。

29. 用网络科学的先驱者之一的话说，"曾几何时，'机器'由程序员编程，由用户使用。网络的成功改变了这种关系：我们现在可以看到人们与内容互动，或人与人互动的形态，如以社交网站为代表。我们现在不再在这种基于网络的系统中划一条线把人类部分与数字部分隔开（正如计算机科学传统上所做的那样），而是可以把人与机器组合在一起，把每个这样的组合视为一个社交机器——一台两个方面无缝交织在一起的机器"。Nigel R. Shadbolt，Daniel A. Smith，Elena Simperl，Max Van Kleek，Yang Yang，Wendy Hall，"Towards a Classifica- tion Framework for Social Machines"，第二十二届万维网大会（Conference on World Wide Web）上提交的论文。巴西里约热内卢，2013 年 5 月 13 — 17 日，访问时间：2017 年 4 月 16 日，网址：http://sociam.org/www2013/papers/socm2013_submission_9.pdf。

30. "Building a 'Google Earth' of Cancer，"国家物理实验室（National Physical Laboratory），访问时间：2017 年 4 月 18 日，网址：http://www.npl.co.uk/grandchallenge/?utm_source=weeklybulletin&utm_medium=email&utm_campaign=iss290；MetaSub 项目，纽约威尔康乃尔医学院（Weill Cornell Medical College），访问时间：2017 年 4 月 18 日，网址：http://metasub.org/。

31. 网站：AIME for Life ，访问时间：2017 年 4 月 18 日，网址：http://aime.life/。

32. 上面提到的例子将研究资金、慈善基金和政府资金集中在一起，帮助他们解决问题。只有极少的例子才有稳定的长期资金基础可适用于世界神经系统的实际上的基本部分。

第 3 章　集体智慧的功能要素

1. 最近的一系列综述，请参阅：Roberto Colom ，Sherif Karama ，Rex E. Jung，Richard J. Haier，"Human Intelligence and Brain Networks"，*Dialogues in Clinical Neuroscience* 12，4（2010）：489–501，访问时间：2017 年 4 月 18 日，网址：https://www.ncbi.nlm.nih.gov/pmc/articles/PMC3181994/；Linda

S. Gottfredson， "Mainstream Science on Intelligence：An Editorial with 52 Signatories， History， and Bibliography"，*Intelligence* 24，no. 1（1997）：13-23，访问时间：2017 年 4 月 18 日，网址：http：//www.intelligence. martinsewell.com/Gottfredson1997.pdf；Earl Hunt，*Human Intelligence*（Cambridge：Cambridge University Press，2011）。

2. 我们的大脑也是如此。帮助人类思考的 76 亿个神经元塞进 1,400 克的器官中，需要人体 25% 的能量，而其他脊椎动物的大脑只需要身体 10% 的能量。

3. 我在这里特意避免了心理学上定义个人智慧的关键元素的尝试，如霍华德·加德纳的八元或九元多元智能元素，以及丹·斯佩贝尔（Dan Sperber）对具体认知模块，例如探测蛇与面部识别等模块的建议。有关描述，请参阅：Dan Sperber，Lawrence A.Hirschfeld， "The Cognitive Foundations of Cultural Stability and Diversity"， Trends in Cognitive Sciences 8， no. 1（2004）：40–46。对于这些关键元素是什么，有多少个，或它们之间有什么界限这些问题，人们基本一直没怎么达成一致。史蒂文·米森（Steven Mithen）认为，在人类发展的早期，存在着一系列单独的认知设施——工具、动物、与其他人相处的社交智慧等，但这些设施并没有整合在一起。请参阅：Steven J. Mithen，*The Prehistory of the Mind：The Cognitive Origins of Art*，Religion，and Science（London：Thames and Hudson， 1996）。

4. 个体智慧是总体的东西，还是由不同的元素组成？关于这个问题，心理学和神经科学一直在无休止地争论（目前大多数理论的弱点是它们本身难以证伪）。一些例子包括多元智能理论，皮亚杰理论，卢里亚（Luria）的 PASS 理论，斯滕伯格的各种理论，如三元理论，还有许多其他理论。

5. 若需阅读"理解原因"这个更广阔领域的综述，请参阅：Judea Pearl， "Causal Inference in Statistics：An Overview"，*Statistics Surveys* 3（2009）：96–146， doi：10.1214/09-ss057。

6. 这个例子，请参阅：Michael Tomasello，*A Natural History of Human Thinking*（Cambridge，MA：Harvard University Press，2014）。

7. 这是亚伦·安东诺夫斯基（Aaron Antonovsky）关于健康和恢复力的著作中

的信息之一：拥有"前后一致感"——即对你在世界上的位置有一个有意义的记录，这对身心健康都很有价值，而且往往涉及感觉自己有用。Aaron Antonovsky，*Unraveling the Mystery of Health：How People Manage Stress and Stay Well*（San Francisco：Jossey-Bass，1987）。

8. 我们的模型很少全部是我们自己的。波兰伟大的传染病学家路德维格·弗莱克（Ludwig Fleck）在他的著作 *The Genesis and Development of a Scientific Fact*（Chicago：University of Chicago Press，1979）一书中写道："知识是最重要的社会创造"，而你的社会群体中流行的思维方式"对人的思想施加了一种绝对的强制力量……在这种情况下，不可能有所差异"。一些人确实会与他人不同并进行反抗，但人们异常容易受到影响并倾向于复制他人，这使得合作变得容易（人类比其他类人猿更容易做到）。我们有能力成为一个集体，认同一个更大的团体，将自己湮没在一个更大的整体中，这既是集体智慧的重要辅助手段之一，也是其重大障碍之一，正如后文所述，因为集体往往不仅通过人们所知道的东西得以定义，同样地也通过他们所忽略的和忘记的东西得以定义。

9. Nelson Cowan，"The Magical Number 4 in Short-Term Memory：A Reconsideration of Mental Storage Capacity"，*Behavioral and Brain Sciences* 24，no. 1（2001）：87–114.

10. 为了理解人类记忆，认知科学做出了各种各样的区分，比如，陈述性记忆（谁参加了第二次世界大战？）和程序性记忆（我如何骑自行车？）之间的区分。集体记忆可能也需要类似的区分。有一个很有趣的近期研究以后者为主题，请参阅：Ruth García-Gavilanes，Anders Mollgaard，Milena Tsvetkova，Taha Yasseri，"The Memory Remains：Understanding Collective Memory in the Digital Age"，*Science Advances* 3，no. 4（April 2017）：e1602368，doi：10.1126/sciadv.1602368。

11. Everledger 和 Provenance 是两个尝试完成这些任务的初创公司。

12. Leon A. Gatys，Alexander S. Ecker，Matthias Bethge，"A Neural Algorithm of Artistic Style"，发表时间：2015 年 8 月 26 日，访问时间：2017 年 4 月 18 日，

网址：https：//arxiv.org/abs/1508.06576。

13. 有关日本"睿智计算"的一些争论的总结，请参阅作者：Iwano Kazuo，Motegi Tsuyoshi，"Wisdom Computing：Toward Creative Collaboration between Humans and Machines"，*Joho Kanri：Journal of Information Processing and Management* 58，no. 7（2015）：515–24，访问时间：2017 年 4 月 18 日，网址：https：//www.jstage.jst.go.jp/article/johokanri/58/7/58_515/_pdf。

14. 近期的许多这种知识都警告不要在人类思考和计算机思考之间看到太多的相似之处。正如罗伯特·爱泼斯坦（Robert Epstein）在质疑他所在领域的大部分传统智慧时所说的那样，"我们并不是天生就具备以下东西的：信息、数据，规则、软件、知识、辞典、表达、算法、程序、模型、记忆、图像、处理器、子程序，编码器、解码器、符号或缓冲器，这些东西是使数字计算机能够在某种程度上智能化行动的设计元素。我们不仅不是天生就具备这些东西，我们也永远不会发展它们。我们不存储单词，也不存储告知我们如何操纵单词的规则。我们不创造视觉刺激的表达，将它们存储在短期的内存缓冲区中，然后转入长期记忆存储中"。相反，要想更好地理解我们的大脑，可以把它理解为能力，善于对环境、刺激，以及其他人做出反应。Robert Epstein，"The Empty Brain"，*Aeon*，发表时间：2016 年 5 月 18 日，访问时间：2017 年 4 月 18 日，网址：https：//aeon.co/essays/your-brain-does-not-process-information-and-it-is-not-a-computer。

15. 智慧是否只服务于自身？这个问题的哲学争论尚未取得结论。这可能导致无限的倒退和前后不一致。我的观点是，只有当智慧服务于其他东西——以时间和空间为基础的身体、生命或其他事物时，它才会有意义。

16. Rogers Hollingworth，"High Cognitive Complexity and the Making of Major Scientific Discoveries"，*Knowledge，Communication，and Creativity*，编者：Arnaud Sales and Marcel Fournier（London：Sage，2007），149。

17. 统计和机器学习的大部分辛苦工作涉及使用诸如主成分分析等工具，来努力降低这种维度。

第 4 章 支持集体智慧的基石

1. Simon Winchester, *The Professor and the Madman: A Tale of Murder*, *Insanity*, *and the Making of the Oxford English Dictionary* （New York: Harper Perennial, 2005）, 106。我的父亲和一个表弟都曾为《牛津英语词典》项目工作，负责字母 A 部分的修订。

2. 信息科学以不同于哲学的方式使用本体（ontology）这个单词，用它来描述规范信息组织形式的规则。

3. Jessica Seddon, Ramesh Srivinasan, Challenges in Scaling Knowledge for Development", *Journal of the Association for Information Science and Technology* 65, no. 6 （2014）: 1124–33.

4. 在"什么起了作用"这个问题上，需要一系列的补充问题，请参阅作者: Geoff Mulgan, "The Six Ws: A Formula for What Works", 访问时间: 2017 年 4 月 20 日, 网址: http:// www.nesta.org.uk/blog/six-ws-formula-what-works。

5. 这方面有许多作品，举几个例子: Edwin Hutchins, *Cognition in the Wild* （Cambridge, MA: MIT Press, 1995）; Randall D. Beer, *Intelligence as Adaptive Behavior: An Experiment in Computational Neuroethology*（New York: Academic Press, 1989）。

6. Alex Bell, Raj Chetty, Xavier Jaravel, Neviana Petkova, John Van Reenen, "The Lifecycle of Inventors, " 发表时间: 2016 年 6 月 13 日, 访问时间: 2017 年 4 月 20 日, 网址: https://www.rajchetty.com/chettyfiles/lifecycle_inventors .PDF.

7. 关于城市如何在不同的历史阶段培育新知识的最佳描述，请参阅: Peter Hall, *Cities in Civilization* （New York: Pantheon, 1998）。

8. Sandro Mendonca , "*The Evolution of New Combinations: Drivers of British Mari- time Engineering Competitiveness during the Nineteenth Century*" ［博士论文, 苏塞克斯大学（The University of Sussex）, 2012］; Sidney Pollard, *Britain's Prime and Britain's Decline: The British Economy*, 1870–1914 （London: Edward Arnold, 1990）, 189。

9. Mott Greene，"The Demise of the Lone Author"，*Nature* 450（2007）：1165.

10. Stefan Wuchty，Benjamin F. Jones，Brian Uzzi，"The Increasing Dominance of Teams in Production of Knowledge"，*Science* 316（2007）：1036–39.

11. Karl R. Popper，*The Open Society and Its Enemies*（Princeton，NJ：Princeton University Press，1945），82.

第 5 章　集体智慧的组织原则

1. Karen Eisenstadt，"High Reliability Organizations Meet High Velocity Environments"，*New Challenges to Understanding Organizations*，编者：Karlene H. Roberts（New York：Macmillan，1993），132。

2. 本节借鉴了 Geoff Mulgan 的著作：*Locust and the Bee：Predators and Creators in Capitalism's Future*（Princeton，NJ：Princeton University Press，2013）。

3. 例如 AMEE（https://www.amee.com/），它最初是一种对碳的开放数据处理方法，后来又演变成了一套用于供应链的工具。

4. 有人对法国大革命的影响发表了很著名的评论：下结论为时尚早（尽管他似乎指的是 1968 年的革命而不是 1789 年，这让这个评论看起来没有那么深刻）。与 1789 年和 1968 年的法国大革命一样，政府间气候变化专门委员会除了有显而易见的直接后果，还可能会有更多长期影响。

5. 我们可以采取不同的做法吗？对于政府间气候变化专门委员会的全部野心来说，它并没有依靠亿万公民的观点和声音，以及媒体、非政府组织和企业，创造一个真正的分布式智慧。它的模式更擅长分析，而在给出解决方案以及创造力方面的能力差得多。它缺乏真正的自我反省——自我批评的能力。它面临的最大挑战是问题的严重程度，或者是相关问题形成的网络——都涉及二氧化碳水平和气候变化，但性质却截然不同，例如，如何合法化新法律或新税收？如何改变交通或空气？如何处理建筑规定或交易计划？如何改变日常行为？更为严重的是，政府间气候变化专门委员会缺乏足够的综合方法来整合政治、经济、生态等因素。当然，没有其他机构有这种强有力的方法，所以我们试图以特定方式权衡多种因素，把综合的任务留给了苦恼的政治家。

6. 我用递归（recursive）这个词时，用的是它的原始意义，就像在一个循环中回到开始时重新考虑某事一样。在软件方面，这个词有不同的含义，递归结构包含自身的小型版本——可能在很多层次上都有。

7. 这些想法借鉴了克里斯·阿基里斯（Chris Argyris）关于双环学习的著作，以及唐纳德·舍恩（Donald Schon）关于反思实践的著作。

8. 我在改编奥利弗·温德尔·霍姆斯（Oliver Wendell Holmes）的著名评论——我一点都不在乎复杂事物表面上的简单，但是我愿意用一生去追求复杂事物深层下的简单。

第6章　学习循环

1. 这个框架借鉴了由阿吉里斯（Argyris）和舍恩（Schon）提出的单循环学习与双循环学习之间的著名区分，单循环学习从新的事实中学习，但不质疑目标，也不质疑遵循的逻辑；而双循环学习则提出了更大的问题。请参阅：Chris Argyris 和 Donald A. Schon，*Organizational Learning*（Reading，MA:Addison-Wesley，1978）。若想了解类似框架，请参阅：James March，"Exploration and Exploitation in Organizational Learning"，*Organization Science* 2，no. 1（1991）：71–87。

2. 现代版本的图灵测试可能会想要评估在这三个层次上的推理思考能力——而不仅仅是看起来像人类一样的能力。对于第三个层面来说，它可能会问机器智慧是否能够产生一个新颖的 fragestellung，fragestellung 是德语单词，意味着世界观，但它实际上是指提出问题，让以新的方式看待事物，以新的方式提出问题成为可能。

3. 我喜欢史蒂文·平克（Steven Pinker）关于机器人是否会创作文学的评论："智能系统通常是通过真实或模拟的实验来进行最好的推理思考：它们建立了一个事先不能预测结果的情形，让它按照固定的因果规律展开，观察结果并归纳出在这种情形下这样的实体的发展情况。那么，小说将是一种思维实验，在一个多或少合法的虚拟世界里，代理人被允许进行看似合理的互动，观众可以对结果记下心理笔记。人类社会生活对于这种实验驱动的学习来说会是一个成熟的领域，因为人们的目标也许会相互矛盾和相互冲突（例如，在囚徒困境中合作或背叛，寻求长期或短期交配机会，在后代中分配资源），这带来的组合可能性多得惊人，以至于在人生中以排除策略取得成功，这种能力要么是天生的，要么是从自己有限的个人经验中学习得到的"。Steven Pinker，"Toward a Consilient Study of Literature"，*Philosophy and Literature* 31，no. 1（2007）：172.

第 7 章　认知经济学和触发式层次结构

1. Gautam Ahuja，Giuseppe Soda，Akbar Zaheer，"The Genesis and Dynamics of Organizational Networks"，Organization Science 23（2012）：434–48.

2. 一个多世纪以前，社会学家加布里埃尔·塔尔德（Gabriel Tarde）提出了"单子"这个概念，认为它是理解人类组织的双重特点的一种方式，它把自组织和被组织结合了起来。他认为个人与社会之间的区分是错误的，并建议摆脱这种区分。个人既是相互分离的，又是更大的整体的一部分；个人既由差异定义，同样也由连接定义。

3. 进一步深入研究维度，我们还可以区分每个参与者可采取的行动的收益分布（正面和负面收益），或何时承担成本并创造不同利益流的动态的收益分布。

4. 请参阅：Juan Mateos Garcia，"To Err Is Algorithm：Algorithmic Fallibility and Economic Organisation"，发表日期：2017 年 5 月 10 日，访问时间：2017 年 5 月 31 日，网址：http://www.nesta.org.uk/blog/err-algorithm-algorithmic-fallibility-and-economic-organisation。

5. 请参阅：Don Ambrose，Robert J. Sternberg，*Creative Intelligence in the 21st Century*：*Grappling with Enormous Problems and Huge Opportunities*（Rotterdam： Sense Publishers， 2016）的不同章节。

6. 这就是为什么我在这本书中不使用模因（meme）这个术语。尽管第一眼看上去，集体智慧的很大一部分涉及模因的传播，但这个词很有误导性，而且没有给词语意思增加任何新的东西。事实上，它看起来表现的意思类似于基因，这可能会造成混淆。与基因不同，模因不是以接近精确的准确度再现，而是扭曲和衰减。它们不是由随机变异产生的，而是由非随机变异产生的（包括思想理论的影响，因为想法的创造者试图想象别人会如何接受它们）。它们不是以适者生存的方式进行选择的，而是坏的想法会和好的想法一样容易被传播，只要它们有合适的吸引力属性。

7. Robert L. Helmreich，H. Clayton Foushee，"Why Crew Resource Management：Empirical and Theoretical Bases of Human Factors Training in Aviation"，*Cockpit Resource Management*，编者：Earl L. Wiener，Barbara G. Kanki，Robert L. Helmreich（San Diego，CA：Academic Press，1993），3–46。

8. 以很奇怪的"科学界比喻"（Scientific Community Metaphor）为名的方法和相关软件，如 Ether，它们旨在支持作为集体智慧的团体，它们也能够展示科学思想之间的联系。请参阅：William A. Kornfeld，Carl E. Hewitt，"The Scientific Community Metaphor"，*IEEE Transactions on Systems*，*Man*，*and Cybernetics* 11，no. 1（1981）：24–33。

9. 在 *The Nerves of Government：Models of Political Communication and Control*（New York：Free Press，1963）中，卡尔·多伊奇（Karl Deutsch）写道，权力是这样一种能力——可以不必学习的能力。

10. 例如，请参阅：George A. Miller，"The Cognitive Revolution：A Historical Perspective，"*Trends in Cognitive Sciences* 7，no. 3（2003）：141–44。

11. Rodney A. Brooks，"Intelligence without Representation"，*Artificial Intelligence* 47（1991）：139–59.

12. 对环境做出反应而不用思考（也不用表达）的能力，休伯特·德雷福斯（Hubert Dreyfus）称其为"顺利应对"（smooth coping），他的这种想法呼应了加里·克莱因（Gary Klein）的著作，该著作的主题是消防员，以及消防员能学习快速探索的能力，尽管他们自己不能简单解释这种能力。

13. Michael Polanyi，*The Tacit Dimension*（New York：Doubleday and Company，1966）.

第8章　智慧的自主性

1. Karl Duncker, *Zur Psychologie des produktiven Denkens*（Berlin：Springer，1935）.

2. 这是我们在英国国家科技学术基金会为有用证据联盟（the Alliance for Useful Evidence）设计的口号。

3. Alan M. Leslie, "Pretense and Representation：The Origins of Theory of Mind", Psychological Review 94, no. 4（1987）：412–26.

4. 这最初被称为统一资源标识符（Universal Resource Identifier）。

第9章　集体智慧中的集体

1. Lucy Kellaway, "I Have Fallen into Recession's Web of Fear", *Financial Times*, 发表时间：2009 年 2 月 1 日，访问时间：2017 年 4 月 23 日，网址：https://www.ft.com/content/f55ee4ca-996e-45b4-a2f9-07f2b90d3745。

2. 请参阅：Abraham Sesshu Roth, "Shared Agency," 发表时间：2010 年 12 月 13 日，访问时间：2017 年 4 月 23 日，网址：https://plato.stanford.edu/entries/shared-agency/；Deborah Perron Tollefsen, "Groups as Agents," *Polity*, 发表时间：2015 年 5 月，访问时间：2017 年 4 月 23 日，网址：http://eu.wiley.com/WileyCDA/WileyTitle/productCd-0745684831.html。

3. 大卫·查尔莫斯（David Chalmers）在他的著作 The Conscious Mind（New York：Oxford University Press, 1996）中也采用了类似的区分，并将剩下的意识问题描述为难题。

4. 作为一个法律问题，如果一个团体没有组成公司，那么它只包括法律定义为团体成员的个人；可以审查通过法律，赋予这些已界定团体的个体成员特定的权利或责任。如果一个团体形成公司，该公司就有个体合法身份，并可以要求它对其行为负责。对于公司的罪行，在公司中担任职务的个人也可以被分别认定有罪或无罪。

5. Giulio Tononi, Christof Koch, "Consciousness：Here, There, and Everywhere?" *Philosophical Transactions of the Royal Society* B, 370, no.

1668（2015）：20140167.

6. 相关文献请参阅：Mattia Gallotti 和 Chris Frith，"Social Cognition in the We-Mode"，*Trends in Cognitive Sciences* 17，no. 4（2013）：160–65；编者：Julian Kiverstein，*The Routledge Handbook of Philosophy of the Social Mind*（London：Routledge，2017）；编者：Michael P. Letsky，Norman W. Warner，Stephen M. Fiore 和 C.A.P. Smith，*Macrocognition in Teams：Theories and Methodologies*（出版社：Aldershot，UK：Ashgate Publishing，2008）。

7. 威尔弗里德·塞勒斯（Wilfrid Sellars）称这是"我们模式"（we mode）。请参阅：Wilfrid Sellars，*Science and Metaphysics*（London：Routledge and Kegan Paul，1968）。这个概念已经由芬兰哲学家拉依莫·图梅勒（Raimo Tuomela）形成理论并加以推广，然后更多的现代学者发展了此概念，如马蒂亚·加洛蒂（Mattia Gallotti）。

8. Michael Tomasello，*Origins of Human Communication*（出版社：Cambridge，MA：MIT Press，2008）；Henrike Moll 和 Michael Tomasello，"Cooperation and Human Cognition：The Vygotskian Intelligence Hypothesis"，*Philosophical Transactions of the Royal Society* B：Biological Sciences 362，no. 1480（2007）：639–48。

9. 涉及博弈论的一个有趣方法，请参阅：Michael Bacharach，*Beyond Individual Choice：Teams and Frames in Game Theory*（Princeton，NJ：Princeton University Press，2006）。

10. 合作和同理心可以相互支持，但不一定必然一起出现。我可以与他人合作，而不以任何方式与他们共情。而且，我可以与敌对者共情。

11. Martin A. Nowak，Karl Sigmund，"Evolution of Indirect Reciprocity"，*Nature* 437，no. 7063（2005）：1291–98。

12. Karl Friston，Christopher Frith，"A Duet for One"，*Consciousness and Cognition*，访问时间：2017 年 4 月 23 日，网址：http://www.fi.ion.ucl.ac.uk/~karl/A%20Duet%20for%20one.pdf。

13. 分布式认知理论使用了卷尺作为例子，而卷尺体现了具有易用性的可比较的测量系统。请参阅：Edwin Hutchins, *Cognition in the Wild*（Cambridge, MA：MIT Press，1995）。

14. Karl E. Weick，"The Collapse of Sensemaking in Organizations：The Mann Gulch Disaster"，*Administrative Science Quarterly* 38（1993）：628–52.

15. Andy Clark，"Whatever Next? Predictive Brains， Situated Agents， and the Future of Cognitive Science"，*Behavioral and Brain Sciences* 36，no. 3（June 2013）：181–204，访问时间：2017 年 4 月 23 日，网址：https://www.cambridge.org/core/journals/behavioral-and-brain-sciences/article/div-classtitlewhatever-next-predictive-brains-situated-agents-and-the-future-of-cognitive-sciencediv/33542C736E17E3D1D44E8D03BE5F4CD9。

16. Garold Stasser 和 Beth Dietz-Uhler，"Collective Choice，Judgment，and Problem Solving"，*Blackwell Handbook of Social Psychology：Group Processes* 3（2001）：31–55; 作者：Janet B. Ruscher 和 Elliott D. Hammer，文章："The Development of Shared Stereotypic Impressions in Conversation： An Emerging Model， Methods， and Extensions to Cross-Group Settings"，*Journal of Language and Social Psychology* 25，no. 3（2006）：221–43。一些经典文献包括：Barry E. Collins, H. Guetzkow，A Social Psychology of Group Processes for Decision Making（New York：Wiley，1964）；J. H. Davis, *Group Performance*（New York：Addison-Wesley，1969）；Ivan D. Steiner, *Group Process and Productivity*（New York：Academic Press，1972）。

17. Mark Warr, *Companions in Crime：The Social Aspects of Criminal Conduct*（Cambridge：Cambridge University Press，2002）.

18. Simon Hartley, *Stronger Together：How Great Teams Work*（London：Piatkus，2015）.

19. 若想了解谷歌对团队的研究, 即亚里士多德计划（Project Aristotle），请参阅: Charles Duhigg, *Smarter Faster Better：The Secrets of Being Productive*（New York：Random House，2016）。

20. 有一种半科学（semiscience）可供利用。我们可以用它来思考，怎样利用有着不同的权重或顺序的各种投票方案，以避免愚蠢或鲁莽的决定。我们也知道，在团队内部，成员更有可能分享已知的或令人感觉舒服的知识和信息，而不是那些令人不安或尚未与他人分享的信息。这是从研究中得到的一个违反直觉的结果，因为你可能期望团队最擅长分享那些尚未共享的信息。这就是优秀的团队做出额外努力，以鼓励更残酷的诚实态度，鼓励分享有用而不是方便的信息的原因之一。

21. Jon Elster，Explaining Social Behavior: *More Nuts and Bolts for the Social Sciences*（Cambridge: Cambridge University Press， 2015）， 368.

22. 类似的模式也可以在其他地方找到。例如，在日本的传统中，只由一个儿子继承大多数财产并成为家庭的当家人，同时拥有权威可以控制同一家庭中的其他分支和几代夫妻。因此，在英国男性可以离开家庭并获得自由的时候，日本却将责任放到第一位，这形成了一个权威和牺牲的责任网。在英国为自由主义提供了肥沃土壤的时候，日本的土壤却更适合专制主义和保守思想。

23. 这也许与乔治·黑格尔（Georg Hegel）的断言一脉相承。黑格尔认为理性与其所处的文明是不可分割的，而不是理性置身于文明之外，变得自然而然，毫不费力，并成为我们的一部分。例如，皮埃尔·布尔迪厄（Pierre Bourdieu）的习惯（habitus）的概念解释说：“（习惯是）社会变得存在于个人身上的一种方法，这种方法的表现形式是持久性的性情，或是训练有素的能力和以决定性的方式来思考、感受和行动的结构化倾向。然后，这种方法会引导个人。”Loïc Wacquant， “Habitus”, *International Encyclopedia of Economic Sociology*, Jens Becket and Milan Zafirovski（London: Routledge，2005）， 316。

24. Stefana Broadbent, Mattia Gallotti， “Collective Intelligence： How Does It Emerge?”网站：NESTA，访问时间：2017 年 4 月 23 日，网址：http://www.nesta.org.uk/sites/default/fi /collective_intelligence.pdf。

25. 弗朗西斯·高尔顿（Francis Galton）描述了在一个乡村集市上，对人群的个体猜测加以平均，结果准确地猜到了一头牛的重量。比起人群中的个体人员（包括专家）的估计，这个数字更接近真实重量。已经有许多书重复了高尔顿的轶事，包括 James Surowiecki 的书 *The Wisdom of Crowd*。

26. 平心而论，"破窗理论"的主张者詹姆斯·Q．威尔逊（James Q. Wilson）一直承认，"破窗理论"是一个有趣的推测，而不是基于证据的理论。

27. Alfred Chandler, *Strategy and Structure*：*Chapters in the History of the American Industrial Enterprise*（Cambridge，MA：MIT Press，1962）.

28. Lev Vygotsky, *Mind in Society : The Development of Higher Psychological Processes*（Cambridge，MA: Harvard University Press，1980）.

第 10 章　自我怀疑和对抗集体智慧的敌人

1. A. Pickering, *Science as Practice and Culture*（Chicago: University of Chicago Press，1992），54.

2. 请参阅：Robert M. Galford，Bob Frisch, Cary Greene, *Simple Sabotage*：*A Modern Field Manual for Detecting and Rooting Out Everyday Behaviors That Undermine Your Workplace*（New York：HarperOne，2015）。

3. 若想阅读与政治相关的这一点的说明，请参阅：Charles S. Tabert, Milton Lodge , "Motivated Skepticism in the Evaluation of Political Beliefs"，*American Journal of Political Science* 50，no. 3 （2006）：755–69。

4. 《卫报》（*Guardian*）文章的链接，其中有 Spicer 使用该短语的视频记录：https://www.theguardian.com/us-news/2017/jan/23/ sean-spicer-white-house-press-briefing-inauguration-alternative-facts。

5. 皇家学院心理教育讲座（Royal Institution Lecture on Mental Education）（1854 年 5 月 6 日），转载于 Michael Faraday 的 *Experimental Researches in Chemistry and Physics*，1859，474–75。

6. Pierre Bourdieu, *Distinction : A Social Critique of the Judgement of Taste*（London: Routledge，1984），doxa 当然有时可以帮助我们。阿尔伯特·赫希曼（Albert Hirschman）写道，"隐藏的手"庇护我们不遭遇困难，如果我们能看得清清楚楚，它本会阻止我们着手困难任务。

7. John A. Meacham，"Wisdom and the Context of Knowledge : Knowing That

One Doesn't Know"，*On the Development of Developmental Psychology*，编者：Deanna Kuhn，John A. Meacham（Basel，Swit.：Karger Publishers，1983），120。

8. 它必须冷酷才能起作用。机构就像孩子一样，很容易地汲取错误的教训或形成错误的习惯，或更善于学习做坏事的办法。政治科学写出"我们已经学会了"这个咒语，用来在危机后恢复其合理性，但往往没有足够的真实迹象说明人们已经吸取了教训。

9. 我不确定电脑如何才能养成自我怀疑的习惯；也许它可以经常进行自检，将它自己的事实与其他事实核对。但是在我们的传统中，怀疑比这种做法更深刻，它是一种经常递归的策略，一种提出问题并且一直对答案不满意的策略。

10. 尽管认知科学继续以"表达"的视角看人类思维。

11. Bruno Latour，"Tarde's Idea of Quantification"，编者：M. Candea，*The Social after Gabriel Tarde：Debates and Assessments*（New York：NY，Routledge，2015）。

12. 关于权力在数据形成中所起的作用，有个有趣的概述，请参阅：Miriam Posner，"The Radical Potential of the Digital Humanities：The Most Challenging Computing Problem Is the Interrogation of Power"，网站：LSE Impact Blog，访问时间：2017 年 4 月 24 日，网址：http://blogs.lse.ac.uk/impactofsocialsciences/2015/08/12/the-radical-unrealized-potential-of-digital-humanities/。

13. 有关这些例子的详细信息，请参阅：作者：Naomi Oreskes 和 Erik M. Conway，*Merchants of Doubt：How a Handful of Scientists Obscured the Truth on Issues from Tobacco Smoke to Global Warming*（London：Bloomsbury，2012）。

14. 雷蒙德·塔林斯（Raymond Tallis）用了过度突出（overstanding）这个短语来描述与商业有关的以及其他的书籍炒作、夸张、过度夸大的倾向。

15. Igor Santos，Igor Miñambres-Marcos，Carlos Laorden，Patxi Galán-García，Aitor Santamaría-Ibirika，Pablo García Bringas，"Twitter Content-Based Spam

Filtering"，发表时间：2014，访问时间：2017 年 4 月 24 日，网址：https：//
pdfs.semanticscholar.org/a333/2fa8bfbe9104663 e35f1ec41258395238848.pdf。

16. David Auerbach，"It's Easy to Slip Toxic Language Past Alphabet's Toxic-Comment Detector"，*MIT Technology Review*，发表时间：2017 年 2 月 2 4 日，访问时间：2017 年 4 月 24 日，网址：https：// www.technologyreview.com/s/603735/its-easy-to-slip-toxic-language-past-alphabets-toxic-comment-detector/。

第 11 章　强化智慧的会议和环境

1. 在最近的一项有用的分析中，研究小组如何做出好决定，请参阅：Cass Sunstein，Reid Hastie，*Wiser：Getting beyond Group Think to Make Groups Smarter*（Cambridge， MA：Harvard Business Review Press， 2015）。该书再次肯定了以下发现：先让小组达成一致意见，然后再寻找解决方法，这种做法往往很明智。

2. 符合这些标准的会议包括"未来探索"（Future Search）、"21 世纪城市会议"（21st Century Town Meetings）和"设计思维"（Design Thinking）。请参阅：Steven M. Ney，Marco Verweij，"Messy Institutions for Wicked Problems： How to Generate Clumsy Solutions"，访问时间：2017 年 4 月 24 日，网址：http：// www.stevenney.org/resources/Publications/SSRNid2382191.pdf。关于未来搜索（Future Search）背后的开发者所用的原理的总结，请参阅：Martin Weisbord 和 Sandra Janoff， 书籍：*Don't Just Do Something，Stand There! Ten Principles for Leading Meetings That Matter*（Oakland， CA：Berrett-Koehler Publishers， 2007）。

3. "Estimate the Cost of a Meeting with This Calculator"，*Harvard Business Review*， January 11， 2016，访问时间：2017 年 4 月 24 日，网址：https：//hbr.org/2016/01/estimate-the-cost-of-a-meeting-with-this-calculator。

4. Harold Garfinkel，*Studies in Ethnomethodology*（Cambridge， UK：Polity Press， 1984）；Erving Goffman，*The Presentation of Self in Everyday Life*

（New York：Anchor Books，1959）Michael Mankins，Chris Brahm，Gregory Caimi，"Your Scarcest Resource"，*Harvard Business Review* 92，no. 5（2014）：74–80。

5. Ali Mahmoodi，Dan Bang，Karsten Olsen，Yuanyuan Aimee Zhao，Zhenhao Shi，Kristina Broberg，Shervin Safavi，Shihui Han，Majid Nili Ahmadabadi，Chris D. Frith，Andreas Roepstorff，Geraint Rees，Bahador Bahrami，"Equality Bias Impairs Collective Decision-Making across Cultures"，*Proceedings of the National Academy of Sciences of the United States of America* 112，no. 12（2015）：3835–40。

6. 现在有很多应用可以在会议前对准备和沟通做出支持。有些应用（如 Do）包括事先协作构建议程并发送自动会议记录的特性。其他应用的具体目标是某项挑战，如行程安排。Pick 应用会找到参会者都有空的时间，然后自动为会议预定一个方便的时间。

7. Hugo Mercier，Dan Sperber，"Why Do Humans Reason? Arguments for an Argumentative Theory"，*Behavioral and Brain Sciences* 34，no. 2（2011）：57–74।

8. Ray Dalio，网站：Principles，访问时间：2017 年 4 月 25 日，网址：https://www.principles.com/#Principles。

9. Parmenides Eidos 是一个软件程序，以更简洁的方式将复杂的数据可视化，以帮助人们做出更好的决策。请参阅："Private and Public Services"，网站：Parmenides Eidos，访问时间：2017 年 4 月 25 日，网址：https://www.parmenides-foundation.org/application/parmenides-eidos/。

10. Anita Williams Woolley，Christopher F. Chabris，Alex Pentland，Nada Hashmi，Thomas W. Malone，"Evidence for a Collective Intelligence Factor in the Performance of Human Groups"，*Science* 330，no. 6004（2010）：686–88.

11. Desmond J. Leach，Steven G. Rogelberg，Peter B. Warr，Jennifer L. Burnfield，"Perceived Meeting Effectiveness：The Role of Design Characteristics"，*Journal of*

Business and Psychology 24，no. 1（2009）： 65–76.

12. Edward de Bono，*Six Thinking Hats*（Boston： Little，Brown and Company，1985）。

13. 请参阅："The Structural Dynamics Theory"，网站：Kantor Institute，访问时间：2017 年 4 月 25 日，网址：http://www.kantorinstitute.com/fullwidth.html。

14. 大体说来，会议数学公式如下：会议质量 =（时间 × 一致之处 × 相关知识和经验）/（数量 × 主题广泛程度）。

15. 如想了解将社会网络分析应用于会议角色的实例，请参阅：Nils Christian Sauer，Simone Kauffeld，"The Ties of Meeting Leaders： A Social Network Analysis"，*Psychology* 6，no. 4（2015）：415–34。

16. Joseph A. Allen， Nale Lehmann-Willenbrock， Nicole Landowski， "Linking Pre-Meeting Communication to Meeting Effectiveness"， Journal of Managerial Psychology 29， no. 8（2014）： 1064–81.

17. Steven G. Rogelberg，Joseph A. Allen，Linda Shanock，Cliff Scott，Marissa Shuffler， "Employee Satisfaction with Meetings： A Contemporary Facet of Job Satisfaction"， *Human Resource Management* 49， no. 2（2010）： 149–72.

18. 以 NESTA 的 "随机咖啡试验" 为例，它鼓励人们去认识他们在工作场所不认识的人，现在已经被许多大雇主所采用。

19. 与战略性和创造性活动一样，日常运营会议也为与会者提供了展示其愿景和使命的地方。Joseph A. Allen， Nale Lehmann-Willenbrock， 和 Steven G. Rogelberg，书籍： *The Cambridge Handbook of Meeting Science*（Cambridge：Cambridge University Press， 2015）。

20. 有种方法强调了最后的这种对复杂加以综合的能力，请参阅：Stafford Beer，*Beyond Dispute：The Invention of Team Syntegrity*（Chichester，UK：John Wiley， 1994）；Markus Schwaninger， "A Cybernetic Model to Enhance Organizational Intelligence"， Systems Analysis， Modeling， and Simulation 43， no. 1（2003）： 53–65。

21. 在这方面，麻省理工学院（Massachusetts Institute of Technology）的情感计

算小组（Affective Computing Group）的工作一直让我们寄予厚望，它的重点是数字技术如何能更好地交流情绪。虽然在它解答问题的同时，它提出了同样多的问题，例如，什么时候敌意利于会议，什么时候又不利于会议，或者相互的透明度是否提高了决策的质量，还是相反地，只助长了盲从因袭。

22. Amy MacMillan Bankson，"Could an Artificial Intelligence-Based Coach Help Managers Master Difficult Conversations?"网站：MIT Sloan School of Management，发表时间：2017 年 2 月 23 日，访问时间：2017 年 4 月 26 日，网址：http://mitsloan.mit.edu/newsroom/articles/could-an-ai-based-coach-help-managers-master-difficult-conversations/。

23. William T. Dickens，James R. Flynn，"Heritability Estimates versus Large Environmental Effects：The IQ Paradox Resolved"，*Psychological Review* 108，no. 2（2001）：346–69.

24. 资料来源：Michael Weiser，"The Computer for the 21st Century"，访问网址：https：// www.ics.uci.edu/~corps/phaseii/Weiser-Computer21stCentury-SciAm.pdf。

25. Christian Catalini，"How Does Co-Location Affect the Rate and Direction of Innovative Activity?"*Academy of Management Annual Meeting Proceedings* 1（2012）：1.

第 12 章 解决问题

1. 伦敦协作组织（The London Collaborative）由杨氏基金会（The Young Foundation）（我担任它的首席执行官）领导，它也参与了公共管理和共同目标办公室（Office of Public Management and Common Purpose）。

2. 这里说的是鲍里斯·约翰逊（Boris Johnson）。平心而论，他对于任何一种管理都没什么经验，所以不太可能理解对这种工具的需求。

3. 城市需要组织三种类型的知识：已被证明的知识（已采取的行动，而且该行动已有坚实的证据基础），很有前景的知识（因此需要测试和开发），以及有可能的知识（较有想象力的选项，需要艰苦思考并设计才能面世）。可参见 NESTA 建立有效证据联盟（Alliance for Useful Evidence）的工作，新的"什么起了作用"中心，以及那些细节性工作，这些工作确定了某事被证明意味着什么。

4. 目前，智慧城市项目通常会将城市杂乱无章的复杂性简化为近似于工程图的东西。一个相反的策略是故意培养复杂性——差异化的社区，混合交通系统，食品经济等。考虑到城市必须处理的任务的复杂性，后者可能是更好的走向真正的集体智慧之路。

5. 约束也有助于创造力的发挥——一些最著名的解决问题的工具，如发挥问题解决理论（TRIZ，20 世纪 40 年代在苏联开发，然后由全球工程师采用的理论）有意充分利用约束来加速思考。

6. 我开发的快速想法生成器（www.diy.org）提供了一个简单而通用的语言来创建想法，这是一套全面的流程，任何团队都可以快速地用它增加选项。

7. Allan Afuah 和 Christopher L. Tucc，"Crowdsourcing as a Solution to Distant Search"，*Academy of Management Review* 37，no. 3（2012）：355–75。

8. Roger J. Hollingsworth，"High Cognitive Complexity and the Making of Major Scientific Discoveries"，*Knowledge*，*Communication*，*and Creativity*，编者：Arnaud Sales 和 Marcel Fournier（London：Sage，2007），134。

9. James G. March，"Exploration and Exploitation in Organizational Learning"，*Organization Science* 2，no. 1（1991）：86。

10. 说起来容易做起来难。为了阐明这一点，政治学的一篇经典论文考察了学校学生未能归还自助餐托盘的问题。有很多相互矛盾的理论解释（超过 30 个），但几乎没有显而易见的方法来判断应该使用哪些理论。Lloyd S. Etheredge，"The Case of the Unreturned Cafeteria Trays"，美国政治科学协会（American Political Science Association），华盛顿特区，1976，访问时间：2017 年 4 月 26 日，网址：http://www.policyscience.net/ws/case。

11. George Polya，*How to Solve It*，（Garden City，NY：Doubleday，1957），115。

12. Carl Sagan，Cosmos（New York：Ballantine Books，1980），218。

13. 在为什么人工智能很难处理大多数的复杂问题这个问题上，答案很明显——要解决这些问题，需要在问题和答案之间进行非常多的迭代，以及非常多的视角拉近与拉远。

14. Judea Pearl，"Causal Inference in Statistics：An Overview"，*Statistics Surveys* 3（2009）：96–146. 若想了解与公共政策更相关的讨论，请参阅：Tristan Zajonc，"Essays on Causal Inference for Public Policy"（博士论文，哈佛大学，2012）。

15. 在托马斯·霍布斯的说法中，国家类似于自动机器，类似于发条机，是思想与身体的结合体。

16. Charles Sabel，*Learning by Monitoring*（Cambridge， MA：Harvard University Press，2006）。

17. 贝丝·诺维克（Beth Noveck）作为先驱者和观察者都是独一无二的。请参阅：Beth Noveck，*Smart Citizens，Smarter State：The Technologies of Expertise and the Future of Governing*（Cambridge， MA： Harvard University Press，2015）。

18. 几年前的这份报告显示了社会网络分析如何绘制一个城镇或城市的伙伴关系模式，揭示人类合作的现实。Nicola Bacon，Nusrat Faizullah，Geoff Mulgan，Saffon Woodcraft， "Transformers：How Local Areas Innovate to Address Changing Social Needs"，网站：NESTA，发表时间：2008 年 1 月，访问时间：2017 年 4 月 28 日，网址：http://www.maximsurin.info/wp-content/uploads/pdf/transformers.pdf。这些工具还未被广泛应用，但相对便宜和易于实施。

19. 请 参 阅：Geoff Mulgan， "Innovation in the Public Sector：How Can Public Organisations Better Create，Improve， and Adapt?"网站：NESTA，发表时间：2014 年 11 月，访问时间：2017 年 4 月 28 日，网址：http://www.nesta. org.uk/sites/default/files/innovation_in_the_public_sector-_how_can_public_organisations_better_create_improve_and_adapt_0.pdf；Ruth Puttick，Peter Baeck，Philip Colligan， "I-Teams： The Teams and Funds Making Innovation

Happen in Governments around the World，" 发表时间：2014 年 6 月 30 日，网址：http://www.nesta.org.uk/publications/i-teams-teams-and-funds-making-innovation-happen-governments-around-world。

20. Geoff Mulgan，*The Art of Public Strategy*： *Mobilizing Power and Knowledge for the Common Good*（Oxford： Oxford University Press， 2009）.

21. 我帮助撰写了一份报告，更详细地记录了这些工具是什么，以及人们是如何在世界各地使用它们的。这是联合国项目的一部分，该项目旨在更新说明国家战略是怎样促成可持续发展目标的。Geoff Mulgan，Tom Saunders， "Governing with Collective Intelligence"，网站：NESTA， 发表时间：2017 年 1 月，访问时间：2017 年 4 月 28 日，网址：http://www.nesta.org.uk/sites/default/files/governing_with_collective_intelligence.pdf。

第 13 章　有形和无形之手

1. 更多的信息带来的不仅是更多的了解，也可能带来新的偏见和歧视。例如，纽约的证据说明在提供的住宿条件相同的情况下，白人爱彼迎（Airbnb）服务提供者要价比黑人提供者高出 12％。Benjamin Edelman, Michael Luca， "Digital Discrimination： The Case of Airbnb.com"， 哈佛商学院（HBS）工作论文系列，发表日期：2014 年 1 月 10 日，访问日期：2017 年 4 月 28 日，网址：http://www.hbs.edu/faculty/Publication%20Files/Airbnb_92dd6086-6e46-4eaf-9cea-60fe5ba3c596.pdf。

2. F. Hayek，*Individualism and Economic Order* （Chicago， IL：University.of Chicago Press， 1948）， 87.

3. 利丰（Li and Fun）是最大的公司之一，虽然很少人听说过它。它将制造商和零售商联系起来，组织物流、税收、供应链和设计，并且已经发展成与我之前描述的集合相似的东西。

4. Baruch Lev and Feng Gu，*The End of Accounting and the Path Forward for Investors and Managers*（Chichester， UK：John Wiley， 2016）.

5. 由英国国家科技艺术基金会率先推出的这一模式现在已被英国政府采纳，成为了更广泛的计划的一部分，该计划旨在衡量经济领域内的认知。这项工作由哈桑·巴克什（Hasan Bakhshi）领导，最终形成了一系列以衡量创意经济为主题的出版物，最近，还带来了英国文化、媒体和体育部（the Department for Culture, Media, and Sport）对统计资料的定期出版。

6. 来自他获得诺贝尔文学奖时的受奖演讲，收集于：Sture Allen, *Nobel Lectures in Literature*, 1968–1980（London: World Scientific Publishing Company, 2007），135。

7. 其中一个例子是产业政策，政府越来越感兴趣的是如何培养新的动态比较优势，而这些优势不大可能由经济指标反映（经济指标往往反映过去的经济结构）。相反，关键指标是捕捉新兴模式的那些指标（例如，反映了企业创建，或者哪些地方正在创造新的集群，新的竞争力和新的市场需求的指标）。随着时间的推移，一致性可能不如模式识别有用，因为在前一个经济时代（例如，基于大规模制造业的经济时代）能够很好地捕捉经济状况的指标，在涉及新兴行业时却太过迟钝，反映不了什么。许多社会问题也是如此，在涉及社会问题时，关键指标是集群和文化模式，而它们不容易被整体贫困指标所捕捉；相反，常常发生的是最伟大的深入见解来自人们对集群与空间集中的发现，这与工业政策中的情况一样。又一次，尽管一致的时间序列数据可能令人关注，但它们有可能使决策者忽视最重要的问题。现在，人们对行为问题有了更多关注，而这种关注正在朝着同样的方向发展，因为有意义的行为观察在聚集度很高的水平上是十分罕见的。相比之下，任何想要了解行为的人都必须细分人群，例如，斯坦福生活方式（Stanford Lifestyle）指标的许多衍生物。阿诺德·米切尔（Arnold Mitchell）在斯坦福开发了价值观和生活方式心理学方法论，用来解释美国价值观和生活方式的变化。来自遗传学的新知识进一步强化了这种分解的趋势，并强化了以下观点：经济在某些方面更像由细胞组成的网络，并且分形，但这些新知识没有受到大聚焦（the grand aggregates）的引导，尽管大聚焦主导了 20 世纪下半叶的精神世界。

8. 另一个说法认为这是股东的工作或选择。股东责无旁贷。当然有充分的理由要求股东能够更加聪明地使用自己的权力，不仅仅是制止愚蠢的兼并和不完整的商业策略，而且还要对社会和环境效果进行更多的审查。股东应该站在该主张的正确一边——但是我们也不能依靠股东来监管证据，正如当议会中的政党支持政府时，我们也不能依靠他们来保持政府的诚实。

第 14 章　大学——集体智慧的典范

1. 引自：Geoff Mulgan，Oscar Townsley，Adam Price，"The Challenge-Driven University：How Real-Life Problems Can Fuel Learning"，网站：NESTA，访问时间：2017 年 4 月 28 日，网址：https://www.nesta.org.uk/sites/default/files/the_challenge-driven_university.pdf。

2. 德里克·博克（Derek Bok）借鉴了他运营美国几所顶尖大学的经验，在他的多本著作中讲到了类似观点。

3. 一些错误可以归咎于计算机科学家和风险投资家的天真，他们极为重视运营管理，而除了对那些会亏钱的投资者来说，运营管理也许并不重要。资金最丰厚的那些在线课程可能会一路打拼带来重大影响，或成功成为历史最悠久的大学的完美良性营销工具。

4. Geoff Mulgan，Oscar Townsley，Adam Price，"The Challenge-Driven University：How Real-Life Problems Can Fuel Learning"，网站：NESTA，访问时间：2017 年 4 月 28 日，网站：https://www.nesta.org.uk/sites/default/files/the_challenge-driven_university.pdf。最近克莱顿·克里斯坦森（Clayton Christensen）所著的一本书：*The Innovative University：Changing the DNA of Higher Education from the Inside Out*（Hoboken，NJ：John Wiley and Sons，2011），无意中展示了该问题的深度。克里斯滕森是一个令人印象深刻的作家和思想家，其最著名的想法——破坏性创新（disruptive innovation）明显合理。然而，这是他理论最薄弱的一本书，这不可能只是巧合。它提供了美国两所大学的有趣历史记录，但是未能很好地解决关于大学是什么或应该是什么的基本问题。它只讨论了与教学有关的创新，而且除了少数美国大学的例子外，根本没有提到最近的大部分创新。至关重要的是，关于高等教育如何能够在创新方面变得更加系统化，它只字未提。

5. 需要取得资金来支持有关试验，而这些试验探讨了大学的关键要素如何更好地发挥作用：知识的产生，学科的形成，技能传播，社会网络的形成以及相互关联的经济发展，而它们采用的方式最好能够既能支持内部人士，又能支持外部人士的大有前景的想法。我们可能期望其中一些试验专注于诸如计算社会科学，或社会表观遗传学等新兴学科。其他一些试验可能会处理新的思维方式和学习方式，例如：用"工作室"（studio）的方法，与真实的合作伙伴就像阿尔托（Aalto）所倡导的那样合作，在团队中解决问题；来自开放科学运动的知识生成的新方法；将知识转化为有用形式的新方法，如实验室和加速器；降低成本的新方法，即南非的加拿大国际发展署授权基金（CIDA Empowerment Fund ）；重新思考与人生阶段有关的大学角色的新方法，例如哈佛的高级领导力倡议（Harvard's Advanced Leadership Initiative）或者第三龄大学运动（the University of the Third Age movement）。在一些国家，高度优先考虑的是能帮助大学增加社会流动性的创新，因为现在许多高等教育体系正好反其道而行之。

第 15 章　民主大会

1. Thomas Hobbes, *Leviathan*（1651; repr., London：Penguin, 1982）, I.16.13.

2. Christopher Achen, Larry Bartels, *Democracy for Realists*（Princeton, NJ：Princeton University Press, 2016）.

3. 信件，发信人：约翰·亚当斯（John Adams），收信人：约翰·泰勒（John Taylor），书写日期：1814 年 12 月 17 日，网站：Founders Online, National Archive, 访问网址：https://founders.archives.gov/documents/Adams/99-02-02-6371。

4. Martin Gilens, Benjamin I. Page, "Testing Theories of American Politics：Elites, Interest Groups, and Average Citizens", *Perspectives on Politics* 12, no. 3（2014）575.

5. 相反，把投票行为理解为社会表达的一个方面，这才是比较合理的。它既是微观的，也是宏观的，它和我们与邻居、家人和朋友进行交流的方式相关。对提高投票率的尝试的研究的广泛结论是："接触方式越个人化，效果越好。"Todd Rogers，Craig R. Fox，Alan S. Gerber，"Rethinking Why People Vote: Voting as Dynamic Social Expression"，*The Behavioral Foundations of Policy*，编者：Eldar Shafir（Princeton，NJ：Princeton University Press，2012），91。

6. 特别是在查尔斯·林德布洛姆（Charles Lindblom）的作品中，包括他的重要著作 *The Intelligence of Democracy*（New York：Free Press，1965），也出现在之前的杜威（Dewey）的作品中。

7. Fareed Zakaria 的书 *The Future of Freedom*（New York：W. W. Norton，2003）是最近对民主与自由之间微妙关系的一个特别有趣的调查，该书主张自由优先于充分民主，呼应了这些早期警告中的一部分。

8. 与集体智慧的任何工具一样，详细的设计必须平衡相互冲突的优先事项。例如，1789 年革命后法国宪法的制定者否定了英国陪审团制度对全体一致同意的要求。这些制定者意识到，在错误定罪的风险和错误无罪的风险之间必须取得平衡，但在平衡应该在哪里这个问题上意见纷纭。皮埃尔 – 西蒙·拉普拉斯（Pierre-Simon Laplace）认为，30% 的处决无辜者的机率是不可接受的。而西梅翁·丹尼斯·普瓦松（Siméon Denis Poisson）认为，七分之二的死刑被告无辜，这种情况合理，所以他建议陪审团应以简单多数做出决定。20 世纪 60 年代，美国最高法院宣布，陪审团以简单多数做出决定是合乎宪法的，同年，英国允许以 10 比 2 的多数做出定罪。任何组织或委员会都必须做出类似的判断：什么时候达成共识至关重要，而什么时候达到简单多数即可？

9. 资料来源：http://press.princeton.edu/titles/10671.html。

10. 尽管没有任何人采纳哈佛的奥托·埃克斯坦（Otto Eckstein）的提案，但该提案提议，在考虑政策选择时，议会应该能够看到给予环境效益、就业或流动性等因素不同的权重会如何影响成本效益分析，该提案是一个透明而民主的决策工具。

11. 这些实验性项目得到了新的理论探索的帮助，例如，显示代理人如何做出决定或达成共识的模拟模型。例如，请参阅：Thomas Seeley，*Honeybee*

Democracy（Princeton，NJ：Princeton University Press，2010）。

12. 最近的经验表明，过分依赖数字工具而不是印刷品、广播、电视和面对面的互动可能会导致倾斜性的数据输入。甚至像纽约和洛杉矶这样有技术知识的城市也一再发现，纯数字咨询的参与者比起整体人口，更倾向是男性，年轻、受过良好教育、富裕、住在大都市。对于某些类型的参与来说，这可能是可以接受的——1％的参与率可以大大提高决策的质量。但更成功的方法结合了网络和网下，数字和面对面等各种方式。

13. 各种各样的实验——例如，让外籍人士参加哥伦比亚的全民投票——指向了通往可能未来的道路，在这种未来中，大得多的数字会影响全球决策。文章："A Digital Referendum for Colombia's Diaspora"，访问时间：2017 年 4 月 29 日，网址：https://medium.com/@DemocracyEarth/a-digital-referendum-for-colombias-diaspora-aeef071ec014#.x2km4cs93。

第 16 章 社会如何作为一个系统来思考和创造？

1. Roberto Mangabeira Unger，*The Self Awakened：Pragmatism Unbound*（Cambridge，MA：Harvard University Press，2007）.

2. 这个框架的一些内容借鉴了英国国家科技艺术基金会最近的工作——设计绘制世界的新方法的工作，包括使用结合了开放数据、官方统计和网络抓取的新工具来描述现象，如新兴产业的发展；让人们参与设计自己系统的工作，如"以人为本的健康"（people-powered health）计划，它让患者参与合作设计、合作创造，以及预算和服务的合作安排；还有政府内部新架构方面的旨在系统创新的工作，包括我的团队和实验室。

3. 这些系统具有一些自创生性的特点，但程度有限。系统复杂度在多大程度上由它自身定义，在多大程度上由它的环境定义？如果我们用上述问题来衡量自创新的程度，这些系统都是大体上由它们的环境所定义的系统——由国家层面甚至全球层面上存在的，对地方系统施加约束的规则、关税、法规和知识定义的系统。为了系统能智能地调整，我们需要增加其"部分性"（partness）和"分离性"（apartness）——即它从全球公共领域汲取知识的能力（例如，保健措施中"什么起了作用"的知识），以及它的责任感和独立性。

4. 对团体的组织通常始于以下情况：一群人生活在特定地点和特定条件下，而且还没有共享的身份。组织者把共同的突出问题作为创建共同身份的基础，而解决这些问题的努力有所助益。此外，组织者也把共同的突出问题作为创建团体身份和能力的一种方式，然后可以用这种团体身份和能力承担下一个重大问题的处理。

5. 这是尼克拉斯·卢曼（Niklas Luhmann）关于子系统和它们语言的不可通约性的作品中的深入见解。

6. 在这种情况下，我们可以聚焦于将联合路径创新和围绕新关联要素的创新联合起来。这些包括共同的评估工具和语言、共同的分类方法、共同的数据共享协议，以及共同的呼叫中心和案例追踪。在与内部人士合作设计这些东西时，一些外部帮助可能至关重要。此外，也会有新的投入（如超级志愿者）和新的协调机制。

7. 然后行动方向转为生成带来改变的备选方案。有些备选方案是关于微调的，还有些是关于上述新连接工具的用途的，这有助于系统的各部分更有效地连接；有些备选方案的目标是最低限度的必要的微调，而不是完全校准；有些备选方案具备多重互动性，重点是生成新的交易和微合作；有些涉及更大系统的微观实例的结构递归（例如由提供各种支持的微系统环绕的个人案例）。

8. 在这个例子中，新的公共资源出现了，它结合了数据、信息、知识和判断。一个关键的深入见解是，这些公共资源可能会生产不足——缺乏有资源、有动机、有技能来履行这些职责的机构（这些类型的公共资源也是反射性的，在微观资源池与宏观之间有着联系，而微型公共资源指的是这样的东西——反映了正式知识体系的学习圈，或病人与医生之间的对话）。

9. 这里说的是 R-UCLA 量表，它询问了参与者与孤独感有关的感受，比如，"你常缺乏陪伴吗？"并且给出了总体孤独感评分（从 4 分到 12 分）。

10. 虽然我们也可以叠加这些更微妙的反馈工具，以帮助系统了解自身：为系统社区实时跟踪情绪、焦虑或认同感，或使用社交网络分析类工具来研究在整个合作网络中，谁为谁提供了帮助。

第 17 章　知识共享时代的兴起

1. 科学已经兴盛了两个世纪，在很大程度上是一种公共资源，在该领域，有些社会运动提倡在出版物出版一年内公开原始研究数据和所有研究成果，以供公众查阅。开放数据运动源自公共资助的活动，它将许多主题连接起来，并将过去曾经是政府和企业的内部资源转化为公共资源，促进了某些领域的快速发展，如运输领域。许多其他例子都是建立在热心和价值基础之上的，比如创意公共资源的传播，还有知识产权的其他开放途径的传播，或作为提供开源资源的工具，如 WordPress（博客平台）。

2. 按摩和牛提高了牛肉品质，但结果证明这种想法只是神话——不过它是个很有趣的神话。

3. 互联网是在美国创立的，它的许多开拓者都坚定地承诺把它作为公共资源提供给人们使用。但是，除了开源运动这样的例外，这些开拓者仍然在努力寻找将这种精神转化为可行的经济形式的方法。如果互联网在欧洲出现，情况可能会不同（虽然不一定会更好）。毕竟，欧洲开创了公共广播事业的先河，让它担负了各种使命，例如教育、提供信息和娱乐，就像在前一个时期，欧洲首先倡导了为了公共利益而提供免费博物馆或科学的想法。然而，在互联网时代，欧洲没有再次成为提供什么可堪比拟的东西的先驱，除了网络电话 Skype 这个例外。当然，在世界其他地方，这是一个严格控制的时代而不是自由的时代，新的公共资源受到很多力量的威胁，无论是国家管制（俄罗斯和某些国家），企业对信息的权力（印度），还是对有组织犯罪的恐惧（墨西哥）。

4. 提供答案的尝试之一是英国国家科技艺术基金会的项目 Destination Local（http://www.nesta.org.uk/project/destination-local）。在美国，奈特基金会（Knight Foundation）以类似方式做出行动，尽管规模大多了。

5. 请参阅：John Loder, Laura Bunt, Jeremy C. Wyatt, "Doctor Know:A Knowledge Commons in Health"，网站：NESTA，发表时间：2013 年 3 月 11 日，访问时间：2017 年 5 月 2 日，网址：http://www.nesta.org.uk/publications/doctor-know-

knowledge-commons-health。

6. 最近开放授权（OAuth）作为一个开放标准发展迅猛，这是新的公共资源出现的极佳例子，它鼓励人们采用它，因为比起专利的类似工具，它经过了更多专家的详细审查，它既免费又更为可靠。谷歌、领英（LinkedIn）和推特，还有许多其他公司现在将其用作事实上的全球标准。其他大有前景的例子包括一些模型，例如，麻省理工学院的 Open Mustard Seed 和英国的 Mydex。

7. 最近正在进行的一项工作是，试图就购买哪些技术为教师提供一个独立的指导性资源；人们有强大的动机去推销技术，但是对于任何人来说，只有弱得多的动机来评估自身工作质量。前者是私有财产，后者是公共资源。

8. "Engaging News about Congress：Report from a News Engagement Workshop"，网站：Engaging News Project，访问时间：2017 年 5 月 2 日，网址：https：//engagingnewsproject.org/。

9. 此事与 2016 年美国总统选举有关，有篇文章对其进行了充满激情的详细解剖，请参阅：Joshua Benton， "The Forces That Drove This Election's Media Failure Are Likely to Get Worse"，网站：NiemanLab，发表时间：2016 年 11 月 9 日， 访问时间：2017 年 5 月 2 日， 网址：http：//www.niemanlab.org/2016/11/the-forces-that-drove-this-elections-media-failure-are-likely-to-get-worse/。

10. 至少有四类公共资源看起来即将出现。第一类将会为个人数据提供一个安全的避风港，允许人们选择谁能查看，以及能查看哪些与他们自身和他们所做选择相关的数据。第二类将会以最有用的方式将公共数据（例如天气或经济）结合在一起。第三类将会把与位置移动和协调有关的数据结合在一起，例如，无人机在城市中的位置。第四类可能会将与领域相关的知识（如医疗保健）以可链接到个人信息的方式结合在一起，例如可穿戴设备或基因测试。这四类公共资源都需要自己的管理规则和经济基础。有些可能通过众筹、质押银行和其他将自由选择与集体行动相结合的方式有机地出现。但是这些公共资源不太可能够用。

第 18 章　集体智慧和意识的进步

1. 虽然其他的估计要温和得多。请参阅：Melanie Arntz，Terry Gregory，Ulrich Zierhahn，"The Risk of Automation for Jobs in OECD Countries：A Comparative Analysis"，经济合作与发展组织（OECD）的社会、就业和移民工作报告（Social，Employment，and Migration Working Papers）189，2016，访问时间：2017 年 5 月 2 日，网址：http：//www.ifuturo.org/sites/default/files/docs/automation.pdf。

2. 一些高瞻远瞩的经济学家现在争辩说："这一次是不同的"，他们争辩说即使过去的警告是错误的，现在的警告却是正确的。通信和信息技术的本质意味着它们真的会收割专业工作。他们可能是对的，但是，鉴于过去的可类比的分析是错误的，我们应该从怀疑主义的立场出发。过去，社会往往创造出新的职责，以满足人们对认可的需求，不管是在中世纪欧洲让贵族繁忙的职责，还是在 20 世纪 30 年代的美国让失业者繁忙的职责。很有可能在未来我们会看到类似的动向。

3. 关于这个观点，请参阅：Stephen Hsu，"Don't Worry，Smart Machines Will Take Us with Them：Why Human Intelligence and AI Will Co-evolve"，网站：Nautilus，发表日期：2015 年 9 月 3 日，访问时间：2017 年 5 月 2 日，网址：http：//nautil.us/issue/28/2050/dont-worry-smart-machines-will-take-us-with-them。

4. 引自：*Civil Elegies*（Toronto：House of Anansi Press，1972），56。这是改写的句子，写在新建的苏格兰议会的墙壁上。

5. J. Maynard Smith，E. Szathmáry，*The Major Transitions in Evolution*（Freeman，Oxford，1995）。

6. 尤瓦尔·诺亚·赫拉利（Yuval Noah Harari）的书 *Homo Deus：A Brief History of Tomorrow*（New York：Harper，2015）警告说，"数据主义"（dataism）的兴起是一种新宗教，它的立场是数据与宇宙对比。他的描述大部分是准确的，但数据主义是一个薄弱的信仰系统，不太可能让众多人满意。

7. 螺旋动力学是一种理论，它最初由纽约联合学院（Union College）心理学名誉教授格雷夫斯（Graves，1914-86）设计。Don Beck，*Chris Cowan Spiral Dynamics：Mastering Values，Leadership，and Change*（Hoboken，NJ：Blackwell Publishers，1996）中进一步发展了这些想法。而且这些想法可以联系到 *A Theory of Everything: An Integral Vision for Business，Politics，Science，and Spirituality*（Boulder，CO：Shambhala Publications，2000）中肯·威尔伯（Ken Wilber）的整体理论。以这些想法为中心，周围聚集了一批组织发展领域内的管理顾问、学者和专业人士。这些理论赢得了众多的信徒，但也有一些弱点，包括缺乏验证，内部相互矛盾，对所讨论议题相关知识缺乏关注，以及随意使用术语等。有篇文章综合回顾了最近有这种理论的一本书，请参阅：作者：Zaid Hassan，文章："Is Teal the New Black? Probably Not"，网站：Social Labs Revolution，发表时间：2015 年 7 月 13 日，访问时间：2017 年 5 月 2 日，网址：http://www.social-labs.com/is-teal-the-new-black/Zaid Hassan。

8. 也有人说这句话来自 Eden Phillpotts, A Shadow Passes（London：Cecil Palmer & Hay- ward，1918），19。

后记 作为一门学科的"集体智慧"的过去与未来

1. 引自：Gary Wills，Why Priests（New York，NY：Viking，2013），120。

2. Pierre Levy，*Collective Intelligence*：*Mankind's Emerging World in Cyberspace*（New York：Basic Books，1999）.

3. Howard Bloom，*Global Brain：The Evolution of Mass Mind from the Big Bang to the 21st Century*（New York：John Wiley and Sons，2001）.

4. Jie Ren，Jeffrey V. Nickerson，Winter Mason，Yasuaki Sakamoto，Bruno Graber，"Increasing the Crowd's Capacity to Create：How Alternative Generation Affects the Diversity，Relevance， and Effectiveness of Generated Ads"，*Decision Support Systems* 65（2014）：28–39.

5. Enrico Coen，*Cells to Civilizations*：*Principles of Change That Shape Life*（Princeton， NJ：Princeton University Press，2012）.

6. 编者: Hélène Landemore, Jon Elster, *Collective Wisdom*: *Principles and* Mechanisms（New York: Cambridge University Press, 2012）。

7. Mancur Olson, *The Logic of Collective Action*: *Public Goods and the Theory of Groups*（Cambridge, MA: Harvard University Press, 1971）.

8. 引自: Mary Douglas, *How Institutions Think*（Syracuse, NY: Syracuse University Press, 1986）。

9. Anita Williams Woolley, Christopher F. Chabris, Alex Pentland, Nada Hashmi, Thomas W. Malone, "Evidence for a Collective Intelligence Factor in the Performance of Human Groups", *Science* 330, no. 6004（2010）: 686–88；Dirk Helbing, "Managing Complexity," *Social Self-Organization*: *Understanding Complex Systems*, 编者: Dirk Helbing（Berlin: Springer, 2012）, 285–99。

10. 若想了解另一个有用的来源, 请参阅: Thomas W. Malone, Michael S. Bernstein, *Handbook of Collective Intelligence*（Cambridge, MA: MIT Press, 2015）。

11. 一些例子包括英国国家科技艺术基金会对数据、卫生工作方面的广泛研究, 如痴呆患者、民主内的 D-CENT 和发展中的集体智慧。